U0311298

四川省矿产资源潜力评价项目系列丛书(2)

四川省煤炭赋存规律与资源预测

徐锡惠　陈忠恕　梁万林　邵龙义
刘　旭　肖建新　魏文金　吴玉东　编著

科学出版社

北京

内 容 简 介

"四川省矿产资源潜力评价"是国土资源厅近期开展的三项矿情调查之一，"四川省重要矿产和区域成矿规律研究"是该项矿情调查的重点工作，煤炭是该项工作选择开展全省成矿规律研究的18种重点矿种之一。本书在简要介绍四川省煤炭查明和开发资源现状的基础上，总结含煤地层、含煤地层沉积环境与聚煤古地理、含煤地层聚煤规律及其控制因素、煤盆地构造演化和煤田构造、煤质特征与煤变质作用，并基于层序地层学新方法的应用研究，建立了四川晚二叠世、晚三叠世含煤岩系层序地层格架及成煤模式，通过构造控煤作用研究划分了赋煤构造单元及控煤构造样式，为四川煤炭资源预测提供了技术支撑。根据聚煤规律和控煤构造研究成果，利用已知的地质资料，对四川省全省煤炭资源系统地进行了潜力预测评价。

本书可供从事煤田地质与勘查、能源矿产预测等领域的科技人员、大专院校师生参考。

图书在版编目(CIP)数据

四川省煤炭赋存规律与资源预测 / 徐锡惠等编著. —北京：科学出版社，2015.2

（四川省矿产资源潜力评价项目系列丛书）

ISBN 978-7-03-043240-7

Ⅰ.①四⋯　Ⅱ.①徐⋯　Ⅲ.①煤矿床–赋存规律–四川省②煤炭资源–资源预测–四川省　Ⅳ.①P618.11

中国版本图书馆 CIP 数据核字（2014）第 022489 号

责任编辑：张　展　罗　莉 / 责任校对：邓利娜
责任印制：余少力 / 封面设计：墨创文化

斜 学 出 版 社 出版

北京东黄城根北街16号
邮政编码：100717
http://www.sciencep.com

成都创新包装印刷厂印刷

科学出版社发行　各地新华书店经销

*

2015 年 2 月第 一 版　开本：787×1092 1/16
2015 年 2 月第一次印刷　印张：17
字数：403 千字

定价：98.00 元

"四川省矿产资源潜力评价"是"全国矿产资源潜力评价"的工作项目之一。

　　按照国土资源部统一部署，项目由中国地质调查局和四川省国土资源厅领导，并提供国土资源大调查和四川省财政专项经费支持。

　　项目成果是全省地质行业集体劳动的结晶！谨以此书献给耕耘在地质勘查、科学研究岗位上的广大地质工作者！

四川省矿产资源潜力评价项目系列丛书编委会

主　编：杨东生

副主编：王　平　　徐志文　　李　树　　李仕荣

　　　　徐锡惠　　李　涛　　陈东辉　　胡世华

委　员：（以姓氏笔画为序）

　　　　王丰平　　石宗平　　冯　健　　杨永鹏

　　　　杨治雄　　肖建新　　吴家慧　　陈　雄

　　　　赵　春　　贾志强　　郭　强　　曹　恒

　　　　赖贤友　　阚泽忠

四川省矿产资源评价工作领导小组

组　　长：宋光齐

副组长：刘永湘　张　玲　王　平

成　　员：范崇荣　刘　荣　李茂竹

　　　　　李庆阳　陈东辉　邓国芳

　　　　　伍昌弟　姚大国　王　浩

领导小组办公室

办公室主任：王　平

副　主　任：陈东辉　岳昌桐　贾志强

成　　员：赖贤友　李仕荣　徐锡惠

　　　　　巫小兵　王丰平　胡世华

前　言

　　"四川省矿产资源潜力评价"是四川省国土资源厅近期开展的三项矿情调查之一，"四川省重要矿产和区域成矿规律研究"是该项矿情调查的重点工作，煤炭是该项工作选择开展全省成矿规律研究的 18 种重点矿种之一。基于层序地层学新方法的应用研究，建立了四川晚二叠世、晚三叠世含煤岩系层序地层格架及成煤模式，并通过构造控煤作用研究划分了赋煤构造单元及控煤构造样式，为四川煤炭资源预测提供了技术支撑。

　　本书共分八章。第一章以截至 2010 年底的煤炭查明资源储量为基础，总结了各矿区的数量和规模、查明资源储量的数量和结构以及资源禀赋特点，截至 2007 年底四川省煤炭资源开发现状。

　　第二章介绍四川省成煤期，其中以晚二叠世、晚三叠世成煤期的经济价值最大，是四川最重要的两个成煤期；四川的主要含煤地层为：晚二叠世龙潭组、兴文组、宣威组和晚三叠世须家河组、小塘子组、大荞地组，次之为晚二叠世吴家坪组、黑泥哨组和晚三叠世宝顶组、白果湾组、松桂组、白土田组、中二叠世梁山组、早侏罗世白田坝组、自流井组珍珠冲段以及新近纪的盐源组、昔格达组、昌台组等。

　　第三章对四川省晚二叠系识别出 5 种沉积体系和 17 种沉积相类型，对晚三叠系识别出 5 种沉积体系和 12 种沉积相类型。

　　第四章分析研究将晚二叠世含煤地层划分为 1 个二级层序、2 个三个级层序；煤层主要发育在海侵体系域，其次为高位体系域，低位体系域煤层发育相对较差；富煤带主要发育在海侵体系域和高位体系域早期以及低位体系域的晚期。将晚三叠世含煤地层划分为 4 个三级层序；煤层主要发育在高位体系域，其次为湖（海）侵体系域，低位体系域基本没有厚煤层发育。首次系统全面地建立四川省晚二叠世及晚三叠世含煤地层的层序地层格架，揭示煤层在层序格架中的分布特征及规律，恢复主要成煤期的岩相古地理面貌。

　　第五章系统地将四川省赋煤构造划分为 9 个二级赋煤构造带；提出四川省伸展构造组合、压缩构造组合等 6 大类 15 种类型控煤构造样式，揭示煤炭资源在不同构造背景中的赋存规律。

　　第六章系统归纳总结晚二叠世与晚三叠世两个时代的煤岩、煤质特征，分析研究煤变质规律、变质因素。

　　第七章根据聚煤规律和控煤构造研究成果，利用已知的地质资料，对全省煤炭资源系统地进行潜力预测和评价。

　　本书是在"四川省煤炭资源潜力评价"研究成果的基础上总结而成的，是集体劳动的结晶。整个研究工作得到全国项目办公室、中国地质调查局六大区域项目管理办公室和四川省矿产资源潜力评价项目办公室领导和同仁的大力支持和帮助，尤其是得到了 夏培兴 、胡世华、程爱国、吴国强、袁同星等教授级高工，曹代勇教授、唐跃刚教授、马施民副教授等的帮助和指导。在《四川省煤炭资源潜力评价》报告中，李训华参与了潜力评价报告的总编撰工作，吴福祥负责资源预测章节的工作，李文辉负责煤质章节的工作，佟鑫、徐晓燕、李英娇参与编写了聚煤规律章节文字，吕玉萍、刘明富、邓修国在资源估算中做了大量工作，曹颖、李洁、牟文参加了相关图件的绘制工作，在此深表谢意！

由于笔者水平有限，经验不足，书中错误难免，有的认识还很初步，有些问题还有待深入研究，恳请各位专家和同仁批评指正。

2014 年 9 月

目　录

第一章 煤炭资源概况

第一节 煤炭资源

四川是我国西南部煤炭资源大省之一，主要含煤地层为上二叠统龙潭组/宣威组和上三叠统须家河组、大荞地组，次之为上二叠统吴家坪组和上三叠统宝顶组、白土田组以及新近系的盐源组、昌台组等。依据煤炭资源的赋存规律，全省共划分 3 个赋煤区、9 个赋煤带、12 个煤田和 7 个煤产地，见图 1-1-1、表 1-1-1。

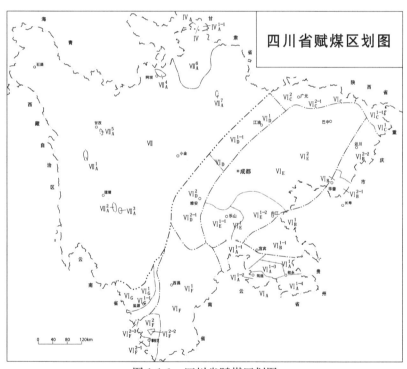

图 1-1-1 四川省赋煤区划图

Ⅵ－华南赋煤区 Ⅶ－滇藏赋煤区 Ⅳ－西北赋煤区

Ⅵ$_A$.川南—黔北赋煤带 Ⅵ$_A^1$.川南煤田 Ⅵ$_A^{1-1}$.南广矿区 Ⅵ$_A^{1-2}$.筠连矿区 Ⅵ$_A^{1-3}$.芙蓉矿区 Ⅵ$_A^{1-4}$.古叙矿区 Ⅵ$_B$.华蓥山赋煤带 Ⅵ$_B^1$.永泸煤田 Ⅵ$_B^{1-2}$.隆泸矿区 Ⅵ$_B^2$.华蓥山煤田 Ⅵ$_B^{2-1}$.华蓥山矿区 Ⅵ$_B^{2-2}$.达竹矿区 Ⅵ$_C$.米苍山—大巴山赋煤带 Ⅵ$_C^1$.大巴山煤田 Ⅵ$_C^{1-1}$.万源矿区 Ⅵ$_C^2$.广旺煤田 Ⅵ$_C^{2-3}$.广旺矿区 Ⅵ$_D$.龙门山赋煤带 Ⅵ$_D^1$.龙门山煤田 Ⅵ$_D^{1-1}$.龙门山矿区 Ⅵ$_D^2$.雅荥矿区 Ⅵ$_D^{2-1}$.雅荥矿区 Ⅵ$_E$.川中赋煤带 Ⅵ$_E^1$.乐威煤田 Ⅵ$_E^{1-1}$.寿保矿区 Ⅵ$_E^{1-2}$.资威矿区 Ⅵ$_E^2$.川中煤田 Ⅵ$_F$.大凉山—攀枝花赋煤带 Ⅵ$_F^1$.大凉山煤田 Ⅵ$_F^2$.攀枝花煤田 Ⅵ$_F^{2-1}$.宝鼎矿区 Ⅵ$_F^{2-2}$.红坭矿区 Ⅵ$_F^{2-3}$.箐河矿区 Ⅵ$_G$.盐源赋煤带 Ⅵ$_G^1$.盐源煤田 Ⅵ$_G^{1-1}$.盐矿区 Ⅶ$_A$.巴颜喀拉赋煤带 Ⅶ$_A^1$.昌台 Ⅶ$_A^2$.甲洼 Ⅶ$_A^3$.木拉 Ⅶ$_A^4$.阿坝 Ⅶ$_A^5$.罗锅 Ⅶ$_A^6$.若尔盖 Ⅶ$_A^7$.马拉墩 Ⅳ$_A$.西秦岭赋煤带 Ⅳ$_A^{1-1}$.独峰矿区

表 1-1-1　　四川省赋煤区带划分表

赋煤区	赋煤带	煤田	主要矿区
华南赋煤区 VI	川南—黔北赋煤带 VI$_A$	川南煤田 VI$_A^1$	南广矿区 VI$_A^{1-1}$(1)
			筠连矿区 VI$_A^{1-2}$(2)
			芙蓉矿区 VI$_A^{1-3}$(3)
			古叙矿区 VI$_A^{1-4}$(4)
	华蓥山赋煤带 VI$_B$	永泸煤田 VI$_B^1$	隆泸矿区 VI$_B^{1-1}$(5)
		华蓥山煤田 VI$_B^2$	华蓥山矿区 VI$_B^{2-1}$(6)
			达竹矿区 VI$_B^{2-2}$(7)
	米苍山—大巴山赋煤带 VI$_C$	大巴山煤田 VI$_C^1$	万源矿区 VI$_C^{1-1}$(8)
		广旺煤田 VI$_C^2$	广旺矿区 VI$_C^{2-1}$(9)
	龙门山赋煤带 VI$_D$	龙门山煤田 VI$_D^1$	龙门山矿区 VI$_D^{1-1}$(10)
		雅荥煤田 VI$_D^2$	雅荥矿区 VI$_D^{2-1}$(11)
	川中赋煤带 VI$_E$	乐威煤田 VI$_E^1$	寿保矿区 VI$_E^{1-1}$(12)
			资威矿区 VI$_E^{1-2}$(13)
		川中煤田 VI$_E^2$(14)	
	大凉山—攀枝花赋煤带 VI$_F$	大凉山煤田 VI$_F^1$(15)	
		攀枝花煤田 VI$_F^2$	宝鼎矿区 VI$_F^{2-1}$(16)
			红坭矿区 VI$_F^{2-2}$(17)
			箐河矿区 VI$_F^{2-3}$(18)
	盐源赋煤带 VI$_G$	盐源煤田 VI$_G^1$	盐源矿区 VI$_G^{1-1}$(19)
滇藏赋煤区 VII	巴颜喀拉赋煤带 VII$_A$	昌台 VII$_A^1$(20)、甲洼 VII$_A^2$(21)、木拉 VII$_A^3$(22)、阿坝 VII$_A^4$(23)、罗锅 VII$_A^5$(24)、若尔盖 VII$_A^6$(25)、马拉墩 VII$_A^7$(26)等煤产地	
西北赋煤区 IV	西秦岭赋煤带 IV$_A$		独峰矿区 IV$_A^{1-1}$(27)

　　四川省截至 2007 年底累计探获煤炭资源储量 142.8 亿 t(其中基础储量 77.0 亿 t、资源量 65.8 亿 t)。

　　探获的资源储量煤类以无烟煤为主,约占总量的 62%,焦煤、1/3 焦煤占 12%,贫煤、贫瘦煤及瘦煤占 15%,肥煤、肥气煤和气煤占 6.8%,褐煤占 4%,其他煤类占 0.2%。

　　另外,四川省若尔盖是全国最大的泥炭资源分布区,共有泥炭地 400 多个,泥炭地总面积约 4600 多平方千米。泥炭资源体积储量 73.6 亿 m³,干容重储量为 14.7 亿 t,风干容重储量为 28.8 亿 t,具有重要的潜在开发价值,但该资源量未统计在内。

　　四川省煤炭资源存在以下几个问题:

　　(1)资源分布极不均衡。探获的煤炭资源储量中,主要分布在川南煤田的筠连矿区、芙蓉矿区和古叙矿区,约占探获总量的 60%;次之为南广矿区、宝鼎矿区、华蓥山矿区、达竹矿区、资威矿区、盐源矿区、广旺矿区、雅荥煤田、寿保矿区、隆泸矿区、红坭矿区及龙门山煤田等。

（2）地质勘查程度不高。367个井田（或矿段）中，尚未利用或部分尚未利用井田（或矿段）126个。仅有24个井田达勘探（含详终、普终）工作程度，其中仅有筠连矿区、芙蓉矿区、古叙矿区13个井田可供近期建井利用，其余11个井田因煤层赋存条件差，构造较复杂，外部环境条件等因素制约而暂不能利用。

（3）炼焦煤探获的资源量少，储备资源不足。探获的炼焦用煤仅占总探获量25％左右。

第二节　煤炭资源勘查现状

四川省大规模的煤炭资源勘查工作始于1953年，至今煤田地质工作遍及全省，共提交了各类地质报告600余件，涉及367个井田和矿段，累计探获煤炭资源储量142.8亿t。其中达勘探工作程度的137个井田51.9亿t，占探获总量的36.34％；详查工作程度的50个井田（矿段）35.6亿t，占探获总量的24.93％；普查工作程度的90个井田（矿段）22.5亿t，占探获总量的15.76％，预查工作程度的90个井田（矿段）32.8亿t，占探获总量的22.97％。探获资源储量10亿t以上的矿区有川南煤田的筠连矿区、芙蓉矿区、古叙矿区，共计86.3亿t，占全省总探获量的60.43％；探获资源储量5亿～10亿t的有华蓥山煤田的华蓥山矿区、达竹矿区，乐威煤田的资威矿区，攀枝花煤田的宝鼎矿区和川南煤田的南广矿区，共计36.3亿t，占全省总探获量的25.42％；探获资源储量1亿～5亿t的有广旺煤田的广旺矿区、永泸煤田的隆泸矿区、乐威煤田的寿保矿区、龙门山煤田、雅荥煤田，攀枝花煤田的红坭矿区以及盐源赋煤带的盐源矿区等，共计18.9亿t，占全省总探获量的13.24％；其余4个矿区或煤田探获资源储量极少，计1.3亿t，占全省总探获量的0.91％。

2008～2010年先后对近22个矿段或井田进行了煤炭地质勘查，新增资源储量4.69亿t，其中11个矿段（井田）已于2008年和2009年提交了煤炭地质勘查报告，探获的煤炭资源储量共计新增2.33亿t；其余11个矿段（井田）系2010年续作项目，预计可新增煤炭资源储量2.36亿t。

从勘查地质工作程度来看，煤炭资源地域分布也极不平衡，其中地质工作程度最高的矿区为宝鼎矿区和寿保矿区；其次为芙蓉矿区、广旺矿区、华蓥山矿区、达竹矿区、隆泸矿区、雅荥煤田、红坭矿区、箐河矿区等；而国家规划的重点开发矿区筠连矿区和古叙矿区地质勘查工作程度总体也很低。

第三节　煤炭资源开发现状

四川省截至2007年底保有煤炭资源储量122.7亿t，经矿业权整合，现有生产煤矿山1308个（处），设计总生产能力13112万t/a，共占用保有煤炭资源储量32.8亿t。其中大中型生产矿井 21 个，生产能力 1560 万 t/a，保有资源储量 14 亿 t；在建中型矿井 2 个，生产能力 105 万 t/a，保有资源储量 0.9 亿 t；小型煤矿及小煤矿 1285 个，生产能力 11447 万 t/a，保有资源储量 17.9 亿 t。小型及小煤矿中未经勘查的小煤矿 326 个，年设计生产能力 2468 万 t，保有资源储量 2.1 亿 t。

已利用的保有煤炭资源储量 32.8 亿 t，占保有资源储量 26.73%，其中达勘探工作程度的 22.7 亿 t，占总保有量的 18.50%，非勘探的 10.1 亿 t，占 8.23%。利用率最高的矿区或煤田依次为：红坭矿区 100%、寿保矿区 99.45%、广旺矿区 97.35%、万源矿区 87.82%、达竹矿区 77.80%、华蓥山矿区 76.72%、雅荥煤田 60.45%、芙蓉矿区 59.96%、隆泸矿区 54.59%、宝鼎矿区 52.33%、龙门山煤田 38.96%、大凉山煤田 23.55%；尚未利用的煤炭资源储量 89.9 亿 t，其中地质工作程度达勘探阶段的 23 个井田 16.9 亿 t、详查阶段的 26 个井田或矿段 29.1 亿 t、普查阶段的 26 个井田或矿段 15.0 亿 t、预查阶段的 48 个井田或矿段 28.9 亿 t。多数矿区由于煤层赋存条件好或勘查程度较高，开发条件和外部生态环境相对优越以及当地经济发展所需要等因素，煤炭资源开发利用率较高。筠连矿区和古叙矿区虽然煤炭资源赋存条件好，开采技术条件较好，外部环境也比较优越，但由于地质工作程度较低，部分煤层原煤硫分过高，影响了矿区的开发利用，开发利用率较低。随着科技的发展进步，筠连矿区和古叙矿区已列入国家重点开发区。资威矿区因近年新探获的煤炭资源储量较多，但其地质工作程度还未达建井阶段的要求，故开发利用率也较低。其他如龙门山煤田和大凉山煤田由于煤层赋存条件差且分散或外部生态环境脆弱或地质工作程度低等因素的制约，影响它们的开发利用率。

第二章 含 煤 地 层

第一节 含煤地层概况

四川共有 10 个成煤期，即早寒武世、早志留世、早泥盆世、早石炭世、中二叠世、晚二叠世、晚三叠世、早侏罗世、新近纪和第四纪。在上述 10 个成煤期中，具有较大经济价值的共有 6 个，即：中二叠世、晚二叠世、晚三叠世、早侏罗世、新近纪和第四纪，其中以晚二叠世、晚三叠世成煤期的经济价值最大，是四川最重要的两个成煤期。

四川的主要含煤地层为晚二叠世龙潭组、兴文组、宣威组，晚三叠世须家河组、小塘子组、大荞地组；次之为晚二叠世吴家坪组、黑泥哨组，晚三叠世宝顶组、白果湾组、松桂组、白土田组，中二叠世梁山组，早侏罗世白田坝组、自流井组珍珠冲段以及新近纪的盐源组、昔格达组、昌台组等。各成煤期含煤地层系列详见表 2-1-1。

表 2-1-1 四川省各成煤期含煤地层系列表

时代	四川西部	四川东部	种类
第四纪	全新统草地沼泽和草原沼泽沉积	大箐梁子组、彝海组、兰家坡组	泥炭
新近纪	昌台组	盐源组、昔格达组	褐煤
早侏罗世	甲秀组	自流井组珍珠冲段、白田坝组	烟煤
晚三叠世	拉纳山组、喇嘛垭组两河口组（格底村组）	中窝组、松桂组、白土田组、大荞地组、宝顶组、白果湾组、小塘子组、须家河组	烟煤、无烟煤
晚二叠世	叠山组	黑泥哨组、峨眉山玄武岩组、宣威组、兴文组、龙潭组、吴家坪组	无烟煤、烟煤
中二叠世		梁山组	无烟煤、烟煤
早石炭世		长岩窝组	劣质煤层
早泥盆世	普通沟组		无烟煤
早志留世		龙马溪组（底部含晚奥陶世原五峰组）	石煤
早寒武世		牛蹄塘组，筇竹寺组	石煤

在以上各含煤地层中，晚二叠世叠山组、峨眉山玄武岩组，晚三叠世的中窝组、喇嘛垭组、两河口组、拉纳山组，新近纪的昔格达组，一般仅含煤线或薄煤层，只有早侏罗世甲秀组在局部地段含可采煤层，总体来说经济价值不大，故在后叙中将不再赘述。

第二节　主要含煤地层特征

一、中二叠世

四川中二叠世含煤区主要指中二叠世早期(栖霞期之初)的梁山组及与其相当的地层分布地区。康滇—龙门山隆起以东地区简称东区(即扬子局限台地)是梁山组的主要沉积区:区内含煤地层厚数米至 60 m,一般厚 5~10 m。岩性主要为黏土岩类(以铝土岩及水云母黏土岩为主)夹砂岩,黏土岩中含菱铁矿、赤铁矿及黄铁矿,局部地段夹灰岩或白云岩。为铝土矿(如川南、广元)、铁矿(珙县)、硫铁矿(金阳、兴文)、煤矿(江油五花洞等)及其黏土岩矿的产出层位,其中铝土矿经济价值较大。所含煤层层数少厚度变化大,多呈透镜状、串珠状、鸡窝状,部分为似层状产出,总厚 0~3 m,局部可采一层,延展长度小于 5 km。

康滇—龙门山隆起以西地区简称西区(即古特提斯广海)主要为广海相碳酸盐岩或火山岩及火山碎屑岩沉积区,与栖霞期之初相当的地层与上覆地层难以分开,仅在康滇—龙门山隆起西缘及摩天岭一带见夹有泥质岩的碳酸盐沉积,局部地带(如盐源地区)可划出与梁山组相当的地层树河组。西区含煤性差,未发现有经济价值的煤层,故不再赘述。含煤区分布情况见图 2-2-1。

按照四川省赋煤区划表 1-1-1 和图 1-1-1,对各赋煤带(煤田、矿区)梁山组的特征简述如下。

1.川南—黔北赋煤带(VI_A)

该带与筠连—南川区(见图 2-2-1 II_c)大体一致。指泸州以南、安边以东、重庆彭水以北的地区。区内煤层达可采厚度的点稀少,一般在数米内急剧尖灭,不具工业价值。

梁山组　为滨岸带海陆交替相沉积,岩性以粉砂岩、粉砂质泥岩、黏土岩及泥岩为主,珙县底部为铁矿层(将军坡)、兴文底部黏土岩中夹密集的黄铁矿结核(周家沟铜矿溪),中部夹透镜状薄煤层(煤线),厚度一般小于 10 m。生物发育,以植物和腕足为主,次为蜓、珊瑚、瓣鳃、介形虫等。与上覆栖霞组为过渡接触,在川南广泛不整合于中志留韩家店组之上。

2.华蓥山赋煤带(VI_B)

该带与川中区东部(见图 2-2-1 II_E)大体一致。

梁山组　下部为黏土页岩,含铁绿泥石黏土岩,局部富集呈鲕状、豆状赤铁矿;中部为铁铝质泥岩夹致密状、豆状铝土矿;上部为炭质泥岩夹煤线或透镜状薄煤层。该组分布范围有限,厚度小,一般 0~数米,含煤性极差。与上覆栖霞组为过渡接触,在岳池县溪口阎王沟不整合于上石炭统黄龙组之上。

3. 米仓山—大巴山赋煤带(VI_C)

包括八面山—大巴山区的西北部(见图 2-2-1 II_A)和龙门山—米苍山的东部(见

图 2-2-1 Ⅱ_B)地区。

梁山组 岩性为黏土岩夹豆状、鲕状角砾状铝土岩、炭质泥岩及煤线（层）。黏土岩中含黄铁矿及菱铁矿结核。底部常见鸡窝状含铁黏土岩。万源矿区梁山组厚约 10 m，上部夹泥灰岩或白云岩透镜体及煤线（层），黄草梁一带含煤一层，厚 0.15~3.50 m，一般厚 1.65 m，呈似层状产出。含腕足类 *Orthotichia* cf. *indica*，*Chonetes* sp.，*C.* cf.，*Artisia approximata* 及植物 *Taeniopteris* sp.，*Pecopteris norinii*，*Sphenophyllum* cf. *costae* 等。与上覆栖霞组为整合接触，在旺苍一带不整合于中志留统韩家店组之上。

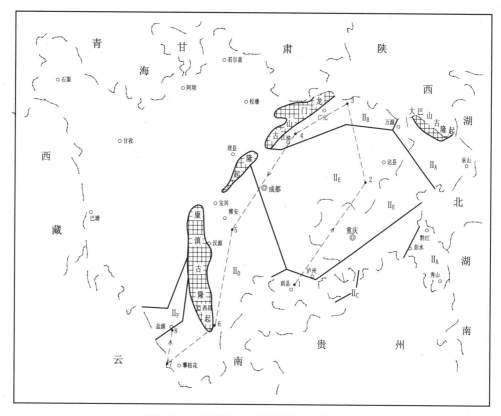

图 2-2-1 四川省中二叠世含煤地层区划图

（据四川省地质矿产局，1991 修改）

▨ 陆源区 ／ 地层区划线 ↗⁻² 赋煤带骨干剖面及编号

Ⅱ_A.八面山—大巴山区；Ⅱ_B.龙门山—米苍山区；Ⅱ_C.筠连—南川区；Ⅱ_D.西昌—大凉山区；Ⅱ_E.川中区；Ⅱ_F.盐源区

1.珙县大水沟；2.岳池县溪口阎王沟；3.旺苍双河乡王家冲；4.江油县五花洞；5.洪雅龙虎凼；

6.渡口龙洞河；7.普格县洛乌沟；8.盐源树河乡甘沟梁子

4.龙门山赋煤带（Ⅵ_D）

主要包括龙门山—米苍山区的西部（见图 2-2-1 Ⅱ_B）和西昌—大凉山区的雅安以北（见图 2-2-1 Ⅱ_D）地区。

梁山组 属滨海沼泽相沉积，由泥岩、砂质泥岩、炭质泥岩及煤组成，厚 2.83~11.0 m。江油五花洞含煤一层，厚 0.65~2.98 m，煤层比较稳定，但分布不广。含腕足类 *Orthotetes* sp.、苔藓虫等及植物类化石。与上覆栖霞组为整合接触，不整合于下奥陶统红石崖组、上石炭统黄龙组等地层之上。

5.大凉山—攀枝花赋煤带(Ⅵ$_F$)

该赋煤带与西昌—大凉山区(见图 2-2-1Ⅱ$_D$)大体一致。

梁山组 在盐边、攀枝花一带以黏土岩为主夹铝土岩、煤线(层)及赤铁矿,下部含黄铁矿结核,底部为含砾砂岩或砾石;在宁南、布拖、金阳一带为黏土岩夹砂岩、炭质泥岩、煤线(层)及含黄铁矿黏土岩,底部常夹砾岩;在越西—峨边一带下部以碎屑岩为主,夹黏土岩及铝土矿,上部为黏土岩、炭质泥岩夹煤线(层)。区内梁山组一般厚 10~58 m,在甘洛附近最厚可达 88 m,含煤 0~3 层,结构简单,多呈透镜状、鸡窝状产出,延伸极不稳定,单层煤厚 0.2~0.8 m,最厚可达 1.20 m,在宁南松林曾有小煤窑开采。与上覆栖霞组为整合接触,不整合于中泥盆统等地层之上。

6.盐源赋煤带(Ⅵ$_G$)

该带与盐源区(见图 2-2-1Ⅱ$_F$)一致。

树河组 为海陆交互相沉积,上部以砾状灰岩夹含石英粒灰岩为主;下部以粉砂岩、粗粒石英砂岩、页岩为主,夹粒状灰岩及泥灰岩薄层,不含煤,厚度可达 81.50 m。含䗴类 *Misellina claudiae*,*Pseudofusulina*,*Triticites* sp. 等。与上覆阳新组为整合接触,不整合于上石炭统黄龙组之上。

二、晚二叠世

四川晚二叠世赋煤区以康滇古陆为界,分为东西两个区,古陆东侧简称东区,古陆西侧简称西区(见图 2-2-2)。

晚二叠世地层跨越了陆相、海陆交互相和海相,在岩性、岩相、古生物组合等方面都有较大的差异,根据海陆环境的差异,把四川东部的岩石地层组合划分为三大相区,即陆相区、海陆过渡相区和海相区。陆相区统一命名为宣威组,其上、下亚组分别对应于长兴阶和吴家坪阶;海陆过渡相(交互相)区,吴家坪阶命名为龙潭组,长兴阶为长兴组/兴文组;海相区,吴家坪阶对应吴家坪组,长兴阶为长兴组/大隆组。晚二叠世地层划分对比见表 2-2-1。宣威下亚组、龙潭组、吴家坪组都可划分为三个可对比的段,即一段、二段、三段;上二叠统含煤可达 30 层,编号者 25 层,即 C$_1$~C$_{25}$;兴文组/宣威上亚组有编号煤层 6 层,即 C$_1$~C$_6$,龙潭组/宣威下亚组有编号煤层 19 层,即 C$_7$~C$_{25}$,吴家坪组有编号煤层多为 1 层,即 C$_{25}$;晚二叠世含煤地层以 C$_{16}$ 煤层顶板为界划分为两个三级层序,即层序Ⅰ、层序Ⅱ。

1.川南—黔北赋煤带(Ⅵ$_A$)

含煤地层主要有上二叠统龙潭组、宣威下亚组、兴文组、宣威上亚组。

龙潭组 厚 72~150 m,为海陆交互相沉积,由含煤砂、泥岩夹灰岩组成,含煤 20 余层,其中可采煤层 2~9 层,产腕足:*Edriosteges poyangensis*,*Transennatia gratiosus* 等及有孔虫、瓣鳃、䗴、腹足和植物:*Lepidostrobo-ophylum* 等化石,该组在塘坝—马

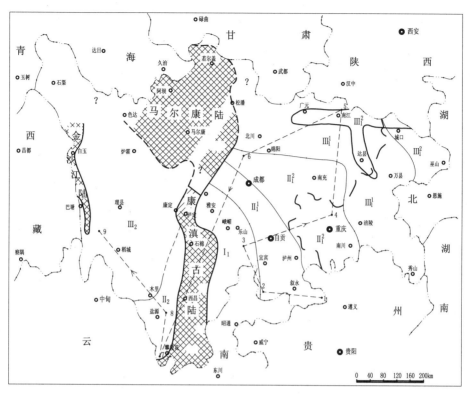

图 2-2-2　四川省晚二叠世地层区划及代表性剖面位置图

(据四川省地质矿产局川东南地质大队，1989 修改)

▨陆源区　◣相区分界线　◪亚相区分界线　↗赋煤带骨干剖面及编号

Ⅰ-陆相区；Ⅱ-海陆交替相区；Ⅲ-海相区；Ⅰ₁、Ⅱ₁、Ⅲ₁代表东部各相区；Ⅱ₂、Ⅲ₂代表西部各相区

1.古蔺大村；2.筠连金鸡榜；3.沐川三道河；4.重庆天府姚家岩；5.南江赶场蔡家沟；

6.绵竹王家坪；7.渡口把关河；8.盐源小高山；9.巴塘中咱赤丹潭

表 2-2-1　四川省晚二叠世地层划分对比简表

地层区划	四川西部地层区Ⅲ₂							四川东部地层区				
	玉树-中甸分区			马尔康分区	摩天岭分区	盐源分区Ⅱ₂		上扬子分区				
地层系统	中咱小区	稻城小区	木里小区					西南小区Ⅰ₁	中部小区Ⅱ₁		东北小区Ⅲ1	
	海相	海相	海相	海相	海相	海陆交替相	陆相	海陆交替相	海相			
								Ⅱ₁¹	Ⅲ₁¹	Ⅲ₁²		
上覆层	布伦组		领麦沟组	波茨沟组	漳腊群	青天堡组	丙南组	飞仙关组			大隆组	
上二叠统	赤丹潭组	冈达概组	卡翁沟组	大石包组	叠山组	黑泥哨组	宣威组	兴文组 龙潭组	长兴组 龙潭组	长兴组	长兴组 吴家坪组	
						宣威组						
				峨眉山玄武岩								
											孤峰组	
下伏层	冰峰组	穷错组	邛依组	三道桥组	大关山组	茅口组						

鞍山一线以西相变为宣威组下亚组,与下伏茅口组、峨眉山玄武岩均为平行不整合接触。龙潭组划分为三个段。自下而上为:一段为潟湖、下三角洲沉积,厚6~37 m,含煤2~7层,煤厚0~6.68 m,可采0~3层,可采总厚0~4.91 m。下部含黄铁矿高岭石泥岩及灰岩夹C_{25}煤层(广泛分布于无玄武岩区),中上部岩屑砂岩夹水云母泥岩,顶以C_{23}煤层顶分界。硐底—底硐一线以西该段大部缺失,基乎不含煤,古蔺大村一带含煤性最好,总体含煤性向西变差。二段以上三角洲沉积为主,厚39~96 m,含煤10~19层,煤层总厚0~3.01 m,古蔺石屏、大村一带含煤性最好有可采煤层2~3层,可采总厚2.40 m。由岩屑砂岩,铁质、泥质粉砂岩与含粉砂质泥岩夹煤组成多个正韵律互层。叙永正东以东含煤性较好,以西含煤性迅速变差。三段以下三角洲、沼泽-潮坪沉积为主,厚14~26 m,含煤1~5层,煤层总厚0~6.21 m,有可采煤层1~3层,可采总厚0~4.90 m,含煤性以西部筠连—珙县一带最好,向东变差。由含粉砂质泥岩夹岩屑粉砂岩、细砂岩、煤组成。顶以C_{7-10}煤层(为西部分布最广的复合煤层)顶与上覆地层分界。

兴文组 分布于大纳公路以西,塘坝—马鞍山—高县一线以东的广大地区,为开阔海碳酸盐台地、潮下、沼泽沉积,由细粒砂岩、粉砂岩、泥岩及煤层组成,夹多层薄层石灰岩,含煤0~9层,可采0~4层,单层厚度0.50~1.57 m,一般0.50~1.30 m,煤层可采总厚0.70~3.88 m,多属简单结构—中等结构,含煤性以筠连、珙县等地较好,多属较稳定型煤层。产腕足、瓣鳃 *Pernopecten sichanensis*,*P. huayinshanensis*;还有苏铁、松柏、银杏、科达等类植物化石。

宣威组 60~100余米,分布在塘坝—马鞍山—高县一线以西地区,为陆相沉积,由细粒砂岩、粉砂岩、泥岩及薄煤层组成,西缘厚度减薄,碎屑岩增多。含煤10余层,可采和局部可采煤层1~2层。蕨类植物较少,多见石松类鳞木及楔叶类化石,属种单调,量较少。

2. 华蓥山赋煤带(VI_B)

龙潭组 华蓥山赋煤带龙潭组地层主要分布在华蓥山煤田,属海陆交互相海湾、潟湖沉积,为一套含煤砂泥岩与灰岩互层组合,厚110~182 m。一般可分为三段:一段下部含黄铁矿高岭石泥岩及灰岩夹煤层,中上部岩屑砂岩夹水云母泥岩,顶部含煤层。产有孔虫 *Nodosaria netchajewi*,*Geinitzina spandeli*,*Robuloides acutus*,*Pachyhloia* sp.,*Padangia* sp.;蜓 *Reichelina* sp.,*Dunbarula* sp.;藻 *Gymnocodium* sp.;以及棘皮、双壳、介形虫、腕足等生物碎屑。二段的顶、底为灰岩、泥灰岩,中上部为泥岩夹岩屑砂岩,粉砂岩,顶部含煤层。产蜓 *Dunbarula* sp.,*Reichelina* sp.;有孔虫 *Glomospira* sp.,*Nodosaria netchajewi*,*Geinitzina spandeli*,*Pachyphloia ovata*,*P. paraovata*,*Ammodiscus* sp.,*Robuloides* sp.,*Frondicularia* sp.,*Pseudoglandulina conica*;腕足 *Squamularia elegantula*;以及藻、苔藓虫、介形虫、海绵骨针、棘皮、三叶虫、珊瑚等生物碎屑。三段为岩屑砂、粉砂与含菱铁质泥岩互层夹灰岩。产蜓 *Sphaerulina* sp.,*Dunbarula* sp.,*Codonofusiella* sp.;有孔虫 *Nodeosaria netchajewi*,*Pachyploia paraovata*,*P. multiseptata*,*Multidiscus* sp.,*Geinitzina spandeli*,*Pseudoglanduliua conica Robuloides acutus*;腕足 *Tyloplecta yangtzeensis*,*Squamularia* sp.,*Spinomarginifera* sp.;藻 *Permocalculus* sp.,*Mizzia* sp.,*Gymnocodium* sp.;以及苔藓虫、介形虫、三叶虫等生物碎屑。龙潭组含煤3~6层,可采1

～3层，煤层单层厚0.10～2.75 m，总厚1.69～4.14 m，煤层多富集于煤系下部，厚度和层数由北向南逐渐增多。与上覆长兴组整合接触，与下伏茅口组假整合接触。

3. 米仓山—大巴山赋煤带(Ⅵc)

吴家坪组　在万源矿区以海相碳酸盐台地、海湾、潟湖沉积为主，厚度86～243 m，划分两个亚段：上亚段(相当于龙潭组二＋三段)厚84～224 m，以硅质岩为主夹薄层石灰岩，含蜓：*Codonofusiella kwangsiana*，*C. asiatica*，*Reichelina changhsingensis*，及腕足类等。下亚段(相当于龙潭组一段)厚2～19 m，以砂岩、粉砂岩为主，底部含铝质泥岩和1～2层煤层，厚度0.50～1.40 m，呈似层状或藕节状产出，厚度极不稳定，富含腕足类等；在广旺煤田以海槽沉积为主，在广元下寺、车家坝、朝天燕子峡，旺苍汶水、伍权等地，吴家坪组底部含煤1层，厚0～2.30 m，呈透镜状产出，极不稳定，局部可采，可采厚度约0.60～0.72 m。该组与上覆长兴组/大隆组整合接触，与下伏茅口组假整合接触。

4. 龙门山赋煤带(Ⅵᴅ)

吴家坪组　仅分布在龙门山煤田龙门山矿区，属浅海相沉积，含煤段为海湾、潮坪沉积。岩性为中至厚层状含蜓石石灰岩，夹数层炭质泥岩及铝土质泥岩，厚142 m。吴家坪组底部含煤1～2层，可采和局部可采各一层，单层厚度0.40～2.00 m，一般1.00 m左右，厚度变化大，不稳定。该组产腕足：*Squamularia elegantuloides*，*Dictyoclostus yangtzeensis*，*Uncinunellina* sp.，珊瑚：*Syringopora* sp. 等。与上覆长兴组/大隆组整合接触，与下伏茅口组假整合接触。

5. 川中赋煤带(Ⅵᴇ)

吴家坪组/龙潭组　吴家坪组分布于达县、南部一线以北，为海陆交互相碳酸盐台地、海湾、潮坪沉积体系。底部含煤一层，厚0～1.50 m，呈透镜状产出，不稳定，局部可采，厚约0.70 m；龙潭组分布于达县—南部以南、射洪—内江以东地区，其范围与广安—重庆—古蔺富煤带基本一致。属海陆交互相潮坪、海湾、潟湖沉积体系，地层总厚110～182 m，为一套含煤砂、泥岩与灰岩互层组合。一、二段含煤2～7层，为大区域稳定可采的中厚煤层。其中南充—广安一带可采总厚度大于10 m。与上覆长兴组/大隆组整合接触，与下伏茅口组假整合接触。

6. 大凉山—攀枝花赋煤带(Ⅵꜰ)

宣威组　晚二叠世该区即康滇古陆玄武岩山地主体为东西两侧提供陆源碎屑物，为剥蚀区几乎无含煤地层沉积，仅在边缘地带美姑、金阳(东测)及攀枝花(西侧)等地有少量陆相碎屑含煤线沉积，厚0～15 m。

7. 盐源赋煤带(Ⅵɢ)

黑泥哨组　含煤地层分布在小高山、香房、火神崖、院棚村及西南大草乡一带，为海陆交互沉积，厚827 m，分上、中、下三段。上段厚396 m，称砂、砾岩段；中段厚408 m，称含煤段；下段厚23 m，称玄武岩、砂砾岩段。含煤段由细砂岩、砂质泥岩、灰岩和煤组成，含煤 11 层。在小高山、火神崖、水草坡等地有 2 层较稳定的可采煤层，1 层局部可采煤层，煤层单层厚 0.70～1.78 m，属无烟煤。富含植物：*Gigantopteris nicotianaefolis*，*Lepidodendron oculusfelis*，*Pecopteris arborescens*，*P. hemitelioides*，*Rhipidopsis lobata*，*Taeniopteris Taiyuanensis*，*Annularia macronata*；腕足类：*Schellwienella ruber*，*Leptodus nobilis*，*Chonetinella* sp.。与下伏峨眉山玄武岩组为平行不整合接触，与上覆青天堡组假整合接触。

8. 巴颜喀拉赋煤带（VI$_A$）

该赋煤带上二叠统地层有赤丹潭组、冈达概组、卡翁沟组、大石包组、叠山组，只有大石包组和叠山组偶夹煤层。

赤丹潭组　分布在巴塘中咱赤丹潭—乡城元根日措、白玉欧纳等地，为一套海相碳酸盐岩沉积，不含煤层，厚 144.9～538.39 m。本组含蜓 *Reichelina*，*Codonofusiella* sp.，*Staffella*，*Eoverbeekina* cf. *niwanggouensis*，*Paraverbeekina* cf. *ellipsoidalis*，*Verbeekina*，*Sumatrina* cf. *longissima*；有孔虫 *Colaniella* 及苔藓虫、藻类、腕足类等化石。与上覆布伦组，与下伏冰峰组均为平行不整合接触。

冈达概组　分布于义敦地槽之核心地带，厚 2128.5～3605.3 m。岩性为浅变质基性火山岩、碳酸盐岩及泥质岩、砂质岩，具多个喷发旋回，含珊瑚、蜓类、腕足类等化石。平行不整合于布伦组之下，不整合覆于穷错组之上。

卡翁沟组　分布在木里通坝、拿么山、邛依、越尔扎一带，厚 1187.9～1371.9 m。岩性为区域浅变质碳酸盐岩、砾屑及砂屑碳酸盐岩、泥砂质岩夹硅质岩，偶夹中基性凝灰质板岩，含蜓类、腕足类、角石等化石。下部以砾屑灰岩为主，化石混存；上部砂泥质夹硅质岩与碳酸盐岩不等厚韵律式互层，不含砾屑。平行不整合伏于领麦沟组之下，覆于邛依组之上。

大石包组　分布于理县、汶川、宝兴、小金、丹巴、康定、九龙一带，整合覆于三道桥组之上、伏于菠茨沟组之下的一套以海底喷发的基性火山岩、火山角砾岩、凝灰岩为主的地层体，九龙地区上部夹煤线。喷发旋回中可夹多层变质泥、砂质岩和碳酸盐岩。康定阿东梁子厚达 2450.3 m，向北减薄，至黑水、茂汶、松潘一带缺失，向南厚度亦变薄，至康定莲花山 1048.2 m，九龙三垭大菩萨山 1476 m，九龙乌拉溪大火山 633 m。

叠山组　分布于松潘县红星乡阿翁沟—九寨沟县胜利乡中查沟一带，总厚 312～813 m。为一套海相沉积，以薄—中厚层灰岩，鲕状灰岩为主，下部夹含炭质页岩、粉砂质泥岩的地层，个别地区夹煤层。含腕足类、蜓和珊瑚化石，阿翁沟—中查沟一带含蜓 *Palaeofusulina simplex*，*P. laxa*，*Reichelina*，*Codonofusiella* 等；珊瑚 *Waagenophyllum*；腕足类 *Uncinunellina timorensis*，*Marginifera typeca*，*Spinomarginifera lopingensis*，*Pugnax pseudoutah*。与下伏大关山组为平行不整合接触，与上覆罗让沟组呈整合或平行不整合接触。

三、晚三叠世

四川晚三叠世含煤岩系以龙门山—小金河断裂为界划分为东部地区和西部地区（参见

图 2-2-3)。

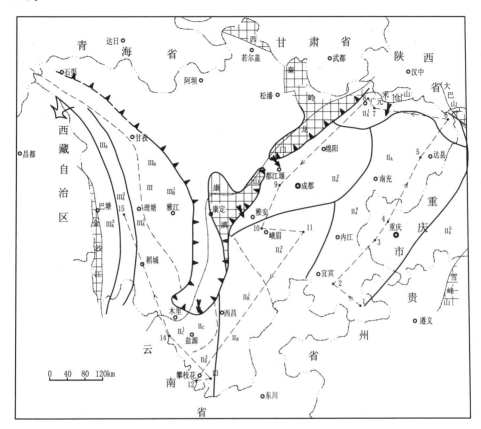

图 2-2-3　四川省晚三叠世含煤地层区划图

(据四川省地质矿产局，1991；四川盆地陆相中生代地层古生物编写组，1984 年修改)

Ⅱ扬子区：Ⅱ$_A$.四川盆地分区；Ⅱ$_A^1$.广元小区；Ⅱ$_A^2$.成都小区；Ⅱ$_A^3$.峨眉小区；Ⅱ$_A^4$.台川小区；

Ⅱ$_A^5$.万县小区(小塘子组、须家河组)；Ⅱ$_B$大凉山攀枝花分区；Ⅱ$_B^1$.大凉山小区(白果湾组)；

Ⅱ$_B^2$.攀枝花小区(大荞地组、宝鼎组)；Ⅱ$_C$.丽江分区；Ⅱ$_C^1$.盐源小区(中窝组、松桂组、白土田组)；

Ⅲ巴颜喀拉区；Ⅲ$_A$.玉树—中甸分区；Ⅲ$_A^1$.埋珠—稻城小区；Ⅲ$_A^2$.白玉—乡城小区(喇嘛垭组)；

Ⅲ$_A^3$.巴塘中咱小区(拉纳山组)；Ⅲ$_B$.玛多—马尔康分区；Ⅲ$_B^1$.雅江小区(格底村组)；

1.古蔺德跃关；2.江安红桥；3.永川四合厂；4.合川炭坝；5.达县铁山；6.万源石冠寺；7.广元须家河；8.旺苍白水；9.大邑天宫庙；10.峨眉荷叶湾；11.威远葫芦口；12.攀枝花宝鼎；13.会理鹿石；14.盐源甲米；15.理塘热柯喇嘛垭

　　1995 年四川煤田地质研究所，根据四川省地质矿产局科学研究所 1984 年提出的"四川盆地上三叠统地层划分方案"将四川省东部地区(近似于上扬子分区)上三叠统划分为五个小区。西部地区参考成都地质矿产研究所《西南地区地层总结(三叠系)》(1980)、1∶20 万色达—炉霍幅联测资料、郝子文主编《西南区区域地层》(1999)综合而成。四川省晚三叠世地层区划参见图 2-2-3、表 2-2-2。东部地区位于构造相对稳定的扬子陆块区上扬子陆块，晚三叠世煤系地层发育，属华南赋煤区的一部份，在我国南方晚三叠世聚煤期中占有重要地位。西部地区属西藏—三江造山系之巴颜喀拉地块和三江弧盆系，地史上为构造活动区，沉积环境不稳定，在晚三叠世的早期强烈沉降为广阔海域，沉积了厚度上万米的海相砂岩、泥岩等组成的地槽复理石建造；中、晚期地壳上升，形成一些大、小型的山间盆地，沉积了陆相碎屑岩系，局部层段中有煤线、薄煤层或煤透镜体。

四川盆地地层发育较全，西缘沉积厚可达 7000 m，向东减薄。自下而上依次有马鞍塘组或垮洪洞组、小塘子组和须家河组。煤层主要产于须家河组与小塘子组中。马鞍塘组与垮洪洞组的对比省内目前倾向于为大致同期（卡尼期）沉积。

表 2-2-2(a)　四川省晚三叠世地层区划特征简表

地层区划	华南地层大区						
	巴颜喀拉地层区				扬子地层区		
	玉树－中甸分区			玛多－马尔康分区	丽江分区	大凉山－攀枝花分区	
	巴塘－中咱小区	白玉－乡城小区	理塘－稻城小区	雅江小区	盐源小区	攀枝花小区	大凉山小区
地层层序	拉纳山组（T_3l）发育不完整，有人怀疑属金沙江以西之推覆体	喇嘛垭组（T_3lm）上部发育不全	喇嘛垭组（T_3lm）一至五段发育完整	格底村组（T_3g）为区域上两河口组（T_3l）一段相变	白土田组（T_3bt）可分七段松桂组（T_3s）中窝组（T_3z）未分段	宝顶组（T_3bd）分二或三段大养地组（T_3dq）分十一段	白果湾组（T_3bg）可分三段
接触关系	顶部被断失或剥蚀，与下伏图姆沟组（T_3t）整合接触	顶部被剥蚀与下伏勉戈组（T_3mg）整合接触	与上覆英珠娘阿组（T_3yz）、下伏图姆沟组（T_3t）均为整合接触	与上覆两河口组（T_3lh）整合，与下伏新都桥组（T_3xd）、如年各组（T_3r）整合或平行不整合	白土田组上部未见顶，依次与松桂组、中窝组及下伏白山组（T_2bs）整合接触	与上覆益门组（$J_{1-2}y$）整合接触，与大养地组、及下伏丙南组（T_3b）平行不整合接触	与上覆益门组（$J_{1-2}y$）整合接触；与下伏前南华系（AnNh）角度不整合接触，与其后下伏较老地层平行不整合接触
岩石组合特征	底部为复成分砾岩、砂板岩夹夹灰岩；中部砾岩夹夹火山角砾沉凝灰岩、板岩；上部砂板岩夹煤线	为变质复成分砂岩与炭质板岩、粉砂质板岩互层	为变质复成分砂岩与炭质板岩、粉砂质板岩互层	为砾岩、砂岩、板岩组成互层，为沿炉霍断裂垮塌带碎屑流沉积	为长石石英砂岩、粉砂岩与泥岩不等厚韵律互层。松桂组与中窝组为碎屑岩与碳酸盐岩互层	为砾岩、砂岩、粉砂岩、泥岩不等厚韵律互层	为长石、石英砂岩、粉砂岩、泥岩不等厚互层，夹夹块状、凸镜状砾岩
含煤情况	含煤线或煤层	含煤线或薄煤层	含煤线、煤层，新龙一带产煤	砾石间有煤屑、煤块或鸡窝状煤层	白土田组含可采煤层，其余两组含煤线，偶见煤层	以大养地组为主含多层可采煤层	一段含煤多层；二、三段含煤线，偶见薄煤层
厚度	208～267 m，一般厚 300 m 左右	300～5000 m	5000～7000 m 最厚 8630 m	100～400 m	200～1000 m 西厚东薄（T_3bt）	1000～1900 m（T_3bd）600～2260 m（T_3dq）	自南向北超覆，1591～106 m
古生物特征	含植物、叶肢介和双壳类	产大量薄壳双壳类和少许植物	产大量双壳类和植物	含植物及少量双壳类	含植物和少量双壳类、腕足类，下部两个组含海相化石	含丰富植物化石"大养地植物群"、"大箐植物群"及少量双壳类	含植物、双壳和介形类

表 2-2-2（b）　四川省晚三叠世地层区划特征简表续表

地层区划	华南地层大区				
	扬子地层区				
	四川盆地（上扬子）地层分区				
	广元小区	成都小区	峨眉小区	合川小区	万县小区
地层层序	须家河组（T_3xj）层序不完整，上部缺失地层较多小塘子组（T_3x）西部海相发育，向东过渡为陆相缺失马鞍塘（T_3m）组	须家河组层序较完整，含半咸水相化石层较多小塘子组海相层发育马鞍塘组发育	须家河组层序较完整，含有半咸水相化石层较多小塘子组海相层较发育，向东过渡为陆相垮洪洞组（T_3k）部分地区较发育	须家河组层序较完整，含有半咸水相化石层小塘子组为陆相，含半咸水化石层。局部缺失缺失马鞍塘组	须家河组层序发育不全，全为陆相沉积小塘子组全为陆相沉积缺失马鞍塘组
接触关系	与上覆下侏罗统白田坝（J_1b）呈假整合或不整合接触与下伏中三叠统雷口坡组（T_2l）呈假整合接触	与上覆下侏罗统自流井组（J_1z）呈整合或假整合接触与下伏中三叠统雷口坡组天井山组（$J_{2-3}tj$）呈假整合接触	与上覆下侏罗统自流井组呈整合接触或冲刷接触与下伏中三叠统雷口坡组呈假整合接触	与上覆下侏罗统自流井组呈整合或冲刷接触与下伏中三叠统嘉陵江组（J_1j）呈假整合接触	与上覆下侏罗统自流井组呈冲刷或整合接触与下伏上三叠统巴东组（J_2b）呈假整合接触
岩石组特征	须家河组为砂岩段与含煤泥岩交互层，可分出 4 个岩性段，须 4 段中夹灰质砾岩层	须家河组中砂岩与含煤泥岩组成频繁韵律层，一般可划分出 5 至 6 个岩性段	须家河组沉积物较细，但仍为砂岩段与含煤泥岩段交互层，仍可划分出 5 至 6 个岩性段	须家河组为厚层砂岩段与含煤泥岩段交替层，韵律明显，可分 5 至 6 个岩性段	须家河组以砂岩为主，含煤泥岩段常冲刷而缺失
含煤情矿况	须家河组在西部下煤组含可采煤层，东部中煤组含可采煤层小塘子组不含可采煤层	须家河组下煤组主要可采煤层，其次为中煤组小塘子组在局部地区含可采煤层	须家河组的主要可采煤层赋存在下煤组小塘子组在局部地区含可采煤层	须家河组的主要可采煤层赋存在中煤组和上煤组小塘子组在局部地区含可采煤层	须家河组上煤组在局部地区含可采煤层小塘子组仅在个别地区含可采煤层
厚度	185～670 m，西厚东薄	东部 780～1500 m；西部 >3000 m	560～1010 m，由南向北增厚	450～650 m	一般 <500 m
古生物特征	须家河组以植物化石为主，并有半咸水、淡水瓣鳃化石和叶肢介、介形类、鱼类等化石小塘子组产海相和半咸水瓣鳃类化石马鞍塘组产瓣鳃菊石等海相化石			须家河组富含植物化石，有少量半咸水瓣鳃和叶肢介、介形、鱼类等化石小塘子组有少量半咸水瓣鳃	产少量植物化石，保存较差

（续表据四川盆地陆相中生代地层古生物编写组，1984；四川煤田地质研究所，1995）

上三叠统含煤地层在盆地区分为小塘子组、须家河组，在攀西区分为白果湾组、大荞地组、宝顶组、中窝组、松桂组和白土田组（即东瓜岭组）等。其中，须家河组曾被划分为 4～7 个岩性段，各地区根据矿区或井田的具体情况又进行了段、亚段划分，目前煤炭系统多参照四川煤田地质研究所（1995）的划分对比（表 2-2-3）。表内段以上级别多用于地层划分，段以下级别多用于煤层对比。盆地内小塘子组和须家河组依照此表进行了划分，结果如表 2-2-4。盆地内晚三叠世含煤地层可划分四个三级层序，即：层序Ⅰ（小塘子组）、层序Ⅱ（须家河组一段＋二段）、层序Ⅲ（须家河组三段＋四段）、层序Ⅳ（须家河组五段＋六段）。

表 2-2-3 四川盆地晚三叠世含煤地层划分和煤层对比综合表

组	亚组	段	亚段		标志层		煤组	煤层编号
须家河组 T_3xj	上亚组 T_3xj_2	六段	三亚段	T_3xj^{6-3}	B_1	C_{10} 夹矸	上煤组	$C_1 \sim C_{10}$
			二亚段	T_3xj^{6-2}	B_2	"芝麻砂岩"		
			一亚段	T_3xj^{6-1}				$C_{11} \sim C_{12}$
		五段		T_3xj^5	B_3	疏松球状风化厚层砂岩		
		四段	三亚段	T_3xj^{4-3}	B_4	C_{17} 夹矸	中煤组	$C_{13} \sim C_{20}$
			二亚段	T_3xj^{4-2}	B_5	砂岩或砾岩		
			一亚段	T_3xj^{4-1}	B_6	C_{23} 顶板		$C_{21} \sim C_{24}$
		三段		T_3xj^3	B_7	含砾砂岩		
	下亚组 T_3xj_1	二段	三亚段	T_3xj^{2-3}	B_8	C_{28} 夹矸	下煤组	$C_{25} \sim C_{29}$
			二亚段	T_3xj^{2-2}	B_9	钙质砂岩		
			一亚段	T_3xj^{2-1}				$C_{30} \sim C_{33}$
		一段		T_3xj^1	B_{10}	厚层砂岩		
小塘子组 T_3x					B_{11}	中下部石英砂岩		$C_{34} \sim C_{38}$
					B_{12}	C_{38} 夹矸或顶底板		

(据四川煤田地质研究所，1995)

表 2-2-4 四川盆地上三叠统组段划分对比表

层序	煤田（矿区）									
	华蓥山煤田			广旺	大巴山	乐威煤田		永泸	龙门山	雅荥
	南段	华蓥山	达竹			寿保	资威			
自流井组	J_1z	J_1z		J_1b	J_1z	J_1z	J_1z	J_1z	J_1z	J_1z
须家河组	T_3xj^5	T_3xj^6			T_3xj^6	T_3xj^6	T_3xj^6	T_3xj^6	T_3xj_2	T_3xj_2
		T_3xj^5			T_3xj^5	T_3xj^5	T_3xj^5	T_3xj^5		
	T_3xj^4	T_3xj^4	T_3xj^4	T_3xj^4	T_3xj^4	T_3xj^4	T_3xj^4			
	T_3xj^3	T_3xj^3	T_3xj^3	T_3xj^3	T_3xj^3	T_3xj^3	T_3xj^3			
	T_3xj^2	T_3xj^2	T_3xj^2	T_3xj^2	T_3xj^2	T_3xj^2	T_3xj^2	T_3xj_1	T_3xj_1	
	T_3xj^1	T_3xj^1	T_3xj^1	T_3xj^1	T_3xj^1	T_3xj^1	T_3xj^1			
小塘子组	T_3x	T_3x	T_3x	T_3x	T_3x	T_3x	T_3x	T_3x	T_3x	
马鞍塘组						T_3m			T_3m	T_3m
雷口坡组	T_2l	T_2l	T_2l	T_2l	T_2l	T_2l	T_2l	T_2l	T_2l	

(据四川煤田地质研究所，1995)

1. 川南—黔北赋煤带

该赋煤带在四川境内有南广矿区、筠连矿区、芙蓉矿区和古叙矿区，上三叠统地层分区属合川区（Ⅳ）和万县区（Ⅴ），见图 2-2-3、表 2-2-2。上三叠统厚 465～592 m，含煤地层自下而上为小塘子组，须家河组。

小塘子组 为内陆湖沼含煤碎屑沉积，含煤 1～2 层，多不可采，厚 0.90～48.50 m，与下伏雷口坡组地层平行不整合接触。

须家河组 以内陆湖三角洲相沉积为主，厚392～441 m，一般划分为五段。西部南广矿区、筠连矿区和芙蓉矿区五分性明显，含煤性较好，向东到古叙矿区岩性变粗五分性不明显而与黔北二桥组相似，含煤性极差。岩性以细—中粒岩屑砂岩、岩屑石英砂岩为主，夹粉砂岩、泥岩、炭质泥岩及煤层。煤层主要赋存于第四段，一般含煤10余层，仅在五指山、贾村背斜和芙蓉矿区古宋勘查区北部、古叙矿区河坝向斜等地有局部可采煤层1～2层，可采煤层单层厚0.4～1.7 m，呈鸡窝状或透镜状分布。煤层属中高灰、低—中硫气煤、1/3焦煤。产植物 *Ferganiella* sp.，*F. podozamioides*，*Pterophllum ptilum*，*P. aequale*，*P. exhibens*，*Taeniopteris* sp.，*Nilssonia* sp.，*Neocalamites* sp.，*Clathropteris*? sp. 等。与下伏小塘子组整合或冲刷接触，与上覆自流井组假整合接触。

2.华蓥山赋煤带

该赋煤带在四川境内有隆泸矿区、华蓥山矿区及达竹矿区三个矿区；上三叠统地层分区属合川区（Ⅳ）见图2-2-3、表2-2-2，含煤地层厚407～716 m，自下而上有小塘子组和须家河组。

小塘子组 厚0～57 m。由细砂岩、粉砂岩、泥岩、炭质泥岩组成，一般含煤1～3层，其中局部可采1层，最厚0.70 m左右。本组产植物化石：*Equisetites* sp.，*Neocalamites Carrerei*（Zeiller）Halle，*Podozamites* sp.，*Selaginellites yunnanensis* Hsii，*Gleichenites miutifolius*，*Conites* sp.，*Cladophlebis* sp.；本组孢粉面貌以产疑源类为特征，主要有：*Micrhystridium* sp.，*Schijosporis* sp.；叶肢介化石：*Estheria* sp. 等。与下伏嘉陵江组、雷口坡组假整合接触。

须家河组 以陆相三角洲—河流沉积体系为主，厚329～622 m，含煤3～36层，可采和局部可采1～8层。可采煤层单层厚0.40～1.86 m，总厚度0.40～5.82 m。全组划分为上下两个亚组（须家河下亚组由一、二段构成，须家河上亚组由三、四、五、六段构成）六个段。一、三、五段由厚层状砂岩、砂砾岩组成，夹煤透镜体或煤线；二、四、六段为含煤段，分别称下煤组、中煤组、上煤组，由砂岩、粉砂岩、砂质泥岩、黏土岩、炭质泥岩和煤组成，尤以六段含煤性较好，主要可采煤层多富集于此段。各含煤段煤层厚度变化大，赋煤带北部煤层较厚，层数较多，赋煤带南部煤层较薄，层数较少，呈似层状或藕节状产出，常有薄化或同期冲刷现象，属较稳定至不稳定型煤层。产较丰富的植物化石：*Neocalamites* sp.，*N. Carerrei*（Zeiller）Halle，*Equisetites* sp.，*Dictyophyllum nathorsti*－Zeiller，*Clathropteris menisicioides* Brongniat，*Cladophlebis* cf. *kwangyuanensis* Li，*Podozamites lanceolatus* 等及丰富的孢子花粉化石，其中孢子含量约65%，花粉约35%。孢子主要有：*Dictyophyllidites* sp.，*Cyathidites* sp.，*Osmundacidites* sp.；花粉有：*Alisporites* sp.，*Cycadopites* sp. 等。此外，还产半咸水相瓣鳃化石：*Unionites* sp.，*U. guizhouensis* Chen，*Modiolus* sp.，*M. guiyangensis* Chen；叶肢介化石：*Loxomegaglypta*? *tanbaensis*，*Euestheria* sp. 及鱼类化石。与上覆自流井组多为整合接触。永泸、达竹是晚三叠世两个赋煤中心，工作程度较高，开发强度较大，是重要炼焦煤生产基地。

3. 米仓山—大巴山赋煤带

该赋煤带在四川境内有万源矿区和广旺煤田，上三叠统地层分区属广元区（Ⅰ），见图 2-2-3、表 2-2-2。

小塘子组　在赋煤带西部小塘子组底部夹有海相层，为一套砂泥岩夹薄煤层的地质体，厚约 150 m；在赋煤带东部则由粉砂岩、泥岩、炭质泥岩及煤线组成，厚度减小为 0~10 m，含煤性差。产植物化石：*Pterophyllum* sp.，*Neocalamites* sp.，*Podozsmites* sp.；含瓣鳃类：*Myophoriopis* cf. *latedorsata*，*Posidonia guangyuanensis*，*Hoernesia* cf. *filosa*，*Halobia* sp.；棘皮类 *Ophiuroidea*。与下伏雷口坡组地层平行不整合接触。

须家河组　以陆相河流、湖泊沉积为主，厚 138~527 m，由砂岩、粉砂岩、泥岩和煤层组成，煤层层位由西往东逐渐抬高。一般分为四个岩性段，其中二、四段含煤，以四段为好。各含煤段含可采或局部可采煤层 1~9 层，一般 2~3 层。煤层结构复杂，单层可采厚度 0.40~2.87 m，一般 0.60~1.50 m。可采层多呈似层状分布。含植物化石：*Cladophlebis raciborskii*，*Dictyophyllum* cf. *nathorsti*，*Taeniopteris* cf. *richthofent*，*Podozamites lanceolatus*，*Neocalamites Carrerei* 等及瓣鳃类。与上覆白田坝组假整合或不整合接触。广旺矿区西段为四川省上三叠统又一赋煤中心，是重要的煤炭生产基地。

4. 龙门山赋煤带

该赋煤带有龙门山煤田和雅荥煤田；上三叠统地层分区属成都区（Ⅱ），见图 2-2-3、表 2-2-2。赋煤带内须家河组六分性不太明显。龙门山煤田：晚三叠世主要岩性为砂岩、粉砂岩、砂质泥岩、炭质泥岩及煤层，最厚可达 1800 m 以上。在什邡红星煤矿划分为三段九层，含主要可采煤层 1 层，煤层总厚度 1.05~4.37 m，一般 1.90 m 左右。在都江煤矿划分为七段，含煤多层，可采或局部可采 2 层，可采总厚一般 1.50~2.00 m，呈似层状或透镜状产出，煤层稳定性差，煤层结构复杂。该煤田含煤地层及煤层的连续性、稳定性都差。雅荥煤田：晚三叠世含煤地层厚 941~2574 m，按其岩性岩相含煤性特征分三段，下段相当于小塘子组、中段相当于须家河下亚组、上段相当于须家河上亚组。含煤层数最多达 100 余层，累计最大厚度 29.35 m；其中，一般可采煤层 5~9 层，可采总厚度 2.50~3.22 m，结构复杂，变化较大，多属不稳定煤层。

5. 川中赋煤带

川中赋煤带北部为川中煤田上三叠统地层分区属合川区（Ⅳ）晚三叠世含煤地层广大范围内埋于地腹，被侏罗系、白垩系覆盖，赖石油系统深井控制，南部为乐威煤田上三叠统地层分区属峨眉区（Ⅲ）晚三叠世含煤地层威远隆起等地出露较好，见图 2-2-3、表 2-2-2。含煤地层厚 380~610 m，自下而上分小塘组和须家河组。

小塘子组　该组厚 10~35 m。下部为中—细粒石英砂岩，夹黏土岩及粉砂岩；上部为粉砂岩、粉砂质黏土岩，夹炭质泥岩，局部地区含有 1~2 层煤层，但厚度变化大，一般厚 0.10~0.77 m。产植物 *Sinoctenis calophylla*，*Podozamites schenki*，*P.* spp.，*Taeniocladopsis rhizomoides*，*Equisetum weiyuanense*，*Ferganiella podozamioides*，*Drepanozamites nilssoni*，*Cycadocarpidium*（*cone axis type*）spp.，*Neocalamites carre-*

rei；孢粉 *Clathroidites* sp.，*Osmundacidites* sp.，*Marattisporites* sp.，*Porcellispora* sp.，*Annulatisporites* sp.，*Monosulcites* sp.，*Chasmatosporites* sp.，*Podocarpidites* sp.；瓣鳃 *Modiolus* aff. *Weiyuanensis* 等。与下伏雷口坡组假整合接触。

须家河组　属滨湖三角洲、沼泽沉积，一般厚 463 m。岩性以长石中—细粒砂岩及粉砂岩为主，次为泥岩、黏土岩及煤层，划分为五段。中部沙湾一带，一般是二、四段为含煤段，含煤 4～9 层，煤层总厚 3.71 m 左右，其中可采或局部可采煤层 4 层，可采煤层总厚度 2.84 m。东部达木河、荣县一带须家河组划分为六段，其中二、四及六段上部含煤约 20 余层，但可采或局部可采仅 3～4 层。西部须家河组则划分为两段，主要可采煤层赋存于第二段中，含可采或局部可采煤层 7 层，总厚度最大为 7.31 m。总之，赋煤带含煤性有西部好于东部，含煤层位有自西向东抬升的变化。产植物 *Cladophlebis* sp.，*Podozamites* sp.；孢粉 *Clathroidites* sp.，*Dictyophyllidites* sp.，*Acanthotriletes* sp.，*Duplexisporites* sp.；瓣鳃 *Trigonodus sichuanensis*，*T. subrotundus* sp. nov.；介形 *Oncocythere subelliptica*，*Darwinula eosarytirmenensis* 等。与上覆自流井组多为假整合接触。

6. 大凉山—攀枝花赋煤带

上三叠统含煤地层在攀枝花煤田称大荞地组和宝顶组，大凉山煤田称白果湾组。

大荞地组　属山间断陷盆地陆相沉积，岩性以中—粗粒砂岩、砂砾岩及砾岩为主，次为细粒砂岩、粉砂岩、泥岩及煤层，地层厚度及含煤性变化大。大荞地组厚 935～2092 m、含煤 98～115 层，煤层总厚 26.78～65.04 m，其中可采或局部可采煤层 13～61 层，可采煤层总厚度 3.98～57.89 m，纯煤总厚度 3.98～46.04 m。除主采煤层较稳定外，其余均属不稳定煤层。富含植物化石。与下伏丙南组多为平行不整合接触。

宝顶组　为陆相含煤沉积，残留厚约 938～1880 m，岩性为细—中粒石英砂岩、粉砂岩及泥岩呈不等厚互层，夹砾岩及煤层，底部为巨厚砾岩。灰嘎一带含煤 10 余层，可采煤层 2 层，单层厚 0.60～1.20 m。与下伏大荞地组整合接触，与上覆益门组亦为整合接触。

白果湾组　为长石石英砂岩、粉砂岩及泥岩不等厚互层，夹块状砾岩、炭质页岩及煤层，含植物、双壳类及介形类化石。自下而上分为三段：一段（相当小塘子组，俗称下煤组）底部砾岩普遍发育，岩性以砂砾岩夹粉砂岩、砂质及炭质页岩为主，厚 20～443 m，会理以北大部地区缺失；二段、三段（相当须家河组，俗称上煤组）以长石石英砂岩及粉砂岩为主，夹砾岩、泥岩偶见煤缕及薄煤层，会理一带厚达 1591 m，向北下部层位逐渐缺失、厚度减薄，至石棉一带仅有二段顶部及三段残留部分，厚 106～673 m。煤层主要赋存在白果湾组一段。会理益门矿区一段含煤 1～16 层，煤层厚度变化剧烈，累厚达百余米，最小仅 0.42 m，煤层多呈似层状、凸镜状产出，各煤层厚度总体变化趋势是由北向南减薄。赋煤带北部汉源宜东一带白果湾组一段缺失，二段、三段发育不全，仅有二段及三段的一部分。二段由砂岩、页岩组成，普遍具底砾岩，含煤层或煤线 4～13 层，煤系厚 150～640 m；三段由粉砂岩、砂质泥岩、泥岩等组成，偶夹煤线或小凸镜状煤体，不含可采煤层。可采煤层赋存于二段的中部或下部，一般 1～2 层，单层厚 0.50～1.22 m，呈薄层状、凸镜状产出，煤层稳定性差。与不伏地层（河口群）多为角度不整合接触，与上覆地层（益门组）多为整合接触。

7. 盐源赋煤带

盐源煤田晚三叠世地层为完整的海退序列，连续沉积在中三叠统之上，自下而上沉积了中窝组、松桂组和白土田组。

中窝组 中部含煤 1 层，平均厚约 1 m，仅在盐源双河乡洋芋湾子一地发现，分布范围很有限，不再赘述。含较多棘皮动物、海绵、腕足类、瓣鳃类及有孔虫碎屑等。

松桂组 为海陆交互相沉积，厚 685～1016 m，以细—中粒长石石英砂岩与薄—中厚层石英细砂岩、粉砂岩、粉砂质泥岩组成不等厚韵律互层，局部夹少量生物碎屑灰岩及煤层，灰岩夹层有由西向东增加趋势。梅家坪近底部含煤 1～2 层，煤厚 1～5 m。含菊石：*Parajuvavites* cf. *robustus*，*Arcestes* (*Stenarcestes*) cf. *polysphinctus*，? *Dimorphites weberi*；腕足类：*Lingula yanyuanensis*；腹足类：*Sisenna ninglangensis*；瓣鳃类：Posidonia gemmelaroi，P. bittneri，P. *aff*. P. *aff*. wengensis，Halobia ganziensis，*Palaeoneilo* sp.，*Myophoria* (*Elegantinia*) *venusta*，*Cardium* (*Tulongocardium*) *Xizangensis* 等。

白土田组 属海陆交互相三角洲体系沉积，由砂岩、粉砂岩、泥岩及煤层组成，残留厚 209～951 m，西厚东薄，含煤 20 余层，总厚 3.58～74.75 m，其中可采或局部可采煤层 9～10 层，可采煤层总厚度 2.13～14.22 m，平均厚度 5.59～8.89 m，单层可采厚度 0.40～1.35 m。含植物化石：*Dictyophyllum nathorsti*，*Cladophlebis scariosa*，*Sinoctenis calophylla*，*Pterophyllum* sp.，*Pityostrobus yanbianensis* (sp. nov.) 瓣鳃类：*Palaeonucula* sp. 。

8. 巴颜喀拉赋煤带

该赋煤带主要含煤地层为拉纳山组、喇嘛垭组、两河口组、格底村组，含煤性很差。

拉纳山组 分布于巴塘一带，为一套海陆交互相的粗碎屑岩夹灰岩、煤线的地质体，厚 300 m 左右。岩性底部为复成分砾岩、变岩屑砂岩、板岩夹灰岩；中部为复成分砾岩夹中酸性火山角砾沉凝灰岩、板岩；上部为变质砂告、板岩夹煤线，产植物、双壳类、叶肢介等。整合于勉戈组之上，未见顶。

喇嘛垭组 该组为滨海—湖相沉积，为灰色变质中至厚层长石石英砂岩、杂砂质石英砂岩与炭质板岩、粉砂质板岩互层，夹煤线、薄煤层，局部地带见基性、超基性脉体。下部见大量双壳类化石，上部见大量植物化石。一般厚 2500～5000 m，最厚 8000 m 以上，南部稻城、乡城，东部理塘厚度较大，西部、北部减薄。整合在图姆沟组变质砂板岩或勉戈组酸性火山岩之上，平行不整合于英珠娘阿组砂砾岩之下。该赋煤带含煤性极差。

两河口组 指整合于新都桥组条带状砂板岩或格底村组砾岩、或如年各组火山岩系之上，整伏于雅江组变质砂岩之下的地层。岩性以灰—深灰色变质砂岩与板岩成段间互为特征。下部以砂岩为主夹板岩，局部见含砾砂岩、板岩；中部砂板岩不等厚成段间互；上部以板岩为主夹变质砂岩，以变质砂岩的成段出现与下伏地层分界。石渠一带该组含英安岩。产大量的双壳类，但以厚壳型为主。厚 2000～4000 m。

格底村组 该组分布于色达县康勒乡、甘孜县东谷区一带，为两河口组下部的相变体，整合、局部平行不整合于如年各组之上，为断裂带垮塌碎屑流堆积。岩性为砾岩、砂岩、板岩组成的互层。砾石大小、磨圆度相差悬殊。成分以砂岩、板岩、灰岩、火山岩为主，夹鸡窝状煤层，呈楔状沿炉霍断裂带分布，最厚可达 400 余米。产植物化石及少量双壳类。

四、早侏罗世

四川省早侏罗世含煤岩系亦可以龙门山—小金河断裂为界，划分为东部地区和西部地区。各地层分区见图 2-2-4，地层层序、接触关系、岩性、古生物及含煤性等特征见表 2-2-5。

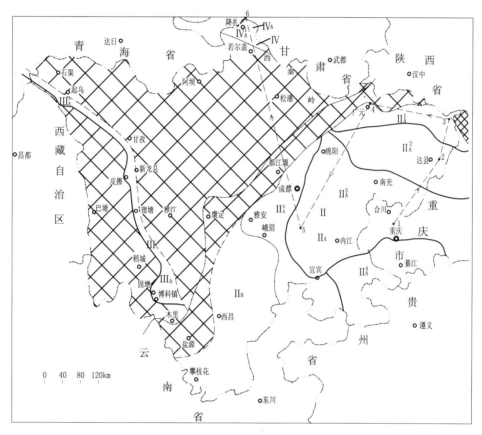

图 2-2-4　四川省早侏罗世含煤地层区划图

（据四川省地矿局 1991；四川盆地陆相中生代地层古生物编写组，1984 修改）

古陆及期后剥蚀区　　地层区界线　　地层分区界线　　地层小区界线　　赋煤带骨干剖面及编号

Ⅱ扬子区：Ⅱₐ.四川盆地分区；$Ⅱ_A^1$.广元小区（白田坝组）；$Ⅱ_A^2$.合川小区；$Ⅱ_A^3$.綦江小区；

　　　　　$Ⅱ_A^4$.峨眉小区（自流井组）；ⅡB.大凉山攀枝花分区（益门组）

Ⅲ巴颜喀拉区：Ⅲₐ.玉树—中甸分区；ⅢB.稻城—木里小区（立洲组）

Ⅵ南秦岭—大别山区：Ⅵₐ.摩天岭地层分区；$Ⅵ_A^1$.降扎小区（甲秀组）

1.合川炭坝；2.宜汉七里峡；3.万源石冠寺；4.广元须家河—千佛崖；5.威远葫芦口；6.甘肃碌曲财宝山

表 2-2-5　四川省早侏罗世地层区划简表

地层区划	华南地层大区							
	巴颜喀拉地层区	南秦岭—大别山地层区	扬子地层区					
	玉树—中甸分区	摩天岭分区	大凉山分区	四川盆地分区				
	稻城、木里小区	降扎小区		广旺小区	达县小区	合川小区	綦江小区	峨眉小区
地层层序	立洲组（J_1l）未分段	甲秀组（J_1j）未分段	益门组（$J_{1-2}y$）分为下段（或一至四段）和上段（五段）	白田坝组（J_1b）可分二至四段，一般分为三段	自流井组（J_1z）珍珠冲段—大安寨段明显可分	同左，局部见綦江段	自流井组底部綦江段局部发育，上部大安寨段、马鞍山段不易划分	自流井组不易分段
接触关系	与上覆瑞环山组（$J_{2-3}r$）整合接触南段与下伏依吉组（D_1y）平行不整合接触，北段与理塘混杂岩群（P—TL）角度不整合接触	未见顶，或被财宝山组（K_1c）喷发不整合覆盖与下伏寒武系或志留系角度不整合接触	与上覆新村组（J_2x）整合或平行不整合与下伏白果湾组（T_3bg）或宝顶组（T_3bd）整合接触	与上覆千佛崖组（J_2q）整合与下伏须家河组（T_3xj）或老地层角度不整合或平行不整合	与上覆新田沟组，下伏须家河组整合接触	与上覆新田沟组（J_2xt）整合接触或平行不整合与下伏须家河组整合接触	同左	与上覆、下伏地层一般为平行不整合接触
岩石组合特征	灰白色变石英砂岩、变长石石英砂岩夹夹杂色板岩，局部见砾岩、沉凝灰岩和橄榄玄武岩	灰、黄灰色粗粒岩屑砂岩、细砾岩、粉砂岩互层，底部见石英安山岩、凝灰岩、含砾沉凝灰岩	以紫红色泥岩为主，与细粒石英砂岩、粉砂岩不等厚互层，夹夹不稳定的灰岩、泥灰岩	中上部为黄绿、紫红色砂、泥岩（三段），下部为含煤地层（二段），底部为厚层—块状石英质砾岩（一段）	中上部为介壳灰岩、黑色页岩（东岳庙段）下部为含煤地层珍珠冲段，底部为石英砂岩	介壳灰岩、砂岩、紫红色灰泥岩，底部有时为砂岩或杂色层	紫红色泥岩，下部夹夹介壳灰岩，底部在东部綦江段发育，有时含铁矿	主要为紫红色泥岩、砂岩。有时见东岳庙段之灰岩。龙门山中南段本组可能缺失
含煤情况	未见煤	中上部夹夹含煤碎屑岩，含煤3~4层	未见煤	底部砾岩之上为含煤段，常见薄煤层或煤线	达竹矿区下部含煤层、煤线	资威、隆泸矿区底部含薄煤层、煤线	綦江段田坝层含不稳定薄煤层、煤线	未见煤
厚度	67~1092 m，新龙最厚，	27~302 m，财宝山最厚，盆缘变薄	78~680 m，会理益门一带最厚，向四周减薄，北部最薄	60~666 m，一般200~300 m	312~500 m	200~500 m	300 m左右	140~330 m
古生物特征	孢粉丰富，见遗迹化石和疑是"双壳类"	含植物化石和孢粉	化石丰富，门类较多，有介形类、轮藻、植物及叶肢介、腹足类、双壳类、鱼鳞、脊椎动物等	富含植物、孢粉及少量叶肢介、腹足类、双壳类	含植物、双壳类，及叶肢介、介形类	中上部富含双壳类，并有介形类、叶肢介中、下部含植物，威远等地含恐龙化石	同左。省外渝西合川产北碚鳄，璧山产杨氏璧山上龙，黔北产原蜥脚类	含少量的双壳类、介形类、叶肢介、轮藻、孢粉

（据四川盆地陆相中生代地层生物编写组，1984；四川煤田地质研究所，1995）

由表 2-2-5 可知，四川早侏罗世含煤地层主要为东部地区的白田坝组、自流井组和西部地区的甲秀组。

兹列述几个含煤性较好的赋煤带含煤地层特征。

1.华蓥山赋煤带

该赋煤带南部永泸煤田早侏罗世地层分区属合川小区（Ⅱ$_A^3$），赋煤带北部华蓥山煤田早侏罗世地层分区属达县小区（Ⅱ$_A^2$），见图 2-2-4、表 2-2-5。该带早侏罗世含煤地层为自流井组珍珠冲段。自流井组中上部为介壳灰岩，砂、页岩，偶见紫红色斑块或薄层泥岩（北部偶见紫红色斑块或薄层），其下部为一套碎屑岩含煤沉积，永泸煤田和达竹矿区该段下部含煤层或煤线，并见可采点。在开县以西的达县、宣汉、大竹、梁平一带，底部石英砂岩明显，有时底部黏土薄层中亦有该类砾石，石英砂岩中有时夹页岩、粉砂岩，与下伏须家河组整合或假整合接触。华蓥山以西仅有渠县水口场、营山、通江等地少数深井揭穿该组，岩性与宣汉、达县一带基本相同。该组厚 312～500 m。

2.大巴山—米苍山赋煤带

该赋煤带早侏罗世地层分区属广元小区（Ⅱ$_A^3$），见图 2-2-4 及表 2-2-5。下侏罗统白田坝组是四川东部早侏罗世主要含煤地层。

白田坝组　厚 60～666 m，一般可分为三段，由下而上：一段为块状石英质砾岩，厚 15～64 m；二段为砂岩、粉砂岩、泥岩及煤线，厚 62.2～428 m，广旺一带含煤性较好，含煤 7 层，煤层总厚可达 3.24 m，局部可采煤层有 5 层，可采段煤层纯煤总厚 2.05～3.50 m。含煤性有由西向东变差趋势，含植物：*Coniopteris hymenophylloides*，Todites cf. Todites cf. *denticulata*，*Podozamites* sp.；三段以黄绿、紫红色砂、泥岩为主，厚 49.2～174 m，含植物：*Ptilophyllum* cf. *pecten*，*Brachyphyllum expansum expansum*。白田坝组与下伏须家河组假整合或角度不整合接触，与上覆千佛岩组整合接触。

3.川中赋煤带

该赋煤带早侏罗世地层分区属合川小区（Ⅱ$_A^3$），见图 2-2-4 和表 2-2-5。含煤地层为自流井组珍珠冲段。

自流井组　厚 238～307 m。分为四段，自下而上为珍珠冲段、东岳庙段、马鞍山段和大安寨段，与下伏须家河组平行不整合接触。自流井组岩性：中上部（东岳庙段、马鞍山段和大安寨段）为介壳灰岩、灰岩、紫红色泥岩，富含双壳类、介形类叶肢介，底部（珍珠冲段）为砂岩、砂泥岩或杂色层。资威、隆泸矿区底部含有薄煤层（如局可采的硬岩和泡炭），含有植物化石，威远等地含有恐龙化石。

4.西秦岭赋煤带

该赋煤带早侏罗世地层分区属降扎小区（Ⅳ$_A^1$），见图 2-2-4 及表 2-2-5。早侏罗世含煤地层为甲秀组。

甲秀组　多为内陆含煤碎屑岩建造，岩性为灰、黄灰色粗粒岩屑砂岩、细砂岩、粉砂岩互层。中上部夹含煤碎屑岩，含煤 3～4 层，含植物化石和孢粉；底部见石英安山岩、凝灰岩、含砾凝灰岩。厚27～302 m，财宝山最厚，向盆缘变薄。与下伏上—顶志留统卓乌阔组为角度不整合接触，未见顶。

五、新近系

四川新近纪含煤地层集中分布于川西高原阿坝、昌台、木拉、甲洼等地及川西南地区的盐源、布拖、西昌等（图2-2-5）。

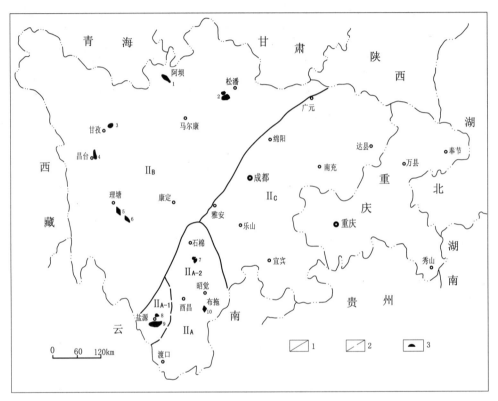

图 2-2-5 四川省新近纪含煤地层区划图

（据川东南地质大队，1989）

1.含煤区界线；2.含煤亚带界线；3.煤盆地及编号

主要含煤盆地：1.阿坝；2.马拉墩；3.罗锅；4.昌台；5.甲尘；6.木拉；7.列青地；8.白乌；9.盐源；10.布拖.

II A. 攀西区；II A-1. 盐源区；II A-2. 西昌亚区；II B. 阿坝—甘孜区；II C. 四川盆地区

结合四川省赋煤区划（图 1-1-1 和表 1-1-1）所划分的赋煤带，四川新近系主要分布于巴颜喀拉赋煤带、大凉山—攀枝花赋煤带、盐源赋煤带和龙门山赋煤带、川中赋煤带。现将各赋煤带的含煤地层和含煤情况叙述如下。

1.巴颜喀拉赋煤带

该赋煤带与图 2-2-5 阿坝—甘孜区（II B）范围相当，大地构造位置属于巴颜喀拉地块，含煤地层为昌台组。

昌台组 区内新近纪昌台组分布在阿坝、昌台、木拉、甲洼、马拉墩、罗锅等含煤盆地。受挽近时期强烈构造活动控制，该组具有典型的三段式结构，煤层主要产于中部，煤层层数多而较薄，煤层的稳定性较差，具有典型的断裂坳陷特色。各煤盆地沉积基底均为三叠系浅变质岩系。聚煤期主要为上新世。含煤地层厚度，昌台441～544 m，阿坝1300 m以上，木拉849 m，甲洼超过369 m，马拉墩残留厚超过186 m，罗锅仅40 m左右(推测)。按含煤地层的岩性岩相特点，可划分为上、中、下三段，并可大致进行如下对比。

下段为不含煤段。主要分布于各煤盆地的下部或底部，岩性以砂砾岩、砾岩为主，夹少许粉砂岩、黏土岩，往往构成盆地底砾岩层，为补偿性沉积，对盆地基底起填平补齐作用。该段的分布面积常小于盆地面积，岩性不甚稳定，在同沉积断裂附近厚度大，而往其他方向常变薄乃至尖灭。在空间上该段厚度变化也大，如在阿坝厚超过448 m，木拉、甲洼厚100～300 m，而在马拉墩厚仅5 m。

中段为重要的含煤段。主要分布于各煤盆地中上部，岩性组合基本相近，主要以粉砂岩、黏土岩夹褐煤为主，砂岩、砾岩层相对较少，主体以细碎屑多为主要特色，往盆地边缘岩性逐渐变粗，岩性相变为以砂岩、砂砾岩、砾岩夹粉砂岩、粉砂质黏土岩为主，反映出盆地由边缘往中心沉积，环境由山前→湖滨→湖泊的变化特点。该段厚度在单个盆地中较为稳定，然而在不同煤盆地中变化则较大。昌台夹褐煤40层，可采15层；阿坝厚超过896 m，含褐煤76层，多呈透镜体，其中可采4～9层；木拉厚476 m，含褐煤5～13层；甲洼厚333 m；马拉墩厚181 m，含多层劣质褐煤；罗锅厚仅40 m(推测)。说明各盆地的沉降幅度不一，也反映了彼此构造背景的差异性在"槽区"内部仍较明显。该段一般含较丰富的动物化石：阿坝煤盆地，腹足类 *Carychiun antiqnum*，*Planorbis multiformis*；轮藻 *Chara*（?）sp. 等；主要孢粉 *Pinus*，*Picea*，*Abies*，*Quercus*，*Gramineae*，*Artemisia*，*Chenopodiaceae*，*Compositae* 等。甲洼一带含植物 *Berberisites leguminitypis*，*Cercocarpus* sp.；*Paraindigofera iytzinensis*；*Ailanthus* sp.；*Salix* cf. *miosnica*，*S.* sp.；*Cyperacites* sp.；*Saliciphyllum urcuatum*；*Quercus* sp.。马拉墩煤盆地含植物 *Quercus* sp；*Carpinus* sp.；*Ulmus* sp.；*Castanea* sp.；*Acer* cf. *miofronchetii*；*Zelkova* sp.，*Z. ungeri*.。

上段为不含煤段。主要见于各煤盆地煤系上部。岩性一般为巨厚层状砾岩、砂砾岩夹粉砂岩、黏土质粉砂岩等，与下伏含煤段常为连续沉积。该段岩性变化小，其厚度往往较大。其中在阿坝煤盆地厚度超过200 m，木拉煤盆地厚度230 m，反映出沼泽化期后，断裂活动增强的构造背景。

综上所述，区内新近纪含煤沉积建造的三段式结构组合明显，与其他赋煤亚带或赋煤带同期煤盆地特点一致。

2. 盐源赋煤带

该赋煤带与图2-2-5攀西区的盐源亚区（ⅡA₋₁）范围相当，位于扬子准地台西南隅的盐源丽江台缘坳陷北段的盐源盆地，该区为四川新近纪褐煤地质工作程度最高的地区，可达详、普查阶段的有清水河、梅雨合哨、东方食堂一号和二号井田，含煤地层为盐源组。

盐源组 盐源组成煤时代主要为上新世，为一套湖沼相沉积，一般厚300～500 m，最厚达760 m。含煤1～79层，可采煤层可达27层，煤层变化大，稳定性差。盐源盆地主要由泥岩、黏土岩组成，夹砾岩、砂岩及褐煤层，靠近盆地边缘砂砾岩增多，地层厚度减薄，如沉积中心梅雨厚达 760 m，靠盆缘白乌仅 13.5 m。盐源组可划分两个沉积旋回，每个旋回的底部都有砾岩存在，旋回上部则为主要的含煤层段。该组含丰富的动植物化石：植物主要有 *Populus* sp.，*Zelkova* sp.，*Acer* sp.，*Alnus* sp. 等；脊椎动物 *Comphoterium Gomphoterium* sp. 及蚌类等。

3. 大凉山—攀枝花赋煤带

该赋煤带与图 2-2-5 攀西区的西昌亚区(II_{A-2})范围相当。位于扬子准地台西南缘，构造单元包括康滇地轴及上扬子台坳的凉山褶皱束的峨边—金阳断裂以西及大渡河以南的地区。区内新近纪含煤地层主要沿小江断裂带（布拖、列青地等）、安宁河断裂带（西昌礼州、德昌、米易等）及攀枝花断裂带（攀枝花清香坪等）分布。沉积盆地可能为攀西裂谷闭合后期差异运动所形成。单个盆地面积小，一般不足 1 km²，最大也仅为 27 km²（布拖）。含煤地层为昔格达组，成煤时代主要为上新世。

昔格达组 地层厚 10~50 m，最大厚度 376 m（布拖）；最多可采煤层 8 层（布拖、列青地），多为薄煤层。除布拖和列青地外，一般不具工业价值。昔格达组主要沿南北向断裂断续展布，岩性主要为黏土岩和泥岩，次为砂、砾岩，夹煤层（线），仅局部地段有可采煤层，德昌一带发现有硅藻土。

攀枝花—会理一带植物化石有：*Phyllites* sp.，cf. *Carpinus* sp.，? *Rosaceae*，*Quercus* sp. 等。孢粉以被子植物为主，计有：*Quercus*，*Carya*，*Maraceae*，*Castanes*，*Salix*，*Costanopsis* 等；裸子植物次之；蕨类孢子极为次要；草本植物花粉占一定比例，主要有：*Potamogotonaceae*，*Gramineae*，*Rosaceae* 等。西昌附近昔格达组中采有植物化石 *Castanopsis* sp. 及淡水瓣鳃等。攀枝花大水井剖面含介形虫：*Neochnocythere* sp.，*Dolerocypris*？ sp.，*Candona* sp. 等。

4. 龙门山—川中赋煤带

该赋煤带与图 2-2-5 四川盆地区(II_C)范围相当。位于四川台坳，上扬子台坳的峨边—金阳断裂以东，大渡河以北及龙门山褶皱束地区。含煤地层仅见于成都平原边缘的峨眉，什邡等地及荥经一带，含煤地层面积小，孤立零星分布，同一点内多无连续可采煤层，且又往往与第四纪含泥炭地层连续沉积，一般不具工业价值。

六、第四系

在第四纪地层中，蓝家坡组、大菁梁子组、彝海组和川西高原草原沼泽沉积是四川第四系主要的含煤地层。根据地势、地貌及第四系含褐煤或泥炭沉积特征可将四川第四系分为四川盆地区、攀西断陷盆地及周围山地区、川西高山高原区，见图 2-2-6。

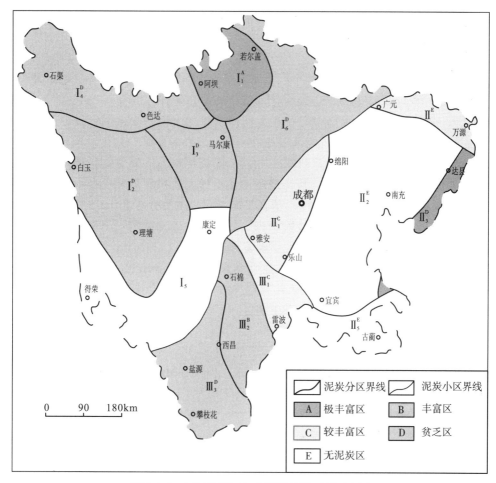

图 2-2-6 四川省第四纪含泥炭地层区划示意图

(据四川省地质矿产局，1991)

1.川西高原区

该区位于广元、雅安、木里一线以西。其北部阿坝、若尔盖一带为新生的陷落盆地（该区基本对应于巴颜喀拉赋煤带）。下更新统深埋于地下，中、上更新统为河湖或湖沼堆积，阶地不发育，据物测新生代塑性层可厚达千米（若尔大坝），其余地段由于新生代以来青藏高原急剧上升，河流下切，冲积阶地沿河呈线状分布，最多可达 7 级（炉霍）。冰川作用十分强烈，冰蚀地貌、冰川堆积随处可见。沿断裂带有各种化学堆积：泉华、钙华是本区的一大特色。若尔盖一带是我国最大泥炭产地之一。泥炭覆盖度是凉山山原泥炭丰富区的 121 倍、泥炭积累强度是凉山山原泥炭丰富区的 83 倍，全省大中型泥炭地个数的 85％以上局限于若尔盖一地。

草原沼泽堆积 由砂、粉砂质黏土、淤泥和多层泥炭及腐殖土组成，与下伏新近系不整合，厚 7~32 m，局部达百余米。红原、炉霍沼泽堆积分布于高原上的宽谷或盆地中，堆积物为砾石、砂、黏土、淤泥和多层泥炭组成。

2. 四川盆地区

广元、雅安、宜宾连线以东地区，包括成都平原、川中丘陵和川东岭谷小区等（基本对应于龙门山、川中赋煤带）。成都平原上第四纪堆积物厚度较大，保存完好，冲积层厚度一般在 200～300 m。下更新统 46 m，中更新统 76 m（蒙阳 503 孔），上更新统 51 m（新繁 504 孔），全新统 23 m。沉降中心位于龙门山前缘的大邑—安德铺一线，最大厚度逾 400 m。平原表面主要为 I 级阶地与河漫滩冲积物，岩性为砂砾、粉砂、亚砂土。在平原东北部有出露于 II 级阶地上部的广汉黏土和其上的成都黏土。早更新世的河流沉积在盆地夷平面上保留完整。中更新世，新构造运动显示为大面积间歇性上升，形成了多期不同高度的河流阶地和盆缘的洞穴堆积。成都平原是泥炭主要分布区。

蓝家坡组　分布于四川盆地 II 级阶地内，具典型的二元结构：下部砾石层，上部为黏土、粉质黏土，与下伏不同时代的地层不整合接触，厚 10～25 m。在成都、绵竹一带，该组中上部为白色黏土层夹泥岩。据 ^{14}C 测定年龄为 32000±130a，且发现有 *Palaeolixodon namadicus*，*Elephas* 的巨大门齿化石，本组及相当沉积时代为 3487±1500a，含丰富的被子植物花粉，其时代为晚更新世中期。

3. 攀西断陷盆地及周围山地区

雅安、宜宾一线至攀枝花间为川西南山地区，包括凉山山原、攀西一带山地（基本对应于大凉山—攀枝花赋煤带）。早更新世沉积以湖相为主，中更新世以来在河谷地带形成 5 级阶地，沉积物成因类型有洪、冲积、泥石流。周围山地地带尚发育有中、小型山岳冰川，冰川遗迹保留十分完美。晚更新世有湖沼堆积，全新世有沼泽堆积。泥炭主要分布在凉山山原地区。

彝海组　分布于冕宁彝海，为沼泽堆积，由泥炭和淤泥组成，与下伏上更新统假整合，厚度小于 20 m。据 ^{14}C 测定年龄为 2410～5940a，川西高原黄河水系草地堆积年龄超过 8000a，长江水系草地堆积年龄为 8800±250a～7500±200a，时代为全新世。

第三章　含煤地层沉积环境与聚煤古地理

晚二叠世、晚三叠世是四川两个最重要的聚煤时期，该时期形成的煤炭资源量占全省各时期形成的煤炭资源量总和的90%以上，是四川煤炭资源勘查开发和煤田地质研究的重点对象，近百年来积累了大量资料，为本次开展晚二叠世、晚三叠世沉积环境与聚煤古地理研究奠定了良好基础；此外，中二叠世、早侏罗世、新近纪及第四系是四川次要的聚煤时期，这四个时期所形成的煤炭资源量不足全省各时期所形成的煤炭资源总量的10%，对该时期含煤地层的研究及勘查开发工作开展较少，资料积累不足。本章就晚二叠世、晚三叠世沉积环境与聚煤古地理作如下分析。

第一节　岩相类型及其特征

一、晚二叠世

四川东部晚二叠世陆相沉积分布在本区的西部乐山、凉山、盐津、宣威一带，西靠古陆剥蚀区，东接海陆过渡相沉积区，主要包括风化残积平原、山前冲积扇、河流冲积平原和湖泊、沼泽等沉积环境。随着海水不断从东北部入侵，东北部地区率先进入海相沉积环境并不断向西南部扩张。

在本区西部剥蚀区康滇古陆，地势西高东低，中部高南部两侧低，以中段的四川昭觉全云南寻甸之间最高。在康滇古陆剥蚀区，植被稀疏，风化剥蚀强，大量的碎屑物质，在季节性洪水作用下，在古陆边缘形成山麓堆积和泥石流，形成冲积扇体。除在砾岩中偶见大的硅化木之外，细碎屑岩中植物化石极少。美姑以北，古陆地势逐渐降低，由小河流及大气降水片流形成冲积平原，沉积粒度很细。

(一)岩石类型

四川东部晚二叠世含煤地层中岩石类型有碎屑岩(包括泥质岩、粉砂岩、砂岩和砾岩)，碳酸盐岩，可燃有机岩和火山碎屑岩等四大类。这些岩石类型的含量和比例在晚二叠世早期和晚期有着明显差别：川南地区早期龙潭组以泥岩、粉砂岩为主，晚期长兴组/兴文组以灰岩、泥岩、粉砂岩为主；川东北地区只有龙潭组/吴家坪组早期以泥岩、粉砂岩、砂岩为主，之后主要发育石灰岩，偶夹泥岩、粉砂岩和砂岩。横向上，各类岩石的数量及分布具有一定的规律性：碳酸盐岩由东向西减少，碎屑岩则由东向西增加；早期粗碎屑岩主要分布在西部和南部，其他广大地区以细碎屑岩为主。晚期各类岩石呈北西—南东向条带有规律分布，由东北向西南由碳酸盐岩区到泥岩区到砂岩区。可燃有机岩主要分布在海相到陆相过渡的区域。现就本区沉积岩类型分述如下。

1.碎屑岩

本区碎屑岩主要包括砾岩、砂岩、粉砂岩和泥质岩,主要分布在四川南部及康滇古陆周围地区(见图3-1-1)。

A 筠连巡司剖面
鲕状菱铁矿

B 筠连巡司剖面
含菱铁矿结核
的铝土质泥岩

C 筠连巡司剖面
黄铁矿砂岩

图3-1-1　筠连巡司剖面岩石特征

(1)砾岩

本区的砾岩有两种类型,一种为残积角砾岩,另一种为陆源碎屑角砾岩。

茅口灰岩风化壳上具有残积角砾岩,砾石成分以硅质岩屑为主,其次为硅化石灰岩屑,角砾大小10~200 mm,一般50~100 mm,充填物以高岭石为主,有少量硅质胶结,硅质岩屑矿物成分主要为自生石英,并含有海绵骨针、有孔虫等生物屑。

陆源碎屑砾岩的砾石成分主要为玄武岩屑、绿泥石质岩屑,少量为硅质岩屑和赤铁矿岩屑等,砾石大小一般2~8 mm,部分8~20 mm,磨圆较好,大多呈扁平状,排列具有一定的方向性,局部可见叠瓦状构造,充填物为黏土质的高岭石及砂、粉砂级岩屑。该类砾岩主要分布在本区的西部陆相沉积区。

（2）砂岩

砂岩是本区分布较广的岩石类型之一。砂岩的碎屑成分主要是玄武岩及其基性火山碎屑岩的岩屑，通常含量在90％以上。呈次棱角—次圆状，局部呈磨圆状。碎屑表面往往有氧化铁薄膜，大多已经蚀变为绿泥石，有隐晶状至纤束状绿泥石集合组成。其次为碳酸盐化，有时有硅化，在强风化情况下产生泥（高岭石、水云母）化。按照变余结构可大致分出几类原岩类型：玄武岩屑（珙县白皎龙潭组）、暗色玻质熔岩屑、浅色玻质熔岩屑、气孔状熔岩屑（兴文川堰龙潭组）。此外，常见石英、长石，含量一般在5％以内。石英主要是棱角状单晶石英，具有正常消光，有时溶蚀为港湾状、浑圆状及自形晶粒状等晶屑石英，偶见石英中含电气石、磷灰石包裹体，多晶石英中常见纤束状玉髓质碎屑，其次为单晶石英的嵌合体。炭屑也是砂岩中常见的少量碎屑。

重矿物含量1％以下，有锐钛矿、白钛矿、锆石、金红石、铬尖晶石、黑云母、电气石等（兴文川堰龙潭组、珙县洛表龙潭组等），主要与基性岩有关的重矿物族，反映了与母岩玄武岩的联系。

岩石填隙物以绿泥石、水云母、高岭石杂基为主，其次有少量的方解石、硅质、菱铁矿胶结物，胶结物含量为5％～20％，一般10％左右，胶结类型主要为接触式、孔隙式（兴文川堰龙潭组），少量为基底式，方解石胶结呈栉壳状。

（3）粉砂岩

粉砂岩也是本区广泛分布的岩石类型之一。碎屑组成与砂岩基本一致，但各种碎屑蚀变较砂状颗粒深，往往又以单一的绿泥石质岩屑形式出现。填隙物质一般较多，可达40％，一般以隐晶质绿泥石、水云母、高岭石等泥质为主，形成向泥质岩过渡；有时可以微晶—粉晶菱铁质为主，则形成菱铁质粉砂岩。当与粉砂质泥岩组成薄互层时，形成很有特色的“排排石”。

（4）泥岩

泥岩是全区广泛分布的主要岩石类型，尤以龙潭组含量居多。黏土矿物成分主要为高岭石、水云母、水云母－蒙脱石混合层矿物及绿泥石，常含有数量不等的粉砂、细砂质岩屑、石英、炭化植物碎屑、锐钛矿、菱铁矿、硅质、钙质及有机质、氧化铁等。

黏土矿物结晶细小，多呈隐晶质状，部分显微鳞片集合体。按黏土矿物组成，可分为：

①高岭石泥岩：矿物成分以高岭石为主，含有绿泥石、水云母、水云母－蒙脱石混层矿物、绿泥石。本区含煤地层中，高岭石可分三类：其一为龙潭组底部的含黄铁矿高岭石泥岩，该岩石颜色浅，几乎全由高岭石组成，并为黄铁矿层的围岩；第二类为灰色、深灰色高岭石泥岩，常为煤层的顶、底板，这种泥岩质细，具贝壳状断口；第三种为高岭石泥岩煤层夹矸，即国外所称的“Tonsteins”。

②水云母及水云母－蒙脱石泥岩：以水云母或水云母－蒙脱石混层矿物为主，通常含不等量的绿泥石、高岭石。其中，水云母－蒙脱石混层矿物比水云母更为常见，分布更广。据肉眼及镜下观察可分为两类：一类为灰色、深灰色、浅灰色黏土岩，往往含植物碎屑及根茎化石；另一类为浅绿灰色具滑感的黏土岩（古蔺石鹅长兴组），色浅而常带绿色调，常因风化形成可塑性强的软质黏土，俗称“耳巴泥”，且常有方解石脉穿插其中。该岩层区域分布广，层位稳定，易于识别，常作为地层对比的标志层。

③绿泥石泥岩：以绿泥石为主，常含水云母、高岭石。该泥岩可分为两类：一类为

灰色、深灰色绿泥石泥岩，多分布在长兴组顶部和上部，且常含较多个体较小的腹足类化石和有孔虫、海胆碎片(兴文川堰飞仙关组底部)，厚度薄，常作为飞仙关组底界的辅助识别标志；另一类为绿灰色绿泥石泥岩，不含动物化石，常见绿泥石斑块，主要分布于西部陆相宣威组地层中。

除了上述三种单矿物为主的泥岩，本区的泥岩均以复矿物类型为主。据兴文川堰基准剖面分析，各种黏土矿物的数量在垂向上具有一定的分布规律：陆相沉积为主的地层以高岭石为主，海相沉积为主的地层以水云母或水云母－蒙脱石混层矿物为主。黏土矿物可以反映母岩成分及气候，也能在一定程度上反映沉积环境，如高岭石反映温暖潮湿的酸性介质条件，蒙脱石反映干燥的碱性介质条件，水云母则较广泛或主要反映碱性介质条件。

泥岩按伴生矿物及结构特点又可划分为：

①泥岩：黏土矿物占绝对数量，可含少量黄铁矿、有机质等。

②粉砂质泥岩：含25％～50％的粉砂质。粉砂质一般为绿泥石质岩屑及少量约3％的石英，常作定向分布。

③菱铁质泥岩：黏土矿物常为高岭石及水云母－蒙脱石混层矿物。筠连以西常为绿泥石。含10％～30％的球粒状菱铁矿。

④(含)黄铁矿泥岩：黏土矿物为高岭石，含5％～40％的黄铁矿，呈聚晶状、结核状及晶粒浸染状等，主要产于晚二叠世地层底部。野外常描述为铝土岩。

⑤含骨屑泥岩：黏土矿物以水云母及水云母－蒙脱石为主，绿泥石有时候亦成为主要成分，常富含有机质，以含数量不等(10％～30％)的生物骨屑为特征。骨屑主要有松藻、裸松藻，其次为有孔虫、介形虫、腹足及瓣腮类，骨屑常硅化。主要产于兴文组，成层状或作为灰岩向陆相方向过渡的岩石出现，为潮坪—潟湖的特征岩石类型(兴文川堰兴文组)。

⑥炭质泥岩：黏土矿物常为隐晶质高岭石，个别情况为水云母，含10％～40％的炭质，常呈分散状及丝质碎屑，也见炭化孢子(兴文川堰龙潭组)，有时候含自生石英(筠连沐爱兴文组)，为沼泽环境产物，作为煤层夹矸、顶板、底板或煤层相变的岩石单独产出。

2. 碳酸盐岩

碳酸盐岩主要分布在本区长兴组、吴家坪组地层中，龙潭组仅在东部发育碳酸盐岩。

石灰岩一般为浅灰色、深灰色，以中至厚层状为主，部分为薄层状、块状，局部见鲕粒，含硅质结核，具缝合线和干裂等构造。

石灰岩的物质成分除方解石外，尚含有白云石、菱铁矿、泥质、有机质、海绿石、黄铁矿等，因此，从石灰岩的矿物成分分类，其岩石类型除主要的石灰岩之外，尚有白云质灰岩、泥质灰岩、硅质灰岩、含有机质的灰岩等过渡类型岩石。由西往东白云质、硅质含量逐渐增加，泥灰岩含量逐渐减少。

①石灰岩：本区主要的碳酸盐岩类型，方解石含量90％以上，有时含不等量的燧石团块，一般含骨屑数量不超过50％，以骨屑微晶灰岩为主。

②云灰岩及含泥质云灰岩：白云石主要以自形微晶出现，在后生期部分产生脱白云石化，而保持其假像，泥质常伴生出现(兴文川堰兴文组)。

③泥质灰岩、泥灰岩：泥质主要为水云母、水云母－蒙脱石混层矿物，有时有绿泥石。含泥质灰岩与泥质灰岩的泥岩含量分别为10％～25％和25％～50％，呈层状或条带

状。在面上的分布由东向西增加。在东部泥质碳酸盐岩层数少，厚度薄，多以夹层的形式出现；向西则增厚，层数增多，相变为钙质泥岩类，逐渐代替了灰岩，明显得表现出陆源干扰强度与海水进退的变迁。

④生物碎屑石灰岩：常含丰富的生物碎屑，生物碎屑以藻为主，其次为有孔虫、蟆、介形虫、腕足、双壳、海绵骨针、海绵、珊瑚、海百合茎、海胆、三叶虫、苔藓虫等。

3. 可燃有机岩

本区各煤层的煤岩组分均以镜质组为主，镜质组中主要是镜煤和基质体，其次为有机结构镜质体；丝质组中主要是丝炭碎片、碎块和丝炭扁豆体，丝质组含量变化较大，有的煤层仅百分之几，有的却高达 30% 以上；角质孢子只分布在个别煤层中；矿物组分含量因煤层而异，一般在 20% 左右，主要是黏土和石英，前者多呈条带状产出，后者多为几至几十微米的粒状，分布于基质中或充填细胞腔中，其次为充填裂隙的方解石脉和呈球状、粒状等多种形状的充填于细胞腔或沿层理分布的黄铁矿。宏观煤岩类型多属于矿化丝质亮暗煤—亮煤。

4. 火山碎屑岩

主要为熔岩屑凝灰岩。凝灰岩呈拉长变形的次棱角状、边界不规则的透镜状，大小 0.05~0.40 mm，常含有具同心结构的火山泥球，以压结—熔结方式成岩，多已绿泥石化，飙升阶段发生泥化；含暗色矿物晶屑，其粒径一般较岩屑小，大多绿泥石化及泥化，常常保持矿物假象，有时候含量较多，构成晶、岩屑凝灰岩，见于珙县洛表龙潭组和沐川三道河宣威组下亚组。

除了上述岩石类型，作为本区含煤地层的基底还发育两类岩石类型：即火山岩和硅质岩。火山岩又可以细分为玄武岩、火山碎屑岩和火山碎屑熔岩；硅质岩又可分为层状硅质岩和硅质岩砾石。这里不再详细展开论述各类岩石的特征。

综上所述，四川东部晚二叠世含煤岩系西部以陆相碎屑岩为主，东部则以碳酸盐岩为主。且西往东碎屑岩的粒度成熟度、矿物成熟度逐步增高，砂岩中斜长石、泥质岩屑、硅质岩屑的含量由多变少。高岭石的形成，往往与河流、湖泊、沼泽等陆相环境的中酸性介质有关。水云母的形成，则往往和潟湖、海湾、潮坪等海相环境的碱性介质有关。在表生风化条件下，玄武岩屑、基性凝灰岩屑等首先次生变化为绿泥石，进一步变化为高岭石，进入海相环境后再进一步变化为水云母。以上晚二叠世含煤地层的岩石分布，粒度成熟度和矿物成熟度的变化趋势，以及玄武岩屑、基性凝灰岩屑次生变化产物有规律的分布，充分说明含煤岩系的陆源碎屑物质主要是自康滇古陆上的玄武岩经风化、剥蚀后由西往东搬运沉积的，符合由西往东从陆到海的环境分布格局。

(二)沉积构造

1. 层理构造

本区晚二叠世含煤岩系的层理主要有以下类型(图 3-1-2、图 3-1-3)：

①块状层理：又称均匀层理，是沉积物快速堆积形成的产物，是本区泥质岩类的主

要构造类型之一，其次在部分泥晶灰岩中出现，其特点是物质分布不具方向性，部分在镜下具有方向性，有时具有水平与波状条纹，是安静水体的产物。在海风、两河矿段龙潭组可见到此层理。

②水平层理：主要产生在粉砂岩、泥质岩中，细层厚度 1～8 mm，呈水平排列。为湖泊、潟湖等低能、静水环境的产物。在古蔺二郎龙潭组中部、古蔺石宝龙潭组上部、海风、两河矿段龙潭组可见到水平层理。

③平行层理：是在强的水动力条件下形成的，相互平行的水平或近水平的层理，常与大型交错层理共生。本区分布少，见于细砂岩中。层理的细层与层系均平直平行，细层较清楚，厚度为几个毫米。其顶部有时具有雨痕、泥裂等暴露标志。是浅水高能水流的产物。在珙县大雪山龙潭组中部可见到平行层理。

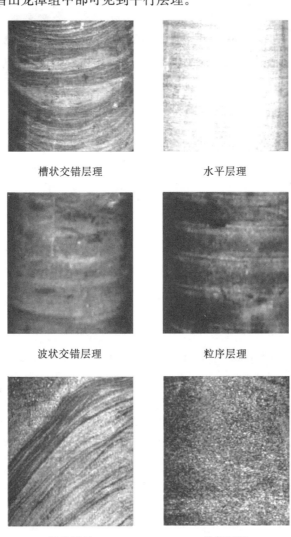

槽状交错层理   水平层理

波状交错层理   粒序层理

脉状层理   块状层理

图 3-1-2 岩心层理构造图片

（海风矿段 5003 孔、两河矿段 113-3 孔龙潭组地层）

波状层理　　　　　　　　　　　平行层理

图 3-1-3　岩心层理构造相片(海风矿段 5003 孔龙潭组地层)

④交错层理：本区常见的交错层理有以下 3 种类型：

a 板状交错层理：层理的细层倾角 5°~30°，一般在 10°左右，有的在前积方向向下变缓，呈收敛形态。细层厚度 2~5 mm，层系厚度 5~35 cm，层系上下界面平行。在兴文川堰龙潭组中部可见到此层理。

b 楔状交错层理：分为大型和小型，大型层系厚度 10~30 cm，细层厚度 3~10 mm，层系间以 10°~15°角相交切，在兴文川堰龙潭组中部可见到；小型层系厚度 0.5~3 cm，层系间以 3°~5°角交切。大型楔状交错层理不发育，小型的为砂岩、粉砂岩中常见的类型。

c 槽状交错层理：层理与层系界面均呈弧形弯曲，其弯曲弧度较平缓。细层厚度 2~5 mm，常不清晰，层系最大厚度 10~20 cm，在兴文川堰龙潭组中部、海风、两河矿段龙潭组可见到此层理。

交错层理见于河道、边滩等水动力较强的环境。鉴于层系厚度不大，细层倾角小，一般规模较小、不太发育，反映了该区主要为规模不大、流动缓慢的小型河流。

⑤波状层理：在本区较为发育，主要见于粉砂质泥岩、粉砂岩及泥质灰岩、钙质泥岩中。其细层厚 1~5 mm，呈连续或断续波状弯曲。常与水平层理过渡。在海风、两河矿段龙潭组、珙县王场龙潭组上部、叙永两河龙潭组上部、兴文川堰龙潭组中部可见到此层理。

⑥透镜状与脉状层理：这两种层理常见于粉砂岩—泥岩系列岩石中，因粉砂岩与泥质含量不同而各有其发育程度的差异。细层厚度 1~8 mm，细层与层系平行，均呈波状，常与波状层理共生，为其演变的产物。在长龙头兴文组下部、龙潭组中下部可见到此层理。

⑦粒序层理：是在一个层内粒度向上变细的层理。主要发育在河流边滩、决口扇沉积物中。海风、两河矿段龙潭组可见到。

此外，石灰岩中常见到"瘤状构造"（叙永大树长兴组中部见到），由薄层状、具波状层理的钙质泥岩与其间包裹的骨屑灰岩瘤状体组成。泥岩厚数厘米到 20 cm。瘤体直径 10~30 cm，是浅水动荡环境的产物。

2.层面构造

层面构造主要有波痕、干裂、槽模、沟模及雨痕等。波痕主要在河流、滨海及潮坪沉积物中发育。干裂多发生在泥质岩中，又称泥裂，主要出现在河堤、湖滨及潮上带，潮间带的沉积物中。

3.生物成因的构造

较为常见的生物成因的构造有虫孔及虫迹。本区常见到的主要有潜穴和爬迹

（图 3-1-4、图 3-1-5）。

A 筠连洛表905-5
孔动物化石
B 筠连洛表905-5
孔生物扰动构造
C 筠连巡司剖面植
物根化石

图 3-1-4　筠连巡司剖面化石特征

①潜穴：常呈简单管状迹，与层面垂直或斜交，一般管径 0.5～1 cm，管壁大多平滑，管内由粉砂质泥岩充填形成内膜，产于粉砂岩和粉砂质泥岩中。此外，亦常见到不规则管迹，常成群分布于砂质泥岩与泥质粉砂岩中，管径 0.5 cm 左右，其内由疏松铁、泥质充填，常见于泛滥盆地、湖泊及潮坪、潟湖环境中。

在叙永两河龙潭组上部见到直立潜穴管迹，珙县大雪山矿段兴文组中下部见到生物潜穴迹，叙永大树龙潭组顶部，见到直立虫孔迹。

②爬迹：分布于层面上，呈弯曲槽状，一般宽 0.1～0.3 cm，槽迹粗糙，有疏松的砂泥质铸模，在兴文古宋产于粉砂质泥岩、泥岩中，见于泛滥盆地、潮坪、潟湖环境。

生物扰动　　　　　　　　　生物碎屑(腕足)

图 3-1-5　海风矿段生物成因构造

二、晚三叠世

（一）主要岩相类型及其环境意义

岩石相是综合岩石结构特征和沉积构造特征来反映各微相沉积物形成过程中古水动力能量大小和变化的术语。从露头、钻孔岩心、岩屑录井资料看，本区岩石类型多样，沉积构造众多，颜色丰富，所形成的岩相类型也较多，通过研究识别出 17 种岩相类型，如表 3-1-1 所示。

表 3-1-1 四川盆地晚三叠世含煤岩系主要岩相类型表

岩相名称		岩相描述	沉积环境解释
砾岩相	细砾岩	细砾为主，次为高岭土化长石，含炭屑，棱角状分选差	冲积扇、辫状河道
砂岩相	块状含砾砂岩	硅质胶结，含石英砾石，分选滚圆差，具冲刷面	河床滞留沉积
	块状砂岩	石英为主富含高岭土化长石，含暗色矿物，局部胶结松散分选较好，磨圆中等	河口坝
	平行层理砂岩	层理面可见剥离线理	河道
	斜层理砂岩	小型斜层理及缓波状层理，含少量植物化石碎片	纵向坝或点砂坝
	板状层理砂岩	大型板状交错层理砂岩，时有冲刷面	点砂坝及分流河道
	楔状层理砂岩	大型楔状层理发育	点砂坝
	黄褐色砂岩	含大量绢云母片及煤屑、煤包裹体等，部分含砾	辫状河道滞留沉积
粉砂岩相	斜层理粉砂岩	含白云母片及炭化植物化石片，小型斜层理发育	分流间湾
	块状粉砂岩	致密块状，夹薄层细砂岩、泥岩，具滑面，层理不清	泛滥平原或远砂坝
	逆粒序层理粉砂岩	黑灰色，向下粒径变细	远砂坝、河口坝
泥岩岩相	灰黑色泥岩	含炭化植物碎片，具水平层理	沼泽
	紫红色、杂色泥岩	薄片及团块状构造	泛滥平原
	灰色、灰绿色泥岩	薄片状构造，具水平层理	三角洲平原
	炭质泥岩	块状，鳞片状构造，水平层理	沼泽
	菱铁质结核及泥岩	包括菱铁质结核、菱铁质泥岩及菱铁质粉砂岩	分流间湾、湖湾
	煤层	黑色块状、粉末状、条带状构造	泥炭沼泽

（二）主要岩相组合

岩相组合是沉积环境变化的主要指示，也是含煤地层预测煤层发育状况变化情况的主要依据，根据钻孔资料分析可将岩相组合分为以下几种，见表 3-1-2。

本区的含煤岩系主要是以上 4 种岩相组合在横向上展布和纵向上演化，各种岩相组合代表了不同的沉积环境变化。

岩相组合 A：由砾岩和粉砂岩组成。砾岩：杂色，成分复杂，砾石大小不等，砂质，铁质胶结。粉砂岩：灰色，薄层状，具水平层理。该岩相组合代表了冲积扇相、砾质辫状河道沉积。

表 3-1-2　主要岩相组合及其含煤性

序号	岩相组合	例图	含煤性	简单描述	位置层位
A	砾岩＋薄层粉砂岩	200 — ... 210 —	一般不含煤	砾岩：杂色，含植物化石；粉砂岩：多为灰色，薄层状，见水平层理	例如：龙门山前缘须家河组一段、三段中下部
B	薄层砂岩＋粉砂岩＋煤层	200 — ... 210 —	含煤性较好，煤层厚度较大，为该地区主要可采煤层，结构简单	细砂岩：灰色，薄层状，水平层理；粉砂岩：灰—深灰色，薄层状，水平层理；煤：黑色，块状为主，半亮煤	四川盆地须家河组二段
C	薄层泥岩＋煤层	190 — ... 195 —	含煤性很好，为该地区主要可采煤层，煤层层数少，单层厚度大，厚度变化较大，横向连续性好	泥岩：深灰色，黑灰色，薄层状；煤：黑色，块状为主，半亮煤；厚层煤间夹1~2层泥岩	四川盆地须家河组二段、四段可见
D	薄层泥岩、粉砂岩、粉砂质泥岩＋薄煤层	120 — ... 130 —	含煤性一般，煤层层数很多，横向连续性较差，煤层厚度较小，一般小于1 m，少见厚度大于5 m的厚煤层	含煤段为深灰色、黑灰色泥岩或粉砂岩与薄层的煤层互层，中间夹灰色薄层状粉砂质泥岩	四川盆地小塘子组、须家河组二段、四段可见

岩相组合 B：由具水平层理的细砂岩、粉砂岩组成。细砂岩：浅灰色，薄层状，夹炭化线理，水平层理发育，分选好，粒度均。粉砂岩：浅灰色，薄层状，分选不好，夹深灰色泥质条带。该种岩相组合代表着湖滨三角洲沉积，为本区主要的成煤环境。

岩相组合 C：由薄层泥岩和厚煤层组成。泥岩：暗灰色。底部为煤：暗淡煤，夹矸为黑灰色泥岩。代表着曲流河冲积平原沉积，为本区主要的成煤环境。

岩相组合 D：黑灰色泥岩或粉砂岩与薄煤层互层，中间夹灰色薄层状粉砂质泥岩。该岩相组合主要代表了三角洲平原沉积。

从以上可以看出 B、C 组合含煤性较好，A 组合基本不含煤，D 组合含煤性较差。

(三)沉积构造

1.物理作用形成的构造

(1)层理构造
本区晚三叠世须家河组含煤地层的层理构造主要有：

①块状层理：又称均匀层理，其特征是层内物质均匀分布，组分和结构上无明显差异，它是沉积物快速堆积形成的产物。多见于河床滞留相、湖滨三角洲含砾砂岩和沼泽相泥质岩中。多见于须家河组一段、三段砂岩。

②平行层理：是在较强水动力条件下，流体推移平坦床砂冲刷分异而形成。表现为各种碎屑颗粒细层平行定向排列，细层之间无明显界面，层面易显示出剥离线理。它多见于河道沉积的细粒砂岩中，以须家河组一段最为典型，具体特征见图 3-1-6 中照片 4。

③大型交错层理：本区常见的大型交错层理有以下 3 种类型。

a 板状交错层理：层系界面平直且相互平行、层系厚度较大，细层呈单向倾斜，底界多有冲刷面存在。主要见于河流边滩、分流河道和河口坝沉积的中、粗砂岩中，具体特征见图 3-1-6 中照片 1、照片 5。

b 槽状交错层理：层系界面呈槽状或小舟状，细层单向倾斜，主要见于河流沉积的砂岩中。

c 楔形交错层理：层系界面成楔形相交，细层单向倾斜。主要见于河流和三角洲沉积的砂岩中，具体特征见图 3-1-6 中照片 1。

④小型沙纹层理：是由多层系的小型交错层理所组成，其特点是纹层界线不清。斜纹层倾角小，可向两端收敛。主要见于三角洲前缘砂岩和河漫平原环境。

⑤上攀波状层理：是一种特殊类型的小型沙纹层理，当水动力条件减弱时，沙纹向前移动的同时，接受了悬浮物垂向加积形成波纹同相位叠置，构成上攀波状层理。如水流速度进一步减弱，悬浮物垂向加积增大，而沙纹移动很缓慢，就形成同相位的波纹层理。主要见于滨浅湖沉积的粉砂岩、细砂岩中。

⑥水平层理：是在微弱水动力条件下，由悬浮物质垂向加积而成。其特征是薄的纹层呈直线状平行排列。广泛见于湖泊，河流河漫相的泥质岩及泥质粉砂岩中。

⑦砂泥互层水平层理：表现为极薄至薄的细粉砂岩与泥质层呈水平或近于水平的互层。细层有时连续、有时不连续，反映了水动力条件的强弱交替。主要见于湖泊、三角洲及泛滥平原沉积环境中，具体特征见图 3-1-6 中照片 8。

⑧粒序层理，又称递变层理：是在一个层内，粒度向上或向下变细的层理。主要见于冲积扇和河流沉积中。

（2）层面构造

本区只见到水流波痕，由单向水流在非粘性底床表面上所产生的波痕。在广安邻水剖面见波痕。

（3）底面印痕

该类构造中仅见冲刷痕，具体有以下 2 种类型。

①槽模：是水流冲刷下伏泥表层而形成的坑凹。主要见于河道、冲积扇等沉积环境中。

②铸型：是水流冲刷下伏泥质表层所造成的凹槽，被其上覆砂层充填于凹槽内，而在上覆砂岩底面则以槽铸型的方式产出。也多见于河道和冲积扇等沉积环境。

2. 生物成因的沉积构造

（1）遗迹化石

本区见到的遗迹化石主要是潜穴。它是由动物在尚未完全固结的软的泥质物内部因居住或觅食形成的孔穴，又称为虫孔或虫管。本区所见虫孔全为简单的管状潜穴，既有

照片1　德跃镇　须家河组三段　大型交错层理

照片2　达县铁山　须家河组五段　迁移交错层理

照片3　邻水剖面　须家河组五段
曲流河道叠加的透镜体

照片4　达县铁山　须家河一段　平行层理

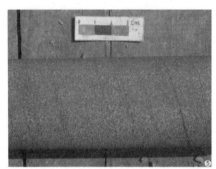

照片5　资威金带场37-2号钻孔　须家河组一段
板状层理

照片6　资威金带场37-2号钻孔　须家河组二段
生物扰动构造

照片7　华蓥溪口剖面　小塘子组　包卷层理

照片8　兴文县红桥镇　须家河组二段
砂泥互层水平层理

图3-1-6　四川盆地晚三叠世含煤地层主要沉积构造野外识别照片

垂直或斜交层面的，也有平行层面的，而以前者最多见。管状呈圆形或椭圆形，直径常见 2 mm 左右，其中常充填浅色的细砂。主要见于泛滥盆地、湖泊和三角洲等沉积环境，具体特征见图 3-1-6 中照片 6。

（2）植物根痕

是植物根在其泥质和粉砂质沉积物中留下的痕迹。它常垂直或斜交岩层层面，纵横交错使岩层具有特殊的团块构造，并常成为煤层的底板。多见于沼泽和河漫沉积环境。

3. 测井相

沉积相测井研究始于 20 世纪 70 年代，最初是利用测井曲线形态来研究沉积相。1970 年 S. Pirson 提出了六种砂体沉积的自然电位特征，即海进砂层、岸外砂坝、海退砂层、河道充填砂坝、浊流砂层和三角洲沉积层序。到 1978 年 S. Pirson 又对这六种沉积环境的砂层补充了短极距电位电阻率曲线的特征。1975 年，Allen 综合自然电位和短极距电位电阻率曲线，对七种砂体或沉积层序提出了理想的测井曲线特征，即：冲积—河流、三角洲、堡岛、潮汐河道、潟湖、浊流沉积以及浊流—牵引搬运沉积。1982 年，武汉地质学院马正提出了我国黄骅坳陷第三系地层的冲积扇、河流、三角洲、滩坝、水下冲积扇、重力流沉积等六种沉积环境的自然电位曲线特征。1982 年武汉地质学院黄智辉、陈耀岑在张新民工作的基础上，提出了我国内蒙古霍林河煤盆地的冲积扇、河流、湖滨三角洲等环境的短极距电位电阻率曲线特征。继后，1984 年他们又提出了我国阜新煤盆地艾友矿区沙海组的冲积扇、河流、扇三角洲、湖泊等环境的短极距电位电阻率曲线和自然伽马曲线特征，等等。

随着测井技术的改进，地层倾角测井、数字处理技术的发展以及核测井方法的完善，人们从测井资料中提取了岩石矿物组成、沉积结构、沉积构造和沉积层序等大量信息，为沉积相测井研究提供了可能性。

作为地下岩性最直接最客观证据的岩心是地质研究最有力的资料，但是由于岩心数量和分布的局限使其作用受到很大的限制。此时，测井信息分析就可以作为反映岩性组合以及沉积相重要的资料来源而成为必不可少的工具。

根据取心井的岩心相与测井响应特征（GR 和 RT）的对应分析表明，本区沉积特征与测井曲线的对应有以下特点。

（1）曲线的幅度

曲线的幅度反映水动力条件的强弱，曲线幅度越小，在一段测井曲线上表现的越稳定，证明当时的水动力条件越弱，在本区就表现为湖平面波动幅度较小；相反，曲线幅度越大，则反映水动力条件越强，在本区就表现为湖平面波动幅度较大。因此，曲线的幅度的研究有助于更清楚的分辨沉积区的水动力条件，进而得到沉积相特征。

（2）曲线的形态

①单层形态：单层形态指单个砂体的测井曲线外形。一般而言，单个砂体的自然伽玛以及视电阻率曲线有圣诞树形、倒圣诞树形、箱形以及指状等，这些曲线的形态能够反映特定的沉积相组合和变化。如，圣诞树形曲线表明粒度在粒度上向上变细，反映了碎屑物的供应速度和强度向上逐渐减弱；与圣诞树形相反，倒圣诞树形曲线反映了沉积碎屑物的供应速度和强度逐渐增加；箱形曲线上下幅度变化不大，反映沉积水动力条件的阶段稳定性；指状曲线多于低平曲线段相随出现，低幅反映能量均匀的环境，其中的

指状为相对薄层的粗粒碎屑物的幕式输入，如，深湖半深湖环境中的浊积相，或者前三角洲泥质沉积物中的薄层砂。本区常见的测井曲线单形如图3-1-7。

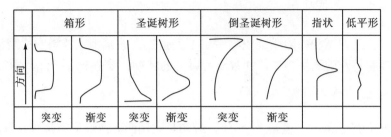

图 3-1-7 本区测井曲线单形识别特征

②组合形态：特定的沉积环境都是由各式各样的沉积砂、泥岩体等沉积物体按照一定的顺序组合而成的，这些组合在测井上表现出来即为测井曲线的组合形态。如河道沉积的测井曲线就是由几个箱形的测井曲线单体和向上变细的圣诞树形测井曲线组合而成。

（3）曲线顶底部的接触特征

该项特征反映沉积相之间的变化快慢程度。如果出现突变接触表明沉积环境之间出现了猛烈的变化，如辫状河河道沉积底部的冲刷面；如果接触为渐变，则说明沉积环境之间的变化是循序渐进的。

（4）曲线光滑度

表示曲线形态的次级变化，反映水动力的稳定性。

①光滑曲线在物源供应丰富和水动力作用强的条件下，沉积物被充分淘洗后的均质沉积，如滨浅湖沙滩。

②锯齿状曲线代表水动力条件不稳定，周期性变化，沉积物改造不充分，泥质和砂质物质混合，引起颗粒粗细间互变化的环境。

水深1井须家河组四段—五段的测井相，明显表现为水进型三角洲，在须家河组四段上部视电阻率明显表现为向上变细的序列，每一个小的向上变细的序列组成总体向上变细的曲线形态，在沉积相上表现为三角洲平原的分流河道，当过渡到须家河组五段曲线形态明显发生了变化，此时向上变粗的小序列组成总体向上变粗的曲线形态，在沉积相上边缘为三角洲前缘的河口坝，如图3-1-8所示。

营24井须家河组三段则正好和水深1井须家河组四段—五段相反，自然伽玛和视电阻率总体形态为由底部向上变粗的序列过渡到向上变细的序列，向上重复这一序列组合，而且底部的旋回向上呈变弱的趋势，是明显的水退型三角洲沉积特征，在沉积相上由底部向上呈现河口坝—分流河道—河口坝—分流河道的组合，如图3-1-9所示。

公19井须家河组二段的测井曲线形态则明显不同于前两者，没有明显的变粗、变细的趋势，主要表现为高幅的指状，表明当时水动力条件稳定，在沉积相上则主要表现为滨浅湖相，如图3-1-10所示。

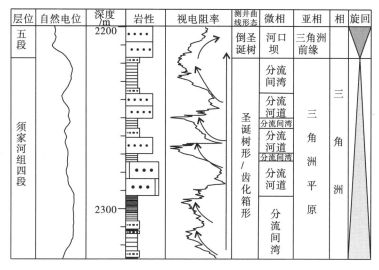

图 3-1-8 三角洲测井组合特征——水进型(川中矿区水深 1 井)

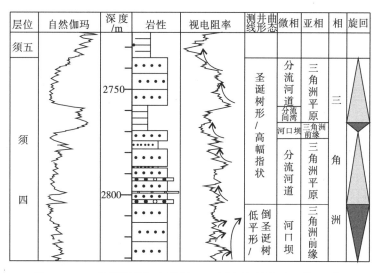

图 3-1-9 三角洲测井组合特征——水退型(川中矿区营 24 井)

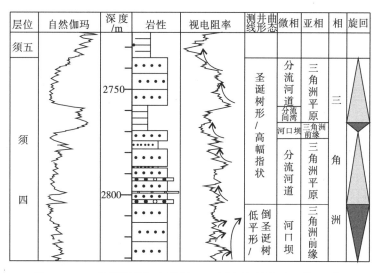

图 3-1-10 滨浅湖测井组合特征(公 19 井)

第二节 含煤岩系沉积体系和沉积环境

一、晚二叠世

区域地质构造决定了东区西陆东海的大地构造格局，含煤地层主要发育在四川中部康滇古陆隆起区和东部、东北部海域之间的斜坡带上，沉积相带跨越了陆相、海陆过渡相和海相，沉积类型发育较为齐全（表3-2-1）。

表 3-2-1 四川东区沉积环境类型

沉积体系	沉积相	沉积类型	地层分布
冲积平原体系	风化残积物	残积铁铝层、凝灰质残积层	四川南部龙潭组和宣威组
	河流	河床滞留沉积、边滩、河漫滩、泥炭沼泽、河漫沼泽	
	湖泊	滨湖、浅湖	
三角洲体系	上三角洲平原	河道、泥炭沼泽、泛滥平原	四川中部龙潭组和兴文组
	过渡带三角洲平原	潮汐影响的分流河道、分流间湾、泥炭沼泽	
	潮控下三角洲平原	分流潮汐水道、潮道间湾、潮汐砂坝、泥炭沼泽	
	边缘潮汐平原	远砂坝、潮坪、泥炭沼泽、碎屑泥质潮下	
潟湖－潮坪体系	潟湖	潟湖、潮坪、泥炭沼泽、潮道、障壁砂坝	四川南部龙潭组下段
	潮坪		
	障壁砂坝		
碳酸盐台地体系	碳酸盐潮坪、碳酸盐台地、台地边缘斜坡		华蓥山地区龙潭组二、三段和长兴组

A陆相（Ⅰ）沉积区：分布在川南西部康滇古陆东缘的乐山、凉山、盐津、宣威一带，西接古陆剥蚀区，东邻海陆过渡沉积区，主要发育风化残积平原、山前冲积扇、河流冲积平原、湖泊等相带类型；

B海陆过渡相（Ⅱ）沉积区：分布在川南的东部及川中地区，是晚二叠世主要的聚煤地区，多发育三角洲体系、潟湖－潮坪体系等；

C海相（Ⅲ）沉积区：主要分布在川东北的华蓥山、广元、旺苍、开江、梁平等地区，发育碳酸岩潮坪、碳酸岩台地、台地边缘斜坡、裂陷海槽等。

川西地区位于板块活跃带，构造活动复杂多变，主要发育浅海、次浅海、滨海沉积，由于构造活动的不稳定性和水体深度较大，不具备煤层聚集的条件，一般不发生聚煤作用。下面对本区主要的沉积环境特征给予介绍。

（一）陆相沉积

晚二叠世陆相沉积区分布在川南西部地区，岩石类型主要为宣威组。古陆剥蚀区有康滇古陆。在东区范围之内，康滇古陆的地势西高东低，中部高南北两侧低，以中段的四川昭觉最高。在康滇古陆剥蚀区，植被稀疏，风化剥蚀强，大量的碎屑物质，在季节性洪水的作用下，在古陆边缘形成山麓堆积和泥石流。除在砾岩中偶见硅化木之外，细碎屑岩中植物化石极少。美姑以北，古陆地势逐渐降低，由小型河流及片流形成冲积平原，沉积粒度细。

1. 风化残积物

分布于康滇古陆东缘。发育于晚二叠世早期的龙潭组及宣威组。代表性剖面如图3-2-1兴文川堰凝灰质残积层沉积体系。东吴运动使广阔平坦的阳新海沉积区上升为陆地，遭受剥蚀夷平。与峨眉山玄武岩同时喷出的基性凝灰物降落在茅口石灰岩侵蚀面上，再经过雨水的局部搬运调整，在地形高处的凝灰质岩层较薄，在低洼处较厚，成为风化残积层的原始母岩。残积层的主要岩石类型有残积铝土质岩、凝灰质残积层。

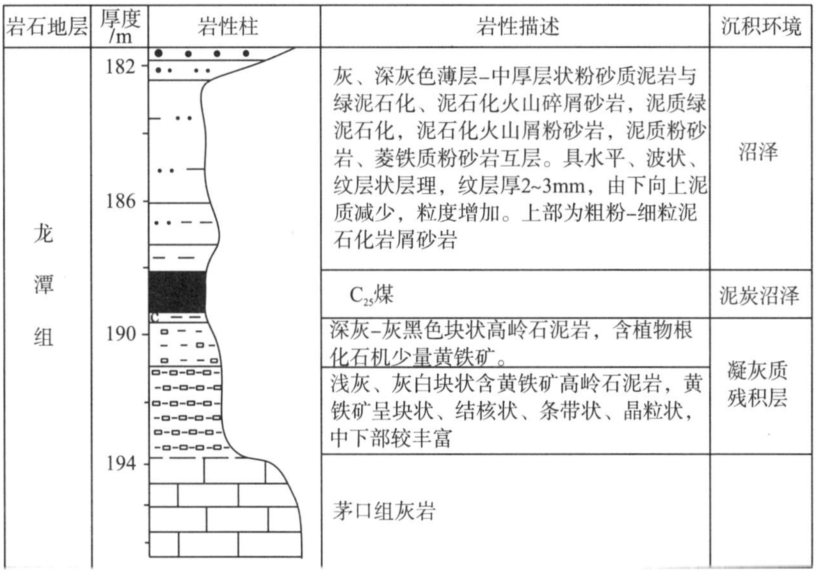

岩石地层	厚度/m	岩性柱	岩性描述	沉积环境
龙潭组	182 186 190 194		灰、深灰色薄层–中厚层状粉砂质泥岩与绿泥石化、泥石化火山碎屑砂岩，泥质绿泥石化，泥石化火山屑粉砂岩，泥质粉砂岩、菱铁质粉砂岩互层。具水平、波状、纹层状层理，纹层厚2~3mm，由下向上泥质减少，粒度增加。上部为粗粉–细粒泥石化岩屑砂岩	沼泽
			C$_{25}$煤	泥炭沼泽
			深灰–灰黑色块状高岭石泥岩，含植物根化石机少量黄铁矿。	凝灰质残积层
			浅灰、灰白块状含黄铁矿高岭石泥岩，黄铁矿呈块状、结核状、条带状、晶粒状，中下部较丰富	
			茅口组灰岩	

图3-2-1 兴文川堰剖面残积层沉积

2. 河流

本区的河流主要为曲流河。曲流河主要发育在冲积平原的下部，有典型的二元正粒序结构，下部是河床滞留沉积和侧向加积的河道边滩沉积，上部是泛滥盆地沉积的粉砂岩、砂质泥岩及泥质岩类，本区主要发育了河床和河漫两个亚相。

(1) 河床亚相

河床是河谷中经常流水的部分，即平水期水流所占的最低部分，其横剖面呈槽形，上游较窄，下游较宽，流水的冲刷使河床底部显示明显的冲刷界面。构成河流沉积单元的基底河床亚相又称为河道亚相，其岩石类型以砂岩为主，次为砾岩，碎屑粒度是河流相中最粗的，层理发育，类型丰富多彩，缺少动植物化石，仅见破碎的植物枝、干等残体化石，岩体形态呈透镜状，底部具有明显的冲刷界面。

河床亚相可以进一步分为河床滞留沉积和边滩沉积两个微相。

①河床滞留。河床中流水的选择性搬运，使细粒物质被悬浮和带走，而将上游搬来的或就近侧向侵蚀河岸形成的砾石等粗碎屑物质留在河床底部，集中堆积成不连续的透镜体，称为河床滞留沉积。其特点是砾石以粗碎屑物质为主，砂、粉砂极少，砾石成分复杂，源区砾石居多，亦有河床下伏基岩砾石，且常具叠瓦状定向排列，倾斜方向指向上游。砾岩很难形成厚层，一般呈透镜状断续分布于河床最底部，向上过渡为边滩或心滩沉积。

②边滩。边滩又称为"点砂坝"，是曲流河中主要的沉积单元，是河床侧向迁移和沉积物侧向加积的结果。如图 3-2-2 筠连河流沉积相，底部中厚层细砂岩便是边滩沉积环境，上部细粒沉积是河漫滩沉积环境。

由于曲流河河床中水流对沉积物的搬运以底负载搬运（滚动和跳跃）方式为主，故边滩沉积的岩性以砂岩为主，其矿物成分复杂，成熟度低，不稳定组分多，长石含量高，常出现由粗至细的粒度或岩性正韵律，其层理类型主要为水流波痕成因的大、中型槽状或板状交错层理，间或出现平行层理。

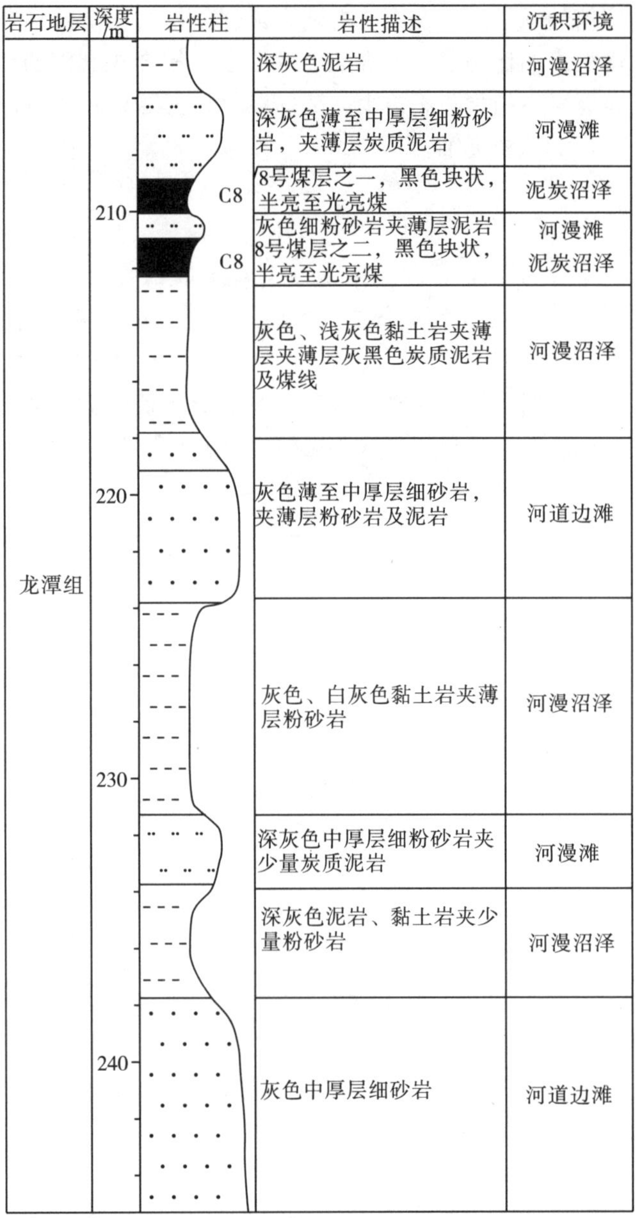

（2）河漫亚相

河漫亚相位于天然堤外侧，地势低洼而平坦。洪水泛滥期间，水流漫溢天然堤，流速降低，使河流悬浮沉积物大量堆积。由于它是洪水泛滥期间沉积物垂向加积的结果，故又称为泛滥盆地沉积。

河漫亚相沉积类型简单，主要为粉砂岩和黏土岩。粒度是河流沉积中最细的，层理类型单调，主要为波状层理和水平层理。平面上位于堤岸亚相外侧，分布面积广泛，垂向上位于河床或堤岸亚相之上，属河流顶层沉积组合。根据环境和沉积特征，可将河漫亚相进一步划为河漫滩、河漫湖泊和河漫沼泽三个沉积微相。

岩石地层	深度/m	岩性柱	岩性描述	沉积环境
龙潭组			深灰色泥岩	河漫沼泽
			深灰色薄至中厚层细粉砂岩，夹薄层炭质泥岩	河漫滩
	210	C8	8号煤层之一，黑色块状，半亮至光亮煤	泥炭沼泽
			灰色细粉砂岩夹薄层泥岩	河漫滩
		C8	8号煤层之二，黑色块状，半亮至光亮煤	泥炭沼泽
			灰色、浅灰色黏土岩夹薄层夹薄层灰黑色炭质泥岩及煤线	河漫沼泽
	220		灰色薄至中厚层粉砂岩，夹薄层粉砂岩及泥岩	河道边滩
			灰色、白灰色黏土岩夹薄层粉砂岩	河漫沼泽
	230		深灰色中厚层细粉砂岩夹少量炭质泥岩	河漫滩
			深灰色泥岩、黏土岩夹少量粉砂岩	河漫沼泽
	240		灰色中厚层细砂岩	河道边滩

图 3-2-2　筠连洛表河流沉积环境

①河漫滩。河漫滩沉积以粉砂岩为主，亦有黏土岩的沉积。平面上距河床愈远粒度愈细，垂向上亦有向上变细的趋势，波状层理、斜波状层理为主，亦见水平层理，可见不对称波痕。河漫滩常因间歇露出水面而在泥岩中保留干裂和雨痕，化石稀少，一般仅见植物化石碎片。岩体形态常沿河流方向呈板状延伸。

②河漫湖泊。河漫湖泊以黏土岩沉积为主，并有粉砂岩出现，是河流相中最细的沉积类型，层理一般发育不好，有时可见薄的水平纹层。泥岩中泥裂、干缩裂缝常见。旱气候条件下，地下水向下降，表面急速蒸发，常形成钙质、铁质结核。在潮湿气候区的河漫湖泊中，蒸发量增加，可形成丰富的有机质沉积，并要保存完整的动植物化石；在气候干旱地区，蒸发量增大，河漫湖泊可发展成盐湖，形成盐类沉积。

③河漫沼泽。河漫沼泽又称为岸后沼泽。它是在潮湿气候条件下，河漫滩上低洼积水地带植物生长繁茂并逐渐淤积而成，或是由潮湿气候区河漫湖泊发展而来。在河流迅速侧向迁移的情况下，天然堤发育不良，洪水泛滥可形成广阔平坦的河漫沉积区，沉积物不仅有泥质，而且有大量砂质沉积，这时堤岸亚相与河漫亚相已无什么区别，故统称为泛滥平原沉积。沼泽中如果有泥炭堆积，即成为泥炭沼泽。

3. 湖泊

该区出现的滨湖—浅湖相以灰色、深灰色泥岩为主。湖湾相主要为深灰色黑色泥岩。如图 3-2-3 古叙矿区古蔺矿段的湖泊相沉积，主要为深灰、灰色泥岩，水平或波状层理，有瓣鳃类化石。

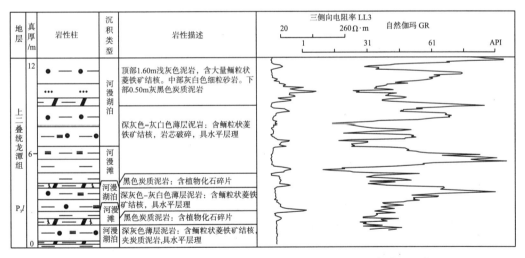

图 3-2-3　洛表地区 905－5 钻孔龙潭组顶部河漫滩及河漫湖泊沉积类型

(1)滨湖

滨湖的沉积岩相与该区的物源以及湖岸的坡度关系密切，如果湖岸地势平坦，沉积物就以砂岩为主，如果是陡坡型滨岸，由于湖水作用其沉积物可能呈现垂向分带分布，在湖盆扩张条件下，底部出现成熟度低的砾岩，往上逐渐变细，但是成熟度普遍较低。

滨湖位于湖盆边缘，其距湖岸最近，接受碎屑物质较多；滨湖水动力条件复杂，击岸浪和回流的冲刷作用明显，碎屑沉积分选、磨圆较好，成熟度高，由岸边到湖心粒度由粗变细,沿湖岸常出现重矿物富集,湖滩砂岩中常发育微波状层理和倾角平缓向湖心倾斜的中小型交错层理。

(2)浅湖

浅湖位于滨湖相内侧至浪基面以上地带,水体比滨湖区深,沉积物受波浪和湖流作用影响较强。浅湖岩石类型以黏土岩和粉砂岩为主,陆源碎屑供应充分时可形成较多的细砂岩,砂岩胶结物以泥质、钙质为主,分选、磨圆较好。层理类型多以波状和水平层理为主,水动力较大的浅湖区可发育小型交错层理,砂泥岩交互沉积时可形成透镜状层理。若湖底地形平缓,在宽阔的浅湖地带可形成席状砂质浅滩或局部砂质堆积加厚的砂坝,并常出现于湖成三角洲两侧,沿湖岸呈带状分布,多是由于湖流对三角洲的改造使碎屑物质沿湖岸再分配形成的,滩、坝沉积也可以分布于水下隆起和岛屿的周围,在沉积层序上常呈下细上粗的反旋回沉积。若滨湖地形平缓,水动力较弱,波浪作用不能波及岸边,物质供应以泥质为主,则滨湖可形成滨湖泥滩或泥坪,沉积物以泥岩和粉砂岩为主,常发育水平层理、波状层理和块状层理,常见泥裂、雨痕、垂直潜穴、生物扰动构造及植物根、叶、枝干等化石碎片。

(二)海陆过渡相沉积

本区海陆过渡沉积分布广泛,是晚二叠世主要的聚煤地区。海陆过渡相包括了三角洲体系、潟湖-潮坪体系和碳酸盐台地。

1.潮坪-三角洲体系

(1)河流-潮汐双重控制的过渡三角洲平原

过渡带三角洲平原主要特征表现在既有较强的河流作用,同时又受到较强的潮汐作用的影响,基本处于河流和潮汐双重作用控制下,本区发育了过渡带三角洲平原。其主要沉积类型为潮汐影响的指状分流河道和共生的分流间湾沉积,由于处于过渡带,所以上三角洲平原的分流河道及天然堤沉积和下三角洲平原的潮道潮坪沉积等也都可以出现(图 3-2-4)。

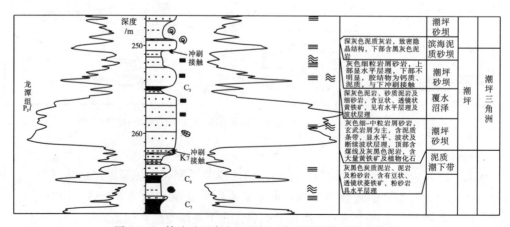

图 3-2-4 筠连矿区兴文组潮坪三角洲沉积体系沉积序列

潮汐影响的分流河道沉积主要为由中细粒海绿石质的岩屑砂岩和长石质岩屑砂岩组成，底部发育冲刷面，其上河床滞留沉积粒度较粗，常含有树干化石、泥砾及煤屑，向上为发育大型槽状交错层理、大型板状层理以及具双黏土层构造的潮汐束状体的砂岩。其中的树干化石及冲刷面体现了较强的河道作用的特点，而双黏土层及潮汐束状体则体现了潮汐作用的特点，即这种分流河道体现了河流和潮汐共同作用的性质。这种水道向上游方向会过渡为河道，向下游方向会过渡为潮道。层序的顶部往往发育有潮坪相的粉砂岩，其中有典型的砂泥薄互层层理、脉状层理和透镜状层理。

分流间湾沉积主要由含动物化石的泥岩、泥质粉砂岩和粉砂质泥岩组成，含大量薄层状菱铁矿层，发育水平层理，小型砂纹层理以及砂泥薄互层层理。砂泥薄互层层理的存在说明分流间湾常受到潮汐作用的影响。在分流间湾中有时可看到一些水下决口扇沉积，其特征是底部冲刷面可切割煤层，其上为含动物化石及植物叶片化石的泥岩和泥质粉砂岩，这种沉积分布范围一般较小，仅十余米宽。

过渡带三角洲平原泥炭沼泽多是在分流间湾潮坪上演化而来，由于受到潮汐作用影响，所以形成的煤层常为中—高硫煤。

过渡带三角洲平原的垂向层序表现为，从下向上依次为碎屑泥质潮下（前三角洲）相粉砂岩和泥岩→潮坪（远砂坝）相极细砂岩—受潮汐影响的分流河道相砂岩，分流间湾潮坪相粉砂岩→沼泽相煤层。

（2）潮控下三角洲平原

在三角洲平原向海一侧，河流作用逐渐减弱，而潮汐作用则逐渐增强，分流河道逐渐被潮汐水道代替，即逐渐过渡为潮控的下三角洲平原，本区主要发育此种沉积类型。以本区古叙矿区为例，可识别出以下沉积类型：分流潮汐水道（潮道）、分流间湾潮坪及辐射状潮汐砂坝等。

①分流潮汐水道。指连接分流河道的潮汐水道，沉积物主要为细粒海绿石质岩屑砂岩和长石岩屑砂岩，底部有冲刷面，其上可见泥砾，发育板状交错层理和大型青鱼骨刺状双向交错层理，有时可见到曲流潮道所特有的潮道迁移纵向交错层理。砂体平面上为分枝状或朵状，剖面上为透镜状。

②分流间湾潮坪。由薄层菱铁矿和具砂泥薄互层层理的粉砂岩互层（"排骨层"）组成，代表比较闭塞环境中的潮汐沉积。有时见发育水平层理并含动物化石的黑色泥岩与之共生，这种沉积应为分流间湾潟湖或潮池中形成。

③辐射状潮汐砂坝。由分流河道和分流潮汐水道供给的沉积物在水下潮汐作用的环境中会受到较强的潮汐作用改造，常形成从河口地区向外辐射状排列的潮汐砂坝，这是潮控三角洲的一个重要特征。本区就可看到典型的辐射状的潮汐砂坝沉积，沉积物由钙质海绿石质细粒岩屑砂岩组成，发育典型的砂纹层理、脉状层理、砂泥薄互层层理及双黏土层构造。剖面上砂体为不连续的透镜状，垂向序列表现为，从下向上，由潮下的含动物化石（腕足和苔藓虫）的泥岩或泥质灰岩，向上过渡为具砂泥薄互层层理的潮间下部潮汐砂坝钙质砂岩，再向上过渡为具透镜状层理的潮间上部泥坪和潮间到潮上带的沼泽沉积。

④下三角洲平原泥炭沼泽。下三角洲平原受潮汐作用影响强烈，其泥炭沼泽相多由分流间湾潮坪演化而来，也常受到潮汐作用影响，形成的煤层层位较稳定，但厚度变化大，煤质也较差，灰分一般在 20% 左右，硫分较高，一般为 2.03%～4.30%，个别达

5.78%（C_{12-13}煤层），在本区 C_{16} 煤层硫分较低（0.40%）。此外，煤层无机硫含量与全硫呈正相关关系，受沉积环境的影响，无机硫占全硫约 50%～70%。三角洲地区陆源铁供应充足，下三角洲平原海水提供大量硫，因此易形成黄铁矿硫。

⑤潮控下三角洲平原垂向序列特征。以古叙矿区石宝灰岩到其下 C_{11} 煤层之间的潮控下三角洲平原沉积层序为例，C_{11} 煤层是在潮坪上发育来的泥炭沼泽中形成，C_{11} 煤之上为灰黑色泥岩，含粉砂质，发育水平层理，含古尼罗蛤化石，代表碎屑泥质潮下环境。再向上为远砂坝（潮坪）相的席状粉砂岩和粉砂质泥岩，发育透镜状层理及砂泥薄互层层理。远砂坝之上为分流潮汐水道及潮汐砂坝相的厚层状细砂岩，钙质胶结，分选较好，由下向上粒度变粗，上部具大量冲刷泥砾，并有较多植物化石，代表上部分流潮汐水道沉积，此外发育大型板状交错层理、平行层理、双向交错层理、脉状层理等。层序上部为潮坪相粉砂岩、粉砂质泥岩及泥岩，发育水平层理、砂泥薄互层层理、透镜状层理，有时含有以薄层细砂岩为代表的小型潮道沉积，此外，层序顶部发育潮间上部—潮上泥坪和泥炭沼泽沉积（即 C_7 及 C_{8-10} 煤层），以煤层及根土岩为代表。这一层序往往由于局限潮下碳酸盐沉积（石宝灰岩）发育而结束。总之整个层序表现为由下往上，由前三角洲碎屑泥质潮下（潟湖）→三角洲前缘远砂坝（潮坪）、潮汐砂坝、分流潮汐水道→潮坪及潮坪泥炭沼泽。这是一个完整的潮控下三角洲平原沉积层序，有向上变粗的前积层，发育前三角洲泥、远砂坝、潮汐水道与河口坝、潮坪等沉积类型，主体发育双向交错层理、大型交错层理及潮汐层理的厚层砂岩。古叙潮控下三角洲平原上部为潮湿气候下的三角洲平原沉积，由潮坪过渡为泥炭沼泽，此外古叙一带三角洲底积部分厚度比较小或缺失，反映该区三角洲的发育背景是极浅的陆表海滨岸带，不同于现代沉降幅度大的陆缘海的滨岸带。

（3）边缘潮汐平原

边缘潮汐平原发育于三角洲朵叶体边缘及向海一侧，基本上处于潮汐作用控制之下，沉积物主要是来源于三角洲的粉砂岩、泥岩等，经潮汐水流进一步改造而形成，具体沉积类型包括相当于三角洲席状远砂坝的潮坪相粉砂岩以及位于平均低潮面之下的局限潮下相的含正常海相动物化石的泥岩和泥质灰岩，这些沉积既可在三角洲外侧单独出现，也可在下三角洲平原的层序之间作为其底积层出现。边缘潮汐平原，砂体平面上呈席状或平行于岸线的宽带状。边缘潮汐平原上发育的泥炭沼泽，煤层厚度受海水进退规模影响较大，海退—海侵间隔时间越长，泥炭沼泽保存时间就越长，所形成的煤层厚度就比较大。煤质由于受海水影响较大而常为中—高硫煤，全硫含量为 4%～6%。

2. 潟湖—潮坪沉积体系

根据对现代沉积环境的研究人们发现，如果平坦极浅的陆棚非常宽广（如上百千米），虽然不一定有障壁岛存在，也可以造成局限环境的水文状况，形成所谓的"开阔海潮坪"。川南晚二叠世龙潭组沉积早期正是这样一种浅水陆表海边缘开阔海潮坪环境。中二叠世末期东吴运动使本区大面积上升成陆遭受风化剥蚀，并夷平化，在晚二叠世海水重新侵入的情况下，在该夷平的古风化面上广泛发育了潟湖—潮坪沉积。由于晚二叠世早期，河流作用还未大规模地进入四川东部地区，从而在龙潭组一段/吴家坪组一段保存了较好的潟湖—潮坪沉积，尤以本区较为典型。针对以上地区龙潭组一段/吴家坪组一段沉积特征，本书将潟湖—潮坪沉积单列出来分析，将其归为潟湖—潮坪沉积体系。其中可进一步划分出潟湖、潮坪和泥炭沼泽等沉积类型。

（1）潟湖

这里的潟湖是指低洼地带、局限低能的积水环境，水体盐度一般为半咸水。一般包括发育于风化面上的潟湖以及发育于潮间低洼地带的潮池。岩性主要为灰色、浅灰色铝土质泥岩及灰黑色或深灰色粉砂质泥岩、泥质粉砂岩和泥岩及页岩，也见极细砂岩和粉砂岩。其中广泛发育黄铁矿和菱铁矿结核，菱铁质结核常呈薄层条带状产出，野外剖面上看类似于"排骨"。沉积构造主要为水平层理和砂泥薄互层层理及砂纹层理。潟湖相砂岩多为岩屑砂岩和杂砂岩、钙质砂岩，一般粒度较细，杂基含量较高，颗粒分选、磨圆中等，粒度概率累积曲线表现为粒度细、悬浮总体含量高。潟湖相沉积中可见生物扰动构造以及壳饰简单、个体较小的瓣鳃类和腕足类动物化石，并常见细小植物碎屑。

（2）潮坪

潮坪是指平均高潮线与平均低潮线之间的平坦地区，是潮汐沉积环境的主要部分，沉积物主要为细粒岩屑砂岩、钙质细砂岩、粉砂岩和粉砂质泥岩，砂岩分选磨圆较好，发育潮汐层理（脉状层理）、波状层理，也可见水平层理和砂纹层理。此外常见一些细小的动物化石碎屑以及痕迹化石。其沉积特征反映了水动力条件为中等到较强。可见潟湖、潮道、潮坪及泥炭沼泽沉积。

潮道沉积在潮坪中广泛发育，其特征是砂体在剖面上呈透镜状，平面上呈不规则的弯曲带状，主要由中、细粒岩屑砂岩、钙质砂岩及钙屑砂岩组成，分选、磨圆良好，粒度分布呈单峰，概率累积曲线非常接近于曲流河道砂岩。层理类型多样，主要为大型交错层理、平行层理及双向交错层理。潮道沉积底部与下伏层呈冲刷接触，可见大量泥砾、植物茎干化石以及动物化石。潮道砂岩的另一典型特征是，透镜状砂岩相互叠加，其间常夹泥质薄层（或称泥质披盖层），这些特征有点类似于 Kreisa 等所描述的潮汐环境中的砂质束状体。

潮坪沉积垂向上一般为向上变细的剖面结构，在无潮道的情况下主要为：下部砂坪→混合坪→上部泥坪→泥炭沼泽的进积序列，有潮道发育时则为：潮道→混合坪→泥坪→泥炭沼泽序列，需指出的是潮坪上部泥坪多为炭质泥岩，尤其是与下面要介绍的泥炭沼泽沉积难以区分。

（3）泥炭沼泽

发育于潮间上部到潮上地带，为由潮坪发育而成的成煤环境，其形成的煤层厚度较稳定，分布较广，但煤质相对较差，常为高灰中—高硫（$1\% < S < 4\%$）煤。剖面上一般出现于上述潮坪序列的上部。龙潭组一段中的煤层，有些也发育于由潟湖演化来的沼泽中，如最底部的 C_{25} 煤层。其特征是泥炭沼泽沿古风化面上或潮坪上低凹地带发育，这些低凹地带的分布也往往受基底断裂带的控制。

(三)海相沉积

本区上二叠统中有大量碳酸盐岩产出，尤其在盆地东北部地区和四川西部广大地区，四川晚二叠世碳酸盐岩的主要类型有石灰岩、泥质灰岩、白云质灰岩、白云岩以及硅质灰岩等，其中以石灰岩占绝对优势，石灰岩中含有包括裸松藻类、粗枝藻类、有孔虫、海绵、苔藓虫、珊瑚、腕足、腹足、瓣鳃、介形虫、三叶虫、棘皮类、管壳石及钙球等门类生物在内的丰富的化石和化石碎片，另外也有砂屑、球粒、粪球粒和凝块石等结构组分。由于颗粒种类、含量以及颗粒之间的填隙物不同，使得这些碳酸盐岩的结构发生较大变化。

1. 碳酸盐岩特征

碳酸盐岩在本区普遍发育，从时代来看，晚二叠世龙潭组和长兴组都有碳酸盐岩分布，但长兴组碳酸盐岩分布范围比龙潭组要大一些。就古叙矿区而言，长兴组以厚层状石灰岩和含燧石灰岩为主，兴文组石灰岩一般为薄层—厚层状，并且成分不纯，常见向陆源碎屑组分和硅铁质组分过渡的石灰岩，如泥质灰岩、砂质灰岩及硅铁质灰岩。上二叠统碳酸盐岩的详细岩石学特征见本章第一节的碳酸盐岩部分。这里概括出主要矿区石灰岩标志层岩性及生物特征。

通过对古叙地区各灰岩标志层的观察和分析，可以发现以下特点：

①绝大部分灰岩为生物灰岩或生物碎屑灰岩，其生物主要是藻类、腕足类、瓣鳃类、棘皮类、蜓及非蜓有孔虫、珊瑚、苔藓虫等，这些生物组合说明海水盐度正常，气候温暖，反映了陆表海边缘环境海侵时期的沉积特点。

②由于古叙一带位于海陆交替的沉积相带，故煤层发育，其有机质富集，而海侵石灰岩往往直接覆于煤层之上，所以本区兴文组石灰岩的有机质含量比较高。

③可以根据许多石灰岩生物组合和结构特征的变化发现同一石灰岩层的底部与顶部往往代表不同的微相类型。

芙蓉矿区在地理位置上处于古叙矿区西侧，沉积环境为海陆过渡相，在兴文组发育有碳酸盐岩海相沉积，特征如下：本区东部靠近海，兴文组发育了一套碳酸盐岩相沉积岩（如富安矿段），与页岩交替出现，深灰色致密状，裂隙中充填方解石，夹薄层钙质页岩，偶含黄铁矿，厚度从几米到几十米不等，沉积环境判断为局限的碳酸盐台地，碳酸盐岩的上部见有砂质岩，岩石粒度较细，产动物化石，解释为滨海泥质砂坝。

筠连矿区属于靠近陆相的沉积区，仅在兴文组有少量海相沉积，具体特征为：碳酸盐岩含量很少，单层厚一般 $0.2\sim0.4$ m，最大可达 1.1 m，主要为深灰色生物碎屑灰岩，断续分布，赋存于含煤段中上部，一般 $3\sim5$ 层，最多可达 6 层，由东往西具有层数减少，厚度减小的特点，层位比较稳定者有三层，即 B_8、B_7、B_5 标志层，是煤层对比的重要标志。富含蜓、腕足、瓣鳃、藻类、介形虫、海百合、海胆化石及碎屑，矿物成分以方解石为主，含少量泥质、石英、绿泥石、黄铁矿。沉积环境主要为局限碳酸盐台地。

华蓥山矿区属于东北部近海相沉积，除了底部见有泥质岩、煤层外，绝大部分为碳酸盐沉积，这点通过和川南各个矿区岩相比较，证明了海侵方向确实是自东北向西南。该地区的海相沉积特征如下：华蓥山矿区长兴组全部为海相灰岩沉积，主要岩性为灰色至深灰色泥晶—粉晶中—厚层状石灰岩，上部含燧石结核较少，中部含燧石结核较多，上、中部夹薄层泥质灰岩和泥岩，显水平层理，具缝合线构造。本组含丰富的动物化石，主要有：腕足、珊瑚、蜓、有孔虫等。龙潭组底部为深灰色泥岩、钙质泥岩、灰色石灰岩为主，含燧石结核、砂质泥岩、细砂岩，显水平层理等，属于海陆过渡相潮坪沉积，见有煤层，往上多为灰—深灰色中—厚层状石灰岩，含大量燧石结核及动物化石碎屑，呈不规则分布，偶夹有砂岩，含大量动物化石碎屑。本组的化石有：腕足、蜓、瓣鳃、植物化石等，属于海相沉积环境。

川西地区多为深海、次深海相沉积环境，由于资料局限，在此不做细致描述。

2.上二叠统碳酸盐岩相带划分及各相带特征

本区上二叠统碳酸盐岩主要以石灰岩为主，石灰岩结构组分中颗粒组分以生物碎屑为主，其次为砂屑、球粒、粪球粒以及凝块石等，颗粒之间的填隙物既有以灰泥为主的，又有以亮晶胶结物为主的，石灰岩结构类型以泥质颗粒岩、颗粒岩为主，颗粒质泥岩相对较少，灰泥岩在所测的(台地相区)剖面中极少，生物组分以有孔虫和藻类化石为主，海绵、苔藓虫、珊瑚、腕足、瓣鳃、介形虫、三叶虫、棘皮类、管壳石及钙球等门类生物也是常见组分。生物组分特征反映了当时正常的盐度、温暖或炎热的气候和水深较浅的海洋环境特征。

根据微相特征，可以将东区上二叠统碳酸盐岩沉积相带划分为碳酸盐潮坪、碳酸岩台地、台地边缘斜坡、海槽等相带。

(1)碳酸盐潮坪

该相带位于靠近陆地一侧的平均高潮面和平均低潮面之间，潮间带上部暴露时间比较多，而潮间带下部被海水覆盖的时间比较多，潮汐水流主要集中于潮间带下部，潮间带因受大气影响而盐度多变。潮间带下部经常被海水淹没，潮汐能量较强，显示潮汐水流作用的水平—波状纹层比较普遍，岩石类型除石灰岩外，还有薄—中厚层状燧石岩。石灰岩结构类型以泥质颗粒岩为主，生物颗粒多为经过搬运的裸松藻类碎片，其次为假蠕孔藻、有孔虫、介形虫及软体动物碎片等。有孔虫以玻纤结构的厚壁虫、节房虫、格涅茨虫以及被有机质浸染成褐色的球旋虫。另外也有一定量的其他类型的生物碎屑，如腕足和瓣鳃等，多呈长条状碎屑。水平—波状纹层就是由这些长条状的藻屑生物屑平行层面密集排列而成，反映了较强的水流强度，岩石中陆源泥质和有机质较多。在野外，岩石多呈薄到中厚层状，层面平直，颜色为褐灰色。生物扰动构造不发育，因而层理得以保存，这主要与环境条件不适合于掘穴生物生活有关。该相带多与碎屑岩潮坪和三角洲相共生。

该相带包括下列微相：①纹层状藻屑泥质颗粒岩；②纹层状藻屑颗粒质泥岩；③硅质骨针燧石岩。

潮间带上部到潮上带，可发育泥炭沼泽，生态上与红树类似的适盐性植物在其上繁殖生长，死亡后形成泥炭堆积。

(2)碳酸盐台地

碳酸盐岩台地发育在川东地区。该区在晚二叠世早期为吴家坪组的燧石条带生屑泥晶灰岩沉积区，属碳酸盐岩缓坡环境。晚期长兴组含燧石团块泥晶生屑灰岩中有生物礁发育，碳酸盐岩缓坡向台地转化(强子同等，1990)。碳酸盐岩开阔台地区的飞仙关组底部除覆盖在长兴生物礁顶部为泥晶灰岩外，非礁相沉积区普遍都有厚度不等的黄色泥岩发育。其飞仙关组的碳酸盐岩包括鲕粒灰岩和多种浅水成因的泥晶灰岩，如潜穴泥晶灰岩、水平纹层泥晶灰岩、生物扰动泥晶灰岩、含角砾泥晶灰岩等。顶部多为紫红色钙质泥岩、泥灰岩及薄层灰岩组成的潮坪沉积旋回。

(3)台地边缘斜坡

晚二叠世—早三叠世早期的碳酸盐岩斜坡相带是一个窄相带(图3-2-5)。目前该相带的钻井资料较少。处于台地相和海槽相之间的钻井成像测井图上显示下三叠统飞仙关组下部的薄层泥质泥晶灰岩及泥晶灰岩有规模较大的滑动变形构造，被解释为斜坡相带。要准确地描述斜坡相有赖于高品质的地震反射剖面以及通过地面剖面研究建立斜坡相沉

积模型来作为地震沉积学解释的基础。本区东北部大巴山前缘的地面剖面为研究斜坡相
沉积特征提供了良好的条件。

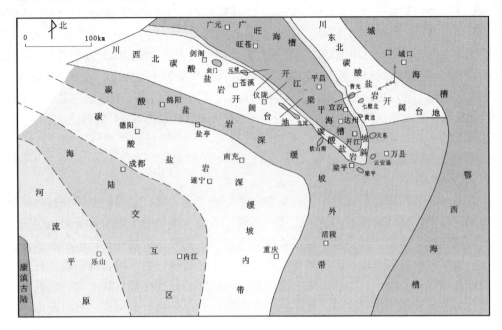

图 3-2-5　四川盆地北部上二叠统长兴组沉积相

(据马永生等，2009)

（4）海槽

四川盆地北缘广元、旺苍至南江山区一带位于"广旺海槽"相区。该区二叠系、三
叠系都已出露地表。上二叠统厚度不足 100 m，其上部或顶部为暗色硅质岩、硅质灰岩、
硅质泥岩组成的大隆组，含硅质放射虫、骨针、微体有孔虫、薄壳菊石等生物化石；而
下三叠统飞仙关组下部为规则的深灰色薄层泥晶灰岩间夹中、厚层角砾灰岩。这些特征
与大巴山区城口庙坝剖面上二叠统—下三叠统飞仙关组的沉积特征相似，属深水碳酸盐
沉积区。在其南面的盆地内包括苍溪、仪陇县城以北、通江、梁平北和开江等地区的钻
井资料揭示，这些地区的上二叠统、下三叠统飞仙关组与广元、旺苍地区的地层具有相
同的特征(王一刚等，2006)，如都有含硅质放射虫的大隆组发育（图 3-2-6），下三叠统飞
仙关组下部规则薄层泥质泥晶灰岩中夹重力流成因的角砾灰岩、钙屑浊积岩等。除了开
江—梁平海槽的宣汉、开县及达川地区飞仙关组缺乏鲕粒灰岩外，海槽相区飞仙关组的
鲕粒灰岩都发育在剖面上部，很少白云岩化。

（四）含煤地层沉积环境展布特征

东区沉积环境平面展布整体情况是川南西部为陆相沉积，向东逐渐变为海陆过渡沉
积，到川中及川东北地区渐变为海相碳酸盐台地。现自陆到海以矿区为单元阐述四川盆
地的沉积环境平面及纵向展布情况。

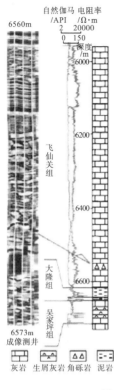

大隆组硅质岩(Si)及沉凝灰岩(St)岩心

正交光，长边为 1.3 mm
大隆组硅质岩中的骨针及微体化石

单偏光，长边为 0.5 mm
大隆组含硅质放射虫、骨针的黑色泥岩

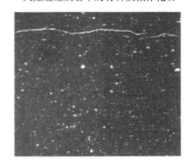

单偏光，长边为 3 mm
大隆组含硅质放射虫等的有机质泥岩

图 3-2-6　仪陇北部 A 井大隆组及飞仙关组底部深水沉积特征

1. 筠连矿区

晚二叠世初，康滇古陆受东吴运动影响，发生了大规模的玄武岩喷发，岩浆自西向东流动，其岩流形成了西陡东缓的古地形格局。此后本区受西部陆源区的物质供应，沉积了一套滨岸带冲积平原碎屑岩，其上夹煤线，不具工业价值，往东发育有潟湖潮坪环境。晚二叠世中晚期，受海侵作用影响，区内冲积平原相开始向潟湖—潮坪相演化，沉积了一套泛滥平原及潟湖潮坪含煤碎屑岩，含煤性较好，赋存多层可采煤层（图 3-2-7）。

龙潭早期以残积、上三角洲和沼泽环境为主，仅洛表以东为潟湖、三角洲和沼泽环境为主。形成了一套细砂岩、粉砂岩、泥岩、黏土质泥岩和煤线地层，底部为铝土岩、蚀变凝灰岩。本期地层厚度 6.00~34.60 m，一般厚度 12.68~19.36 m，有从北东向南西减薄的变化趋势，厚度变化较大。为玄武岩剥蚀面上沉积的一套地层，有填平补齐的作用。洛表以东在茅口灰岩之上则依次沉积了含黄铁矿高岭石黏土岩、C_{25}^{-1} 煤层、鱼鳞泥岩等岩性段。

龙潭中期以上三角洲和沼泽环境为主。沉积了一套细砂岩、粉砂岩、泥岩、黏土质泥岩和煤线，河流较发育冲刷现象较普遍，产较多植物化石及碎片。含煤 2~7 层（共有含煤层位 10 余个），煤层总厚 0.16~0.54 m，无可采煤层，含煤性极差。该时期泥炭沼泽分布广，但连续性差，聚煤期短暂，无可采煤层。

龙潭晚期以上三角洲、沼泽环境为主。沉积了一套粉砂质泥岩、泥岩、黏土质泥岩和煤层，含大量球粒状菱铁矿结核，产少量植物化石及碎片。泥炭沼泽广泛发育连续性好聚煤持续时间长，形成了本区主要煤层 C_{7-10}。

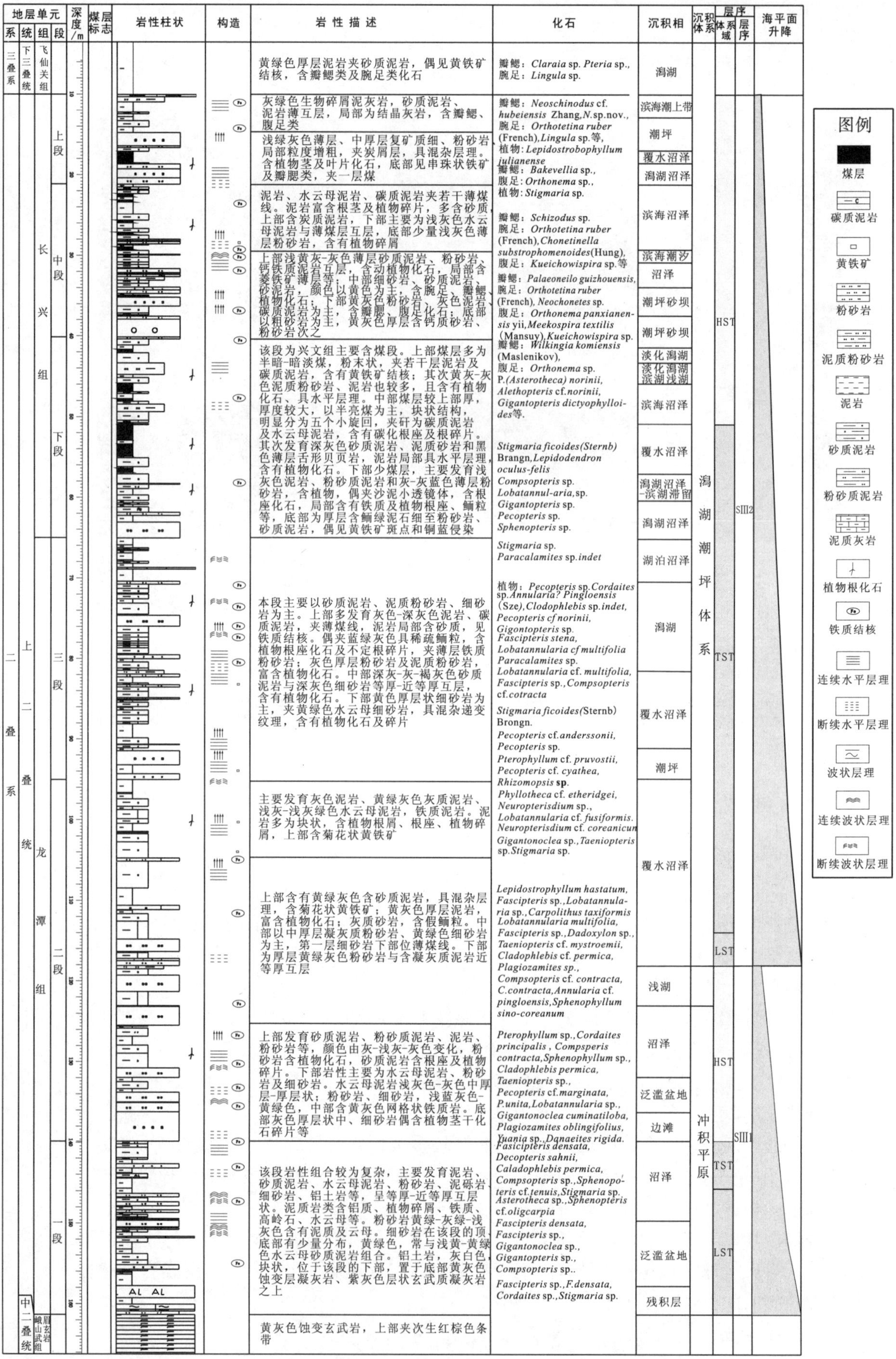

地层单元
系
统
组
段
深度/m
煤层标志
岩性柱状
构造
岩性描述
化石
沉积相
沉积体系
层序
体系域
层序
海平面升降
三叠系
下三叠统
飞仙关组
黄绿色厚层泥岩夹砂质泥岩，偶见黄铁矿结核，含瓣鳃类及腕足类化石
瓣鳃：Claraia sp. Pteria sp.，腕足：Lingula sp.
潟湖
二叠系
上二叠统
长兴组
上段
中段
下段
龙潭组
三段
二段
一段
中二叠统
峨眉山玄武岩组
灰绿色生物碎屑泥灰岩，砂质泥岩、泥岩薄互层，局部为结晶灰岩，含瓣鳃、腹足类
浅绿灰色薄层、中厚层复矿质细、粉砂岩局部粒度增粗，夹炭屑层，具混杂层理。含植物茎及叶片化石，底部见串珠状铁矿及瓣腮类，夹一层煤
泥岩、水云母泥岩、碳质泥岩夹若干薄煤线。泥岩富含根茎及植物碎片，多含砂质上部含灰质泥岩，下部主要为浅灰色水云母泥岩与薄煤层互层，底部少量浅灰色薄层粉砂岩，含有植物碎屑
上部浅黄灰-灰色薄层砂质泥岩、粉砂岩、钙铁质泥岩互层，含动植物化石，局部含菱铁矿薄层等。中部细砂岩、砂质泥岩、砂泥岩，颜色以黄色为主，含腕足、瓣鳃、植物化石；下部黄灰色粉砂岩、灰色泥岩、碳质泥岩为主，含瓣腮、腹足化石；底部以粗砂岩为主，黄灰色厚层含钙质砂岩、粉砂岩次之
该段为兴文组主要含煤段。上部煤层多为半暗-暗淡煤，粉末状，夹若干层泥岩及碳质泥岩，含有黄铁矿结核；其次黄灰-灰色泥质粉砂岩、泥岩也较多，且含有植物化石、具水平层理。中部煤层较上部厚，厚度较大，以半亮煤为主，块状结构，明显分为五个小旋回，夹矸为碳质泥岩及水云母泥岩，含有碳化根座及根碎片。其次发育深灰色砂质泥岩、泥质砂岩和黑色薄层舌形贝页岩，泥岩局部具水平层理，含有植物化石。下部少煤层，主要发育浅灰色泥岩、粉砂质泥岩和灰-灰蓝色薄层粉砂岩，含植物，偶夹沙泥小透镜体，含根座化石，局部含铁质及植物根座、鲕粒等，底部为厚层含鲕绿泥石细至粉砂岩、砂质泥岩，偶见黄铁矿斑点和铜蓝侵染
本段主要以砂质泥岩、泥质粉砂岩、细砂岩为主。上部多发育灰色-深灰色泥岩、碳质泥岩，夹薄煤线，泥岩局部含砂质，见铁质结核。偶夹蓝绿灰色具稀疏鲕粒，含植物根座化石及不定根碎片，夹薄层铁质粉砂岩；灰色厚层粉砂岩及泥质粉砂岩，富含植物化石。中部深灰-灰-褐灰色砂质泥岩与深灰色细砂岩等厚-近等厚互层，含有植物化石。下部黄色厚层状细砂岩为主，夹黄绿色水云母泥岩，具混杂递变纹理，含有植物化石及碎片
主要发育灰色泥岩、黄绿灰色灰质泥岩、浅灰-浅灰绿色水云母泥岩，铁质泥岩。泥岩多为块状，含植物根屑、根座、植物碎屑，上部含菊花状黄铁矿
上部含有黄绿灰色含砂质泥岩，具混杂层理，含菊花状黄铁矿；黄灰色厚层泥岩，富含植物化石；灰质砂岩，含假鲕粒。中部以中厚层凝灰质粉砂岩、黄绿色细砂岩为主，第一层细砂岩下部位薄煤线。下部为厚层黄绿灰色粉砂岩与含凝灰质泥岩近等厚互层
上部发育砂质泥岩、粉砂质泥岩、泥岩、粉砂岩等，颜色由灰-浅灰-灰色变化，粉砂岩含植物化石，砂质泥岩含根座及植物碎片。下部岩性主要为水云母泥岩、粉砂岩及细砂岩。水云母泥岩浅灰色-灰色中厚层-厚层状；粉砂岩、细砂岩，浅蓝灰色-黄绿色，中部含黄灰色网格状铁质层。底部灰色厚层状中、细砂岩偶含植物茎干化石碎片等
该段岩性组合较为复杂，主要发育泥岩、砂质泥岩、水云母泥岩、粉砂岩、泥砾岩、细砂岩、铝土岩等，呈等厚-近等厚互层状。泥质岩类含铝质、植物碎屑、铁质、高岭石、水云母等。粉砂岩黄绿-灰绿-浅灰色含有泥质及云母。细砂岩在该段的顶、底部有少量分布，黄绿色，常与浅黄-黄绿色水云母砂质泥岩组合。铝土岩，灰白色，块状，位于该段的下部，置于底部黄灰色蚀变层凝灰岩、紫灰色层状玄武质凝灰岩之上
黄灰色蚀变玄武岩，上部夹次生红棕色条带
瓣鳃：Neoschinodus cf. hubeiensis Zhang,N.sp.nov.，腕足：Orthotetina ruber (French),Lingula sp.等，植物：Lepidostrobophyllum julianense
瓣鳃：Bakevellia sp.，腹足：Orthonema sp.，植物：Stigmaria sp.
瓣鳃：Schizodus sp.，腕足：Orthotetina ruber (French),Chonetinella substrophomenoides(Hung)，腹足：Kueichowispira sp.等
瓣鳃：Palaeoneilo guizhouensis，腕足：Orthotetina ruber (French), Neochonetes sp.，腹足：Orthonema panxianensis yii,Meekospira textilis (Mansuy),Kueichowispira sp.
瓣鳃：Wilkingia komiensis (Maslenikov)，腹足：Orthonema sp.
P.(Asterotheca) norinii, Alethopteris cf.norinii, Gigantopteris dictyophylloides等。
Stigmaria ficoides(Sternb) Brangn,Lepidodendron oculus-felis
Compsopteris sp.
Lobatannul-aria,sp.
Gigantopteris sp.
Pecopteris sp.
Sphenopteris sp.
Stigmaria sp.
Paracalamites sp.indet
植物：Pecopteris sp.Cordaites sp.Annularia? Pingloensis (Sze), Clodophlebis sp.indet, Pecopteris cf norinii, Gigontopteris sp., Fascipteris stena, Lobatannularia cf multifolia, Paracalamites sp., Lobatannularia cf. multifolia, Fascipteris sp.,Compsopteris cf.cotracta
Stigmaria ficoides(Sternb) Brongn.
Pecopteris cf.anderssonii, Pecopteris sp.
Pterophyllum cf. pruvostii, Pecopteris cf. cyathea, Rhizomopsis sp
Phyllotheca cf. etheridgei, Neuropterisdium sp., Lobatannularia cf. fusiformis. Neuropterisdium cf. coreanicum, Gigantonoclea sp.,Taeniopteris sp.Stigmaria sp.
Lepidostrophyllum hastatum, Fascipteris sp.,Lobatannularia sp.,Carpolithus taxiformis, Lobatannularia multifolia, Fascipteris sp.,Dadoxylon sp., Taeniopteris cf. mystroemii, Cladophlebis cf. permica, Plagiozamites sp., Compsopteris cf. contracta, C.contracta,Annularia cf. pingloensis,Sphenophyllum sino-coreanum
Pterophyllum sp.,Cordaites principalis, Compsperis contracta,Sphenophyllum sp., Cladophlebis permica, Taeniopteris sp., Pecopteris cf.marginata, P.unita,Lobatannularia sp., Gigantonoclea cuminatiloba, Plagiozamites oblingifolius, Yuania sp.,Danaeites rigida.
Fascipteris densata, Decopteris sahnii, Caladophlebis permica, Compsopteris sp.,Sphenopoteris cf.tenuis,Stigmaria sp.
Asterotheca sp.,Sphenopteris cf.oligcarpia
Fascipteris densata, Fascipteris sp., Gigantonoclea sp., Gigantopteris sp., Compsopteris sp..
Fascipteris sp.,F.densata, Cordaites sp.,Stigmaria sp.
滨海潮上带
潮坪
覆水沼泽
潟湖沼泽
滨海沼泽
滨海潮汐
沼泽
潮坪砂坝
潮坪砂坝
淡化潟湖
淡化潟湖滨湖浅湖
滨海沼泽
覆水沼泽
潟湖沼泽-滨湖滞留
潟湖沼泽
湖泊沼泽
潟湖
覆水沼泽
潮坪
覆水沼泽
浅湖
沼泽
泛滥盆地
边滩
沼泽
泛滥盆地
残积层
潟湖潮坪体系
冲积平原
HST
TST
LST
HST
TST
LST
SⅢ2
SⅢ1
AL AL
图例
煤层
碳质泥岩
黄铁矿
粉砂岩
泥质粉砂岩
泥岩
砂质泥岩
粉砂质泥岩
泥质灰岩
植物根化石
铁质结核
连续水平层理
断续水平层理
波状层理
连续波状层理
断续波状层理

图 3-2-7　筠连矿区金鸡榜剖面晚二叠世层序与沉积相柱状图

长兴期为三角洲、潮下、沼泽相沉积。沉积了一套粉砂岩、砂质泥岩、泥岩、黏土质泥岩及菱铁质岩、钙质泥岩，东部发育数层生物屑灰岩、钙质泥岩。总之，以碎屑岩为主，灰岩层数及厚度均有从东向西减少变薄而相变为钙质泥岩等岩性的变化。本期富含动物化石有腕足、双壳、有孔虫、䗴、腹足、藻类等及少量植物化石。含煤 6～9 层，煤层厚度 1.14～5.47 m，可采煤层 1～4 层，可采总厚 0.87～3.88 m。

C_{1-2} 煤层、C_{3-4} 煤层为主要可采煤层。

横向展布上(图 3-2-8、图 3-2-9)，从南西到北东和西北到东南，龙潭组/宣威组下亚组冲积平原相地层分布均匀，以河道和河漫滩为主，偶尔有堤岸沉积，沉积厚度变化不大，沉积基底西部为峨眉山玄武岩，到东部变为茅口组灰岩。岩石类型以细砂岩、粉砂岩及泥岩为主，主要发育有 C_7、C_8 和 C_9 煤层。覆盖在冲积平原上的潮坪地层较薄，自西向东由薄变厚，沉积亚相主要有潮坪砂和覆水沼泽相，岩石类型主要为砂岩，泥岩较少，基本没有煤层发育。兴文组/宣威组上亚组主要发育了潟湖潮坪，自西向东沉积地层变化不大，亚相以潮坪砂和覆水沼泽为主，间或有薄层碳酸盐台地，台地发育靠东部，沉积岩石类型以粉砂岩和泥岩为主，靠近东部有生屑灰岩发育，煤层主要有 C_1、C_2、C_{3-4}、C_5、C_6，以 C_{3-4}、C_{1-2} 最厚，连续性较好，该时期煤层西部发育较好，到东部逐渐尖灭。

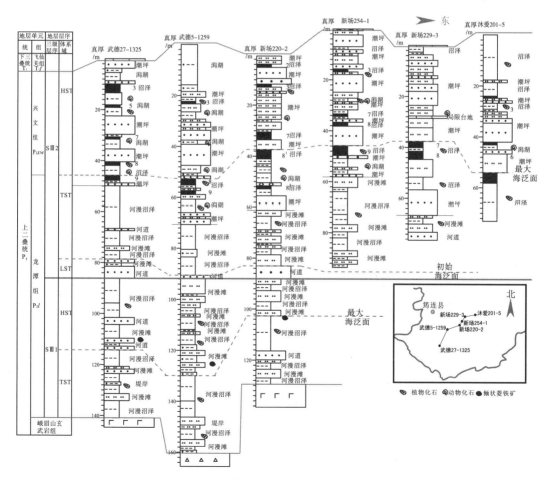

图 3-2-8 筠连矿区南西到北东向沉积断面图

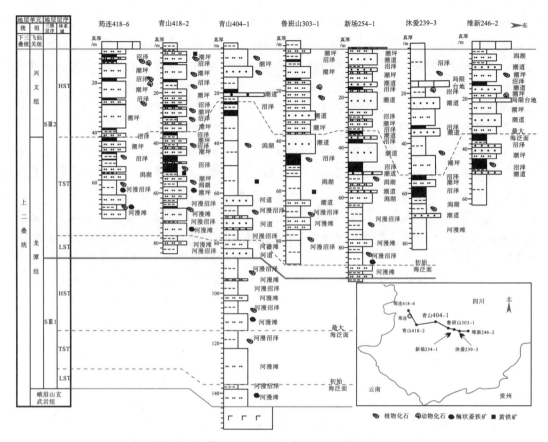

图 3-2-9　筚连矿区西北—东南沉积环境变化图

2.芙蓉矿区

芙蓉矿区紧靠筚连矿区北侧，位于海陆交替相区。同筚连矿区一样，晚二叠世初，接受西部陆源碎屑物质供应，沉积了一套滨岸带冲积平原碎屑岩，其上夹煤线，不具工业价值，往东北发育有潟湖潮坪环境。晚二叠世中晚期，受海侵作用影响，区内冲积平原相开始向潟湖-潮坪相演化，沉积了一套泛滥平原及潟湖潮坪相含煤碎屑岩，含煤性较好，赋存多层可采煤层。

纵向沉积演化腾龙桂花井田 CK5 号钻孔并结合区域资料为例（如图 3-2-10）：

龙潭早期东北部在茅口灰岩之上沉积了浅灰色块状含黄铁矿高岭石黏土岩，其上依次为 C_{25}^{-1} 煤层，石灰岩或鱼鳞泥岩（Bf^1 标志层）、细砂岩、粉砂岩、泥岩、黏土质泥岩和薄煤层；偶见小型瓣鳃及鱼鳞碎片和植物化石及碎片；以潟湖、下三角洲和沼泽沉积为主。西南部仅见晚期砂泥岩沉积，一般厚度<7 m，含煤性极差，仅见煤线；产植物化石及碎片；为残积、上三角洲和沼泽环境沉积。

龙潭中期以上三角洲和沼泽沉积为主。沉积了一套细砂岩、粉砂岩、泥岩、黏土质泥岩和煤线，河流较发育冲刷现象较普遍，产较多植物化石及碎片。含煤 2~6 层（共有含煤层位 10 余个），煤层总厚 0~0.90 m，仅见个别可采点 0.75 m，含煤性极差。该时期泥炭沼泽分布广，但连续性差，聚煤期短暂，无可采煤层。

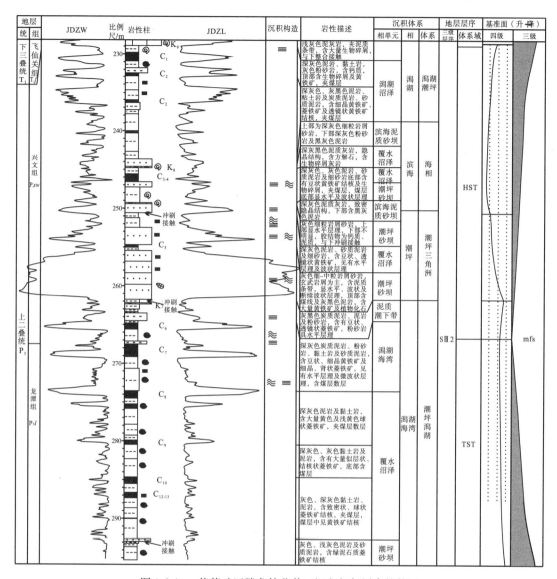

图 3-2-10　芙蓉矿区腾龙桂花井田沉积相与层序柱状图

　　龙潭晚期以上三角洲、沼泽沉积为主。沉积了一套粉砂质泥岩、泥岩、黏土质泥岩和煤层，含大量球粒状菱铁矿结核，产少量植物化石及碎片。泥炭沼泽广泛发育连续性好聚煤持续时间长，形成了中厚煤层。

　　长兴期为潮坪、三角洲、沼泽相沉积。沉积了一套粉砂岩、砂质泥岩、泥岩、黏土质泥岩及菱铁质岩、钙质泥岩，东北部发育数层生物屑灰岩、钙质泥岩。总之，以碎屑岩为主，灰岩层数及厚度均有从北东向南西减少变薄而相变为钙质泥岩等岩性的变化。本期富含动物化石有腕足、双壳、有孔虫、蟆、腹足、藻类等及少量植物化石。西部含煤性最好，煤层厚度为 1.62~3.76 m，可采煤层 1~3 层，可采总厚 0.85~2.76 m。C_1 和 C_6 煤层为主要可采煤层。

横向展布上，从西到东，如图 3-2-11 龙潭组底部海湾潟湖相沉积厚度逐渐变厚，东部海侵方向菱铁矿含量较多，表明了海湾沉积环境。其上发育的三角洲—潮坪体系厚度变化不大，但是西部有向上抬升趋势，沉积亚相主要有潮坪砂、沼泽、泥质潮下带等，三角洲潮坪沉积是煤层发育的主要沉积环境，龙潭组顶部沉积了全区的可采煤层 C_{7-10} 煤组；兴文组的碳酸盐潮坪环境在东部有发育，靠近西部几乎没有碳酸盐沉积环境，沉积亚相主要有局限台地和碳酸盐泥质潮下带。

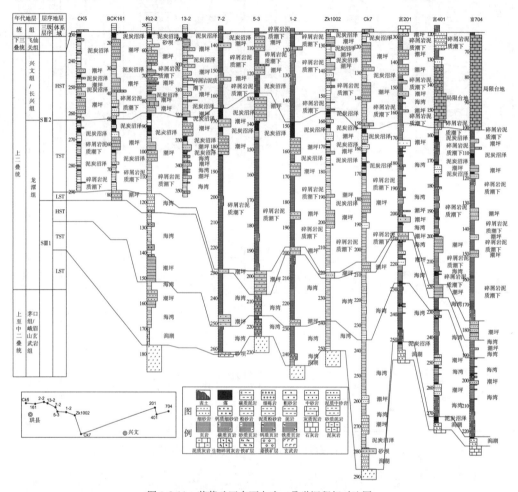

图 3-2-11　芙蓉矿区东西向晚二叠世沉积相对比图

3.古叙矿区

古叙矿区紧靠筠连、芙蓉两矿区东侧，位于海陆交替相带。

龙潭早期发育古蔺潟湖，沉积范围覆盖整个古叙矿区。在 C_{25}^{-1} 煤层聚积后，矿区中西部发生沉降赤水潟湖影响到矿区大部分地区，鱼鳞泥岩和芙蓉矿区古宋—井 C_{25}^{-1} 顶板灰岩（即 B_j^1 标志层）为该期（溪口）海侵沉积。受海水的影响 C_{25} 煤层全硫含量极高，一般 0.76%～10.95%，平均 3.88%，且区域分布上具有西高东低的特点（图 3-2-12）。在古蔺附近煤层的全硫含量最低，一般 0.76%～2.93%，平均 1.95%。向西沈家山、落叶坝等地区在泥炭堆积时受赤水潟湖影响，硫分显著增高，一般 2.74%～6.66%，平均

4.58％。C_{25} 煤层形成之后，古蔺三角洲发育，其上发育 C_{24} 煤层，继而发生较大的海退，发育广袤的滨岸沼泽（即"下砂锅土"Bj^3 标志层）C_{23}^{-1}、C_{23} 煤层相继形成。

龙潭中—晚期（图 3-2-13）温水—良村海侵（温水灰岩 $B_3^{\,下}$ 标志层、良村灰岩 $B_3^{\,上}$ 标志层，灰岩在该区域均相变为含海相动物化石的泥岩，以上两层相当东部所称大铁板灰岩层位）到达古蔺铁索桥一带终止了 C_{23} 煤层的发育，几经徘徊 C_{22}、C_{21} 煤层形成后，海侵才退到温水以东；古蔺三角洲不断扩大，分布于古蔺、仁怀、习水一带，面积2500 km^2，在三角洲上先后发育 C_{17-20}、C_{16}、C_{15}、C_{14}、C_{12-13}，前四层煤层硫分均低属低硫煤，

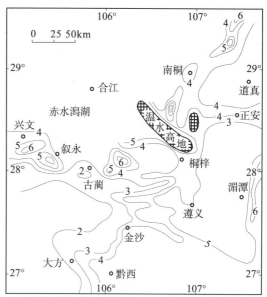

图 3-2-12 川南地区 C_{25} 煤硫分等值线图
（据四川、贵州、云南煤田地质局课题组，1993）

后者硫分较高属中高—高硫煤；直到龙潭中期的末期龙潭晚期的初期再一次海侵的到来潮坪发育（习水图书以东张狮坝灰岩 C_{13}^{-1} 顶板、大村以东梨园坝灰岩 C_{12} 顶板、大村以东仙源灰岩 C_{11} 顶板在该区域都相变为含海相动物化石的泥岩，以上三层相当东部所称"上铁板灰岩"层位），到龙潭晚期的中期大规模海退，海水退至南桐以东，本区成为广袤的滨岸沼泽环境，浅灰色黏土质泥岩及球粒状菱铁矿鲕粒大量出现（即"砂锅土"B_4 标志层），持续时间长，其间经历了几次小规模的海侵，其上发生了 C_{8-10}、C_7 煤层的聚积，因靠近滨岸受潮汐或滨岸流的影响煤层不甚发育，或冲刷殆尽，但也有成片发育地带成为主要可采煤层如观文井田。

长兴初期大规模的海侵终止了 C_7 煤层的发育，揭开了长兴期碳酸盐台地、潮坪沉积。矿区东部这期间沉积了厚层状石灰岩和含燧石灰岩为主，并且成分不纯，常见向陆源碎屑组分和硅铁质组分过渡的石灰岩，如泥质灰岩、砂质灰岩及硅铁质灰岩。碳酸盐岩主要以石灰岩为主，石灰岩结构组分中颗粒组分以生物碎屑为主，其次为砂屑、球粒、粪球粒以及凝块石等，颗粒之间的填隙物既有以灰泥为主的，又有以亮晶胶结物为主的，石灰岩结构类型以泥质颗粒岩、颗粒岩为主，颗粒质泥岩相对较少，灰泥岩在所测的（台地相区）剖面中极少，生物组分以有孔虫和藻类化石为主，海绵、苔藓虫、珊瑚、腕足类、瓣鳃类、介形虫、三叶虫、棘皮类、管壳石及钙球等门类生物也是常见组分。生物组分特征反映了当时正常的盐度、温暖或炎热的气候和水深较浅的海洋环境特征。矿区西部有潮下泥质岩沉积并发育煤线。横向展布上，如图 3-2-14 与图 3-2-15，龙潭组底部潟湖相沉积环境分布均匀，连续性好，整体呈现出西薄东厚的趋势，龙潭组中上部沉积三角洲潮坪体系，整体分布均匀，亚相主要为三角洲平原、潮坪砂坝及分流河道和泥炭沼泽，这一时期发育有可采煤层数层。长兴组碳酸盐台地整体呈现出西薄东厚的特点，原因可能是因为海侵方向来自东面。

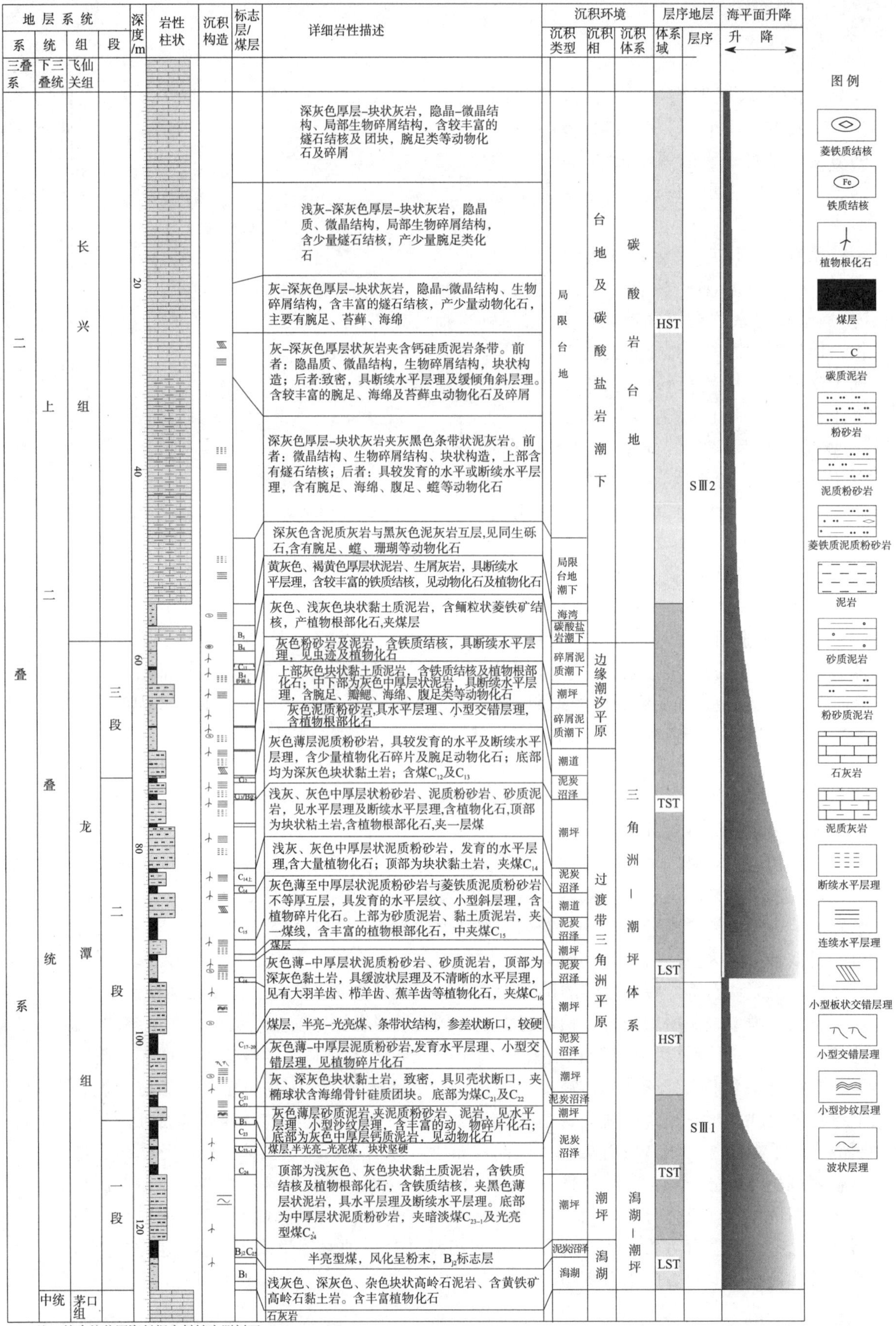

图 3-2-13　古叙矿区大村层序与沉积相柱状图（综合柱状图）

地层系统 / 深度 / 岩性 / 沉积构造 / 标志层·煤层 / 详细岩性描述 / 沉积环境 / 层序地层 / 海平面升降

系	统	组	段	详细岩性描述	沉积类型	沉积相	沉积体系	体系域	层序
三叠系	下三叠统	飞仙关组							
二叠系	上统	长兴组		深灰色厚层-块状灰岩，隐晶-微晶结构、局部生物碎屑结构，含较丰富的燧石结核及团块，腕足类等动物化石及碎屑	局限台地	台地及碳酸盐岩潮下	碳酸岩台地	HST	SⅢ2
				浅灰-深灰色厚层-块状灰岩，隐晶质、微晶结构，局部生物碎屑结构，含少量燧石结核，产少量腕足类化石					
				灰-深灰色厚层-块状灰岩，隐晶~微晶结构、生物碎屑结构，含丰富的燧石结核，产少量动物化石，主要有腕足、苔藓、海绵					
				灰-深灰色厚层状灰岩夹含钙硅质泥岩条带。前者：隐晶质、微晶结构，生物碎屑结构，块状构造；后者：致密，具断续水平层理及缓倾斜角斜层理。含较丰富的腕足、海绵及苔藓虫动物化石及碎屑。					
				深灰色厚层-块状灰岩夹灰黑色条带状泥灰岩。前者：微晶结构，生物碎屑结构，块状构造，上部含有燧石结核；后者：具较发育的水平或断续水平层理，含有腕足、海绵、腹足、蜓等动物化石					
		龙潭组	三段	深灰色含泥质灰岩与黑灰色泥灰岩互层，见同生砾石，含有腕足、蜓、珊瑚等动物化石	局限台地潮下			TST	
				黄灰色、褐黄色厚层状泥岩、生屑灰岩，具断续水平层理，含较丰富的铁质结核，见动物化石及植物化石	海湾碳酸盐岩潮下		边缘潮汐平原		
				灰色、浅灰色块状黏土质泥岩，含鲕粒状菱铁矿结核，产植物根部化石，夹煤层					
				灰色粉砂岩及泥岩，含铁质结核，具断续水平层理，见虫迹及植物化石	碎屑泥质潮下				
				上部灰色块状黏土质泥岩，含铁质结核及植物根部化石；中部为灰色中厚层状泥岩，具断续水平层理，含腕足、瓣鳃、海绵、腹足类等动物化石	碎屑泥质潮下 潮坪				
				灰色泥质粉砂岩，具水平层理、小型交错层理，含植物根部化石	碎屑泥质潮下				
				灰色薄层泥质粉砂岩，具较发育的水平及断续水平层理，含少量植物化石碎片及腕足动物化石；底部均为深灰色块状黏土岩；含煤C₁₂及C₁₃	潮道 泥炭沼泽		三角洲-潮坪体系		
			二段	浅灰、灰色中厚层粉砂岩、泥质粉砂岩、砂质泥岩，见水平层理及断续水平层理，含植物化石，顶部为块状粘土岩，含植物根部化石，夹一层煤	潮坪			TST	
				浅灰、灰色中厚层状泥质粉砂岩，发育的水平层理，含大量植物化石；顶部为块状黏土岩，夹煤C₁₄	泥炭沼泽				
				灰色薄至中厚层状泥质粉砂岩与菱铁质泥质粉砂岩不等厚互层，具发育的水平层纹及小型斜层理，含植物碎片化石。上部为砂质泥岩、黏土质泥岩，夹一煤线，含丰富的植物根部化石，中夹煤C₁₅	潮道 泥炭沼泽		过渡带三角洲平原		
				灰色薄-中厚层状泥质粉砂岩、砂质泥岩，顶部为深灰色黏土岩，具缓波状层理及不清晰的水平层理，见有大羽羊齿、栉羊齿、蕉羊齿等植物化石，夹煤C₁₆	潮坪 泥炭沼泽			LST	
				煤层，半亮-光亮型，条带状结构，参差状断口，较硬	泥炭沼泽				
				灰色薄-中厚层泥质粉砂岩，发育水平层理、小型交错层理，见植物碎片化石	泥炭沼泽			HST	
				灰、深灰色块状黏土岩，致密，具贝壳状断口，夹球状含海绵骨针硅质团块。底部为C₂₁及C₂₂	潮坪 泥炭沼泽				
			一段	灰色薄层砂质泥岩，夹泥质粉砂岩、泥岩，见水平层理、小型沙纹层理，含丰富的动物碎片化石；底部为灰色中厚层钙质泥岩，见动物化石	潮坪 泥炭沼泽		泻湖-潮坪	SⅢ1	
				煤层，半光亮-光亮煤，块状坚硬				TST	
				顶部为浅灰色、灰色块状黏土质泥岩，含铁质结核及植物根部化石，含铁质结核，夹黑色薄层状泥岩，具水平层理，底部为中厚层状泥质粉砂岩，夹暗淡煤C₂₃₋₁及光亮型煤C₂₄	潮坪				
				半亮型煤，风化呈粉末，B₂标志层	泥炭沼泽			LST	
	中统	茅口组		浅灰色、深灰色、杂色块状高岭石泥岩、高岭石黏土岩，含丰富植物化石	泻湖				

深度标尺：20、40、60、80、100、120 /m

标志层/煤层：B₃、B₄、C₁₁、C₁₃、C₁₂/Hg、C₁₄₋₂、C₁₄、C₁₅、C₁₇₋₂₀、C₂₁、C₂₂、B₃、C₂₃、C₂₄、B₂C₂₅、B₁

底部：石灰岩

注：综合柱状图资料据大村镇实测剖面

图例

- ◎ 菱铁质结核
- Fe 铁质结核
- 植物根化石
- ■ 煤层
- — C 碳质泥岩
- 粉砂岩
- 泥质粉砂岩
- 菱铁质泥质粉砂岩
- 泥岩
- 砂质泥岩
- 粉砂质泥岩
- 石灰岩
- 泥质灰岩
- 断续水平层理
- 连续水平层理
- Ⅲ 小型板状交错层理
- ⋀ 小型交错层理
- ≈ 小型沙纹层理
- ≋ 波状层理

图 3-2-13　古叙矿区大村层序与沉积相柱状图

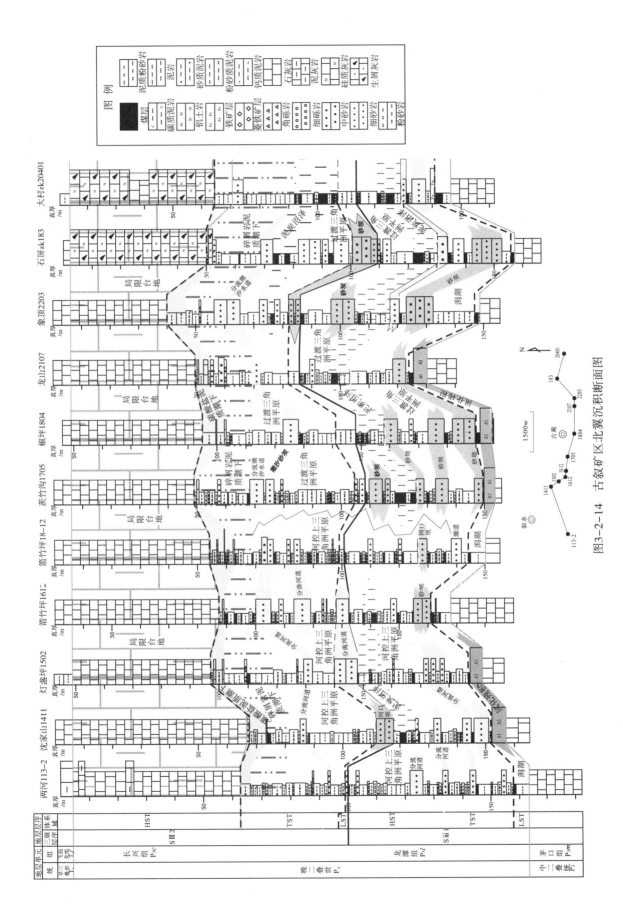

图3-2-14 古叙矿区北翼沉积断面图

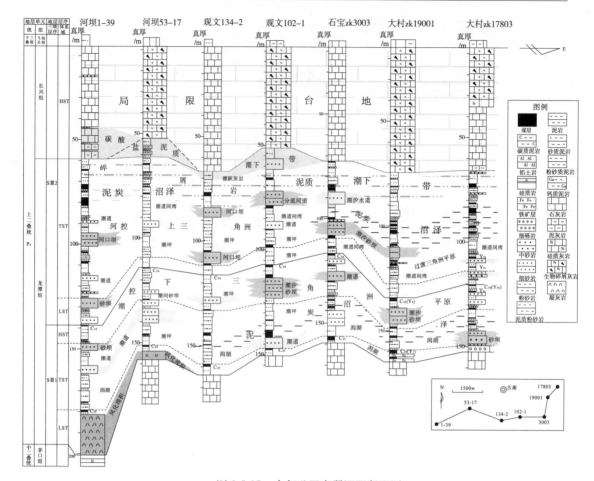

图 3-2-15　古叙矿区南翼沉积断面图

4.华蓥山矿区

华蓥山矿区位于四川盆地东北部，距离物源康滇古陆比较远（华蓥山局部发育的峨眉山玄武岩为该区龙潭早期提供过碎屑物质），距离海侵方向较近，主要沉积环境为海相沉积。岩石类型，龙潭早期主要为碎屑岩沉积，龙潭中期出现大段石灰岩，接着相对薄层碎屑岩，龙潭晚期和长兴期是厚层石灰岩。可见经历了 3 次大的旋回，早期主要是以过渡相沉积为主，海水从东北面逐渐入侵，该地区逐渐进入滨浅海沉积环境，之后发生大规模海退，出现了短暂的海陆过渡相沉积，龙潭晚期到长兴期，海水再次大面积侵入，出现大段的石灰岩沉积。华蓥山地区的聚煤期主要在龙潭早期的海陆过渡相沉积环境中，中间短暂海退期虽然也有煤层发育，但多不可采。

纵向展布上，如图 3-2-16，由于地壳运动加上海侵开始，茅口组风化壳之上沉积了龙潭组一段海陆过渡相碎屑岩沉积，主要是灰色、深灰色铝土质泥岩及砂质泥岩等，并发育有 C_{25} 及其几个分煤层、C_{23}^{-1} 煤层等。煤层为亮暗煤，松散粉末状，含有铁质结核、动植物化石等，底部为鸿湖潮坪相沉积，上覆为三角洲潮坪沉积环境，三角洲沉积的泥炭沼泽中发育有可采煤层。到了龙潭组二段、三段，灰岩厚度和含量明显增大，偶尔夹有碎屑岩，岩性主要为灰、深灰色石灰岩，致密坚硬，含腕足化石及燧石团块，并有黄铁矿结核，研究发现其为碳酸盐局限台地相，偶尔夹有潮下泥质沉积，顶部夹有一薄煤线，为最大海退期产物。到了长兴期，基本上都是大段的厚层石灰岩，灰、深灰色，含有大量动物化石及燧石结核，至此海水已经大面积入侵，华蓥山地区进入了浅海环境，发育碳酸盐台地沉积。

横向展布上，如图3-2-17，底部潟湖潮坪相发育较少，但是比较连续；覆盖其上的泥质潮下沉积环境地层厚度均匀，中部稍厚，相带发育齐全，煤层连续性差，只有 $C_{25}{}^{-2}$ 连续性好，并可采；龙潭中—晚期的碳酸盐潮坪沉积环境连续性好，地层厚度发育均匀；长兴期碳酸盐台地发育稳定，地层厚度均匀，均较厚。

5. 其他矿区

(1) 龙门山北段

晚二叠世晚期龙门山北段位于扬子板块的西北边缘，其范围南起耙地沟，北至广元朝天一带，西以龙门山深断裂为界，东河东南与川中的碳酸盐台地相连。晚二叠世晚期，华力西运动进一步加剧，沿龙门山一带的断陷盆地沉降幅度加深，形成了呈北北东向延展的狭长海盆。海盆向东南逐渐抬起，过渡为碳酸盐台地，西部龙门山古陆已经成为时隐时现的水下隆起或地形平坦的岛链，岛链两侧有海峡与松潘甘孜大洋相通；北部与陕南西乡—镇巴台槽相接，向东与鄂皖苏北部边缘海槽以及太平洋沟通。

晚二叠世晚期沉积中纯灰岩很少，SiO_2 含量一般为 15%～50%，最高 80% 以上，常与碳酸钙混合成硅质灰岩或硅质岩（或灰质硅质岩），Al_2O_3 含量不高，除少数泥质岩外，其量均为 1%～5%。矿物成分主要为方解石、石英（或纤石英）、玉髓及少量蒙脱石－伊利石混层矿物和白云石等，局部富含有机质和黄铁矿，陆源碎屑少。上述成分都是由盆源化学的、生物的以及生物化学的沉淀物所形成的，大部分硅质是由硅质生物堆积而成，火山、陆源的以及成岩期后（硅化）的成因仅占很少比例。

晚二叠世晚期生物群以洋面上浮游和假漂浮的生物繁衍为特征。广元上寺至明月峡一带生物群极为丰富，除放射虫外，尚有菊石、牙形石以及有孔虫、介形虫、腕足类、珊瑚、海绵骨针和钙球等。从其生物共生关系和在沉积序列中的分布，可分为五个生物共生组合带（或为五个生物环境带），自下而上为：腕足类和牙形石组合带，生物贫乏带，菊石和牙形石组合带，菊石、牙形石和有孔虫组合带，放射虫、菊石和牙形石组合带。

根据沉积岩石学、生物共生组合及相序关系等特征，晚二叠世晚期可分为深水陆棚相、斜坡相和盆地（或槽盆）相。

①深水陆棚相。分布于江油耙地沟附近，于内陆棚至上斜坡带之间的地区。岩石类型由暗色薄层微晶灰岩、硅质微晶灰岩、含泥硅质岩夹炭质页岩和含放射虫硅质页岩组成，富含有机质和星点状黄铁矿及少量胶磷矿和燧石结核。单层厚为 10～30 cm，水平层理和韵律层理发育，层面波状起伏，局部具瘤状结核和透镜状层理。生物群以腕足类和牙形石组合带为特征。此相海水较深，一般位于波基面以下或氧化界面附近。波浪作用弱，透光性差，海底水体循环不畅，为弱氧化至弱还原环境，宜于适应性强的底栖生物生存；海面水体盐度正常，循环良好，有利于浮游和假漂浮生物的繁衍。

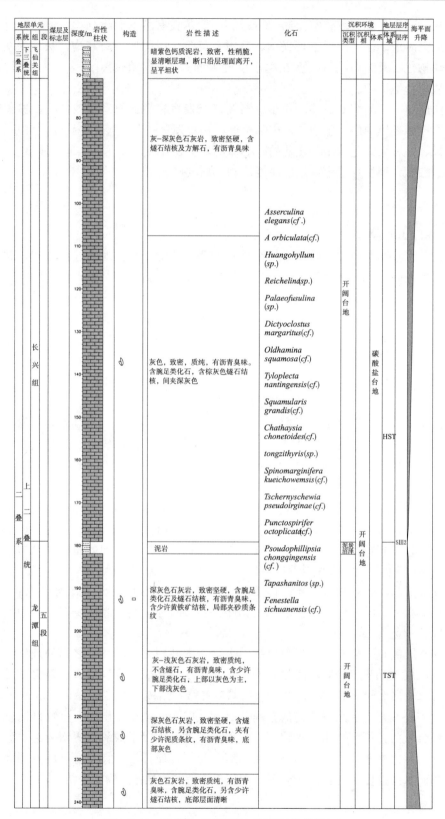

图 3-2-16　华蓥山矿区层序与沉积相柱状图(1)

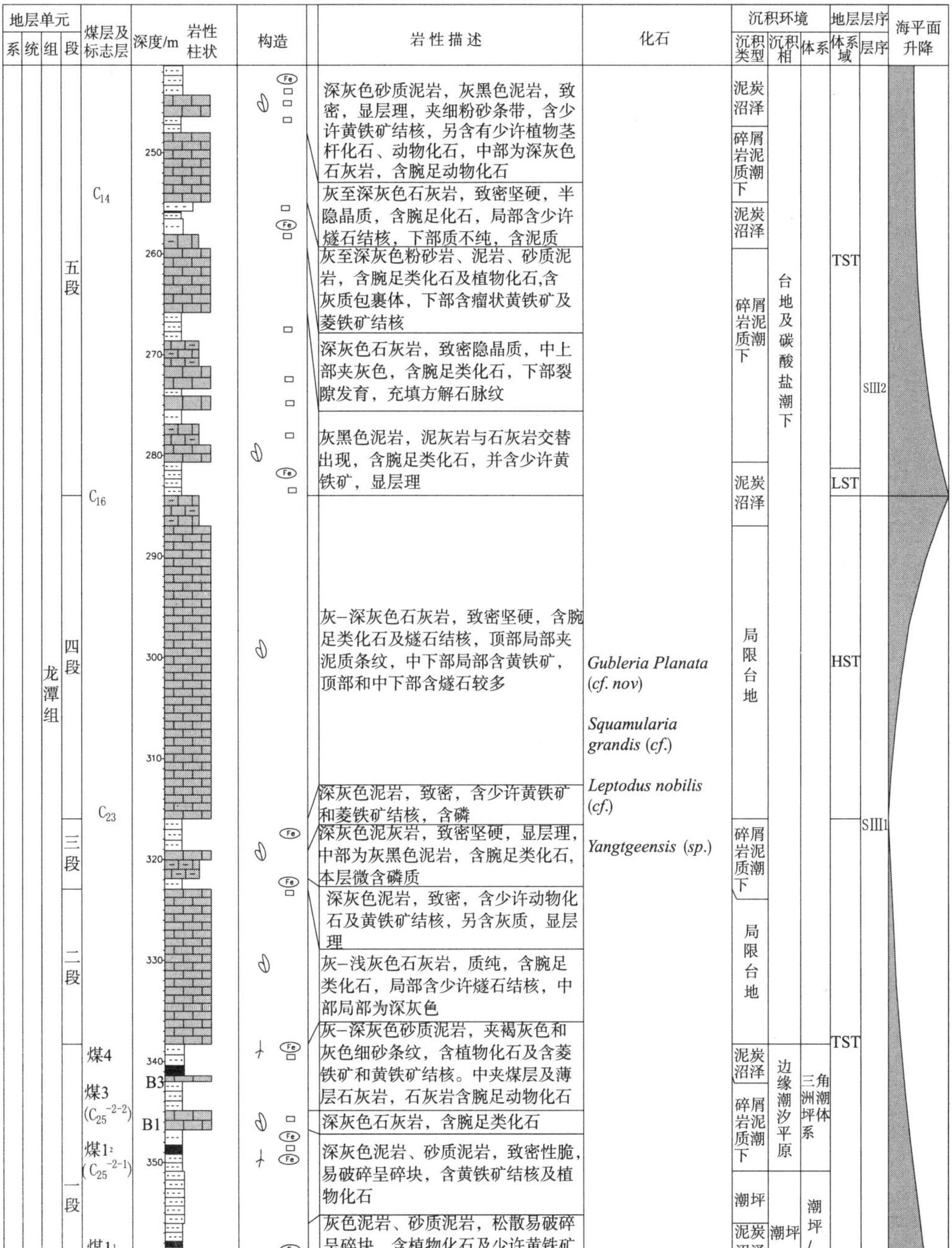

地层单元				煤层及标志层	深度/m	岩性柱状	构造	岩性描述	化石	沉积环境			地层层序			海平面升降
系	统	组	段							沉积类型	沉积相		体系	体系域	层序	

岩性描述：

深灰色砂质泥岩，灰黑色泥岩，致密，显层理，夹细粉砂岩条带，含少许黄铁矿结核，另含有少许植物茎杆化石、动物化石，中部为深灰色石灰岩，含腕足动物化石

灰至深灰色石灰岩，致密坚硬，半隐晶质，含腕足化石，局部含少许燧石结核，下部质不纯，含泥质

灰至深灰色粉砂岩、泥岩、砂质泥岩，含腕足类化石及植物化石，含灰质包裹体，下部含瘤状黄铁矿及菱铁矿结核

深灰色石灰岩，致密隐晶质，中上部夹灰色，含腕足类化石，下部裂隙发育，充填方解石脉纹

灰黑色泥岩，泥灰岩与石灰岩交替出现，含腕足类化石，并含少许黄铁矿，显层理

灰–深灰色石灰岩，致密坚硬，含腕足类化石及燧石结核，顶部局部夹泥质条纹，中下部局部含黄铁矿，顶部和中下部含燧石较多

深灰色泥岩，致密，含少许黄铁矿和菱铁矿结核，含磷

深灰色泥灰岩，致密坚硬，显层理，中部为灰黑色泥岩，含腕足类化石，本层微含磷质

深灰色泥岩，致密，含少许动物化石及菱铁矿结核，另含灰质，显层理

灰–浅灰色石灰岩，质纯，含腕足类化石，局部含少许燧石结核，中部局部为深灰色

灰–深灰色砂质泥岩，夹褐灰色和灰色细砂条纹，含植物化石及含菱铁矿和黄铁矿结核。中夹煤层及薄层石灰岩，石灰岩含腕足动物化石

深灰色石灰岩，含腕足类化石

深灰色泥岩、砂质泥岩，致密性脆，易破碎呈碎块，含黄铁矿结核及植物化石

灰色泥岩、砂质泥岩，松散易破碎呈碎块，含植物化石及少许黄铁矿结核。夹煤层

褐灰色、灰色细砂岩

灰至深灰色泥岩、铝土质泥岩，鲕状结构，含少许炭质，另含星散状与结核状黄铁矿及少许菱铁矿

浅灰色石灰岩

化石：
Gubleria Planata (cf. nov)
Squamularia grandis (cf.)
Leptodus nobilis (cf.)
Yangtgeensis (sp.)

地层单元：龙潭组　五段　C₁₄　C₁₆　四段　三段　C₂₃　二段　一段

煤层及标志层：煤4　煤3（C₂₅^(2-2)）　B3　B1　煤1²（C₂₅^(2-1)）　煤1¹（C₂₅^(-1)）

茅口组　中二叠统

沉积类型：泥炭沼泽　碎屑岩质潮下　泥炭沼泽　碎屑岩质潮下　泥炭沼泽　局限台地　碎屑岩质潮下　局限台地　泥炭沼泽　碎屑岩质潮下　潮坪　泥炭沼泽　潮坪　潟湖

沉积相：台地及碳酸盐潮下　边缘潮汐平原　三角洲体系　潮坪　潟湖

体系：潮坪/潟湖沉积

体系域：TST　HST　LST　TST　LST

层序：SIII2　SIII1

图 3-2-16　华蓥山矿区层序与沉积相柱状图（2）

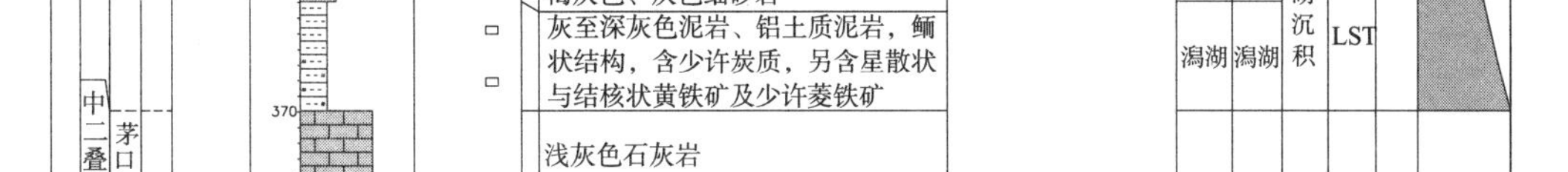

图例：
煤　细砂岩　粉砂岩　泥岩　砂质泥岩　铝土质泥岩　钙质泥岩　石灰岩　泥灰岩　泥质灰岩　植物根化石　腕足动物　铁质结核　黄铁矿　连续水平层理　断续水平层理　连续波状层理　断续波状层理

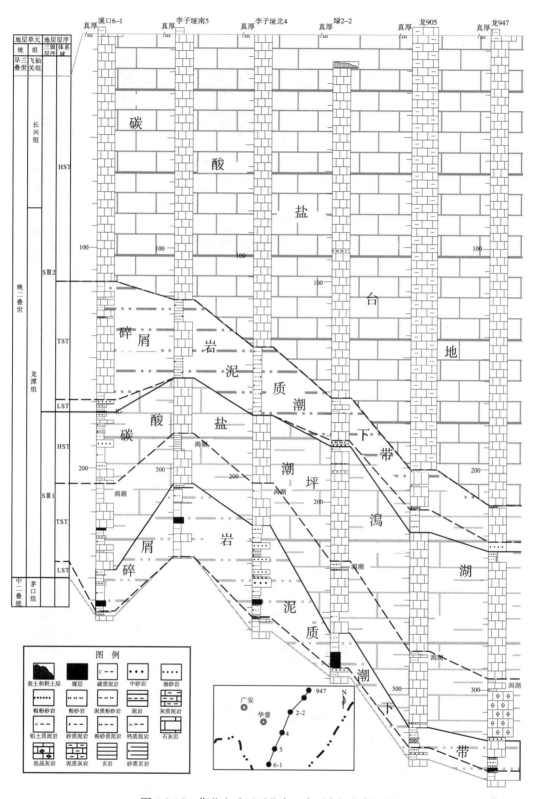

图 3-2-17　华蓥山矿区近北东—南西向沉积断面图

②斜坡相。此相为深水陆棚和盆地间之坡折带。岩石特征为暗色含碳硅质岩，硅质微晶灰岩夹炭质页岩和黑色页岩等，含有机质（部分沥青化）黄铁矿较丰富，陆源碎屑很少。具水平层理和韵律层理，局部可见层内揉皱和错动构造。生物稀少，以生物贫乏带为特征。上述特征反映了海水较深，海底水流循环不畅，常处于弱还原至还原环境。同时由于滑塌作用等原因，不利于底栖和浮游生物的繁衍和保存。

③盆地（或海槽）相。此相分布于海盆中心部分，包括广元上寺至朝天明月峡一带。进一步又可分为盆地滞流带，盆地隆起区和盆地流动带三个亚带。

a.盆地滞流带。沉积物由深灰—灰黑色含泥硅质岩、硅质微晶灰岩、硅质放射虫岩夹炭质页岩等组成，薄层，单层厚度 $10\sim20$ cm。水平层理和韵律层理发育，富含有机质（沥青化）和黄铁矿、陆源碎屑少。生物群以菊石、牙形石组合带为特征。此带位于氧化界面以下，海水深，光照差、缺氧，海底水体滞流，并被 CO、H_2S 等污染，底栖生物无法生存。海水上层盐度正常，水流通畅，有利于浮游和假飘浮生物的繁衍。

b.盆地隆起区。是指盆地中局部隆起地区，或称盆隆。其特征为碳酸钙成分增高和硅质成分下降，底栖生物又复出现。岩石类型主要为灰—深灰色硅质微晶灰岩、微晶灰岩夹钙质页岩等，层面起伏不平，具韵律。有机质和陆屑均少。生物群以菊石、牙形石、有孔虫组合为特征。此相海水相对较浅，水流循环良好，含盐度正常，宜于浮游和少量底栖生物的繁衍。

c.盆地流动带。是指盆地中常有洋流和底流活动的地带，并以放射虫极其丰富为特点。岩石类型由灰—深灰色放射虫硅质岩、硅质微晶灰岩、微晶灰岩夹蒙脱石-伊利石不规则混层矿物黏土岩、含放射虫硅质页岩及少量蒙脱石化凝灰质黏土岩等组成；中薄层，单层厚度为 $15\sim25$ cm。具韵律层理，局部见有瘤状结核和细状裂隙等。生物群以放射虫、菊石，牙形石组合为特征。此相海水较深，一般位于氧化界面附近或以下，但由于流洋和底流的频繁活动，水体循环良好，宜于浮游和假漂浮生物的大量繁衍，同时也有有孔虫、海绵骨针、钙球等的少量出现。

此相末期，地壳急剧上升，海水明显变浅，泥质物沉积增多，碳酸钙和硅质成分显著减少或中断。生物群也由浮游生物向底栖生物快速演替，并出现了少量瓣鳃类和植物孢粉等。反映了深水盆地向浅水陆棚快速变化。

（2）盐源地区

黑泥哨组以灰绿、灰白等色砂砾岩、岩屑砂岩为主，夹泥岩、炭质页岩及煤层，时夹褐灰色致密状玄武岩及赤铁矿结核。中部含植物、腕足等。厚 $500\sim823$ m。按岩性和含矿特征盐源小高山可划分为三段（见图3-2-18），现分述如下：

下段（龙潭早期）：代表性剖面1～4层，即玄武岩、砂砾岩段，厚179.20 m。灰黄、灰白色细砂岩与页岩互层，含结核状赤铁矿，中部见1～2层煤线，近底部夹2～3层褐灰色致密状玄武岩，底部为砂砾岩、砾岩，与下伏峨眉山玄武岩平行不整合接触。

中段（龙潭中—晚期）：代表性剖面5～11层，即含煤砂页岩段，厚252.20 m。灰绿、灰色细砂岩、砂质泥岩、泥岩、煤及炭质泥岩互层，含煤10余层，可采煤层7层，含铁质结核。本段富含植物、腕足。小高山地区本段中有时夹少量薄层灰岩

上段（长兴期）：代表性剖面12～16层，即砂砾岩段，厚396.10 m。灰绿、中下部见暗紫色，以细粒长石砂岩为主，中部夹粗粒长石砂岩，上部及下部夹数层砂砾岩。

　　据 1：20 万盐源幅资料，矿区西部毕基乡该组的海陆交互相特征尤为明显，海相的砂、泥岩夹多层灰岩、硅质结核灰岩与陆相的砂、泥岩、炭质泥岩及煤线交替出现，并在灰岩中含丰富的珊瑚等化石，含煤性变差；再西的娃垮黑泥哨组相当于长兴期的以碳酸岩为主的海相沉积发育已不再含煤。矿区东部平川以北该组即尖灭，下三叠统超覆于峨眉山玄武岩之上。据此分析，黑泥哨组含煤性最佳地带是沿康滇古陆西侧南北方向展布小高山向西延伸约 10 km 范围。

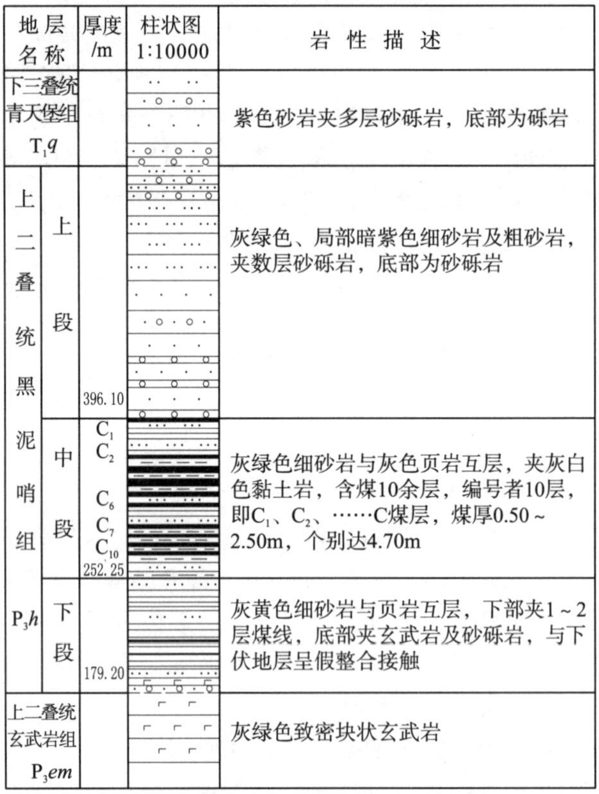

地层名称	厚度/m		柱状图 1:10000	岩 性 描 述
下三叠统青天堡组 T₁q				紫色砂岩夹多层砂砾岩，底部为砾岩
上二叠统黑泥哨组	上段			灰绿色、局部暗紫色细砂岩及粗砂岩，夹数层砂砾岩，底部为砂砾岩
		396.10		
	中段	C₁ C₂ C₆ C₇ C₁₀ 252.25		灰绿色细砂岩与灰色页岩互层，夹灰白色黏土岩，含煤10余层，编号者10层，即C₁、C₂、……C煤层，煤厚0.50～2.50m，个别达4.70m
P₃h	下段	179.20		灰黄色细砂岩与页岩互层，下部夹1～2层煤线，底部夹玄武岩及砂砾岩，与下伏地层呈假整合接触
上二叠统玄武岩组 P₃em				灰绿色致密块状玄武岩

图 3-2-18　盐源小高山晚二叠世含煤地层综合柱状图

（据四川省区域地层表编写组，1978）

6.北北东到川南沉积演化

　　从北东向华蓥山地区到南西向川南聚煤区，沉积环境是由海到陆逐渐过渡，灰岩厚度逐渐减少，煤层逐渐向上迁移，如图 3-2-19，东北地区主要以海相沉积的碳酸盐台地及潮坪为主，而川南地区逐渐过渡到碎屑岩泥质朝下带及三角洲沉积环境；到了筠连芙蓉地区，冲积平原开始出现（图中没有画出）。这充分显示了海陆分布格局，而龙潭期到长兴期的沉积环境变化说明了海侵方向自东北到西南旋回海进海退。

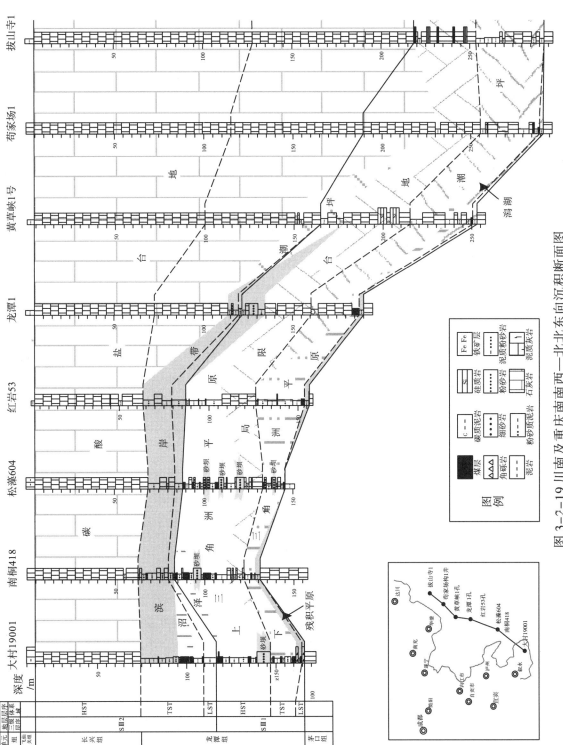

图 3-2-19 川南及重庆南南西—北北东向沉积断面图

二、晚三叠世

四川盆地晚三叠世沉积相，根据岩类比率、结构、构造、古生物组合、指相矿物、地层剖面的纵向序列、地化特征等，并结合单剖面分析以及沉积断面图的研究，按地理位置，结合沉积特点进行了沉积相划分，本区含煤地层可划分为5种沉积相，共12种沉积亚相类型（表3-2-2）。

表3-2-2　四川盆地晚三叠世含煤地层主要沉积体系及沉积相单元一览表

沉积相（沉积体系）	沉积亚相（沉积相）	沉积微相（沉积类型）
冲积扇（AF）	扇根（RFT）	主槽、侧缘槽
	扇中（MF）	漫流
	扇缘（MF）	片流
辫状河（BC）	河床（CD）	心滩（CB），辫状河体系分为河道相（BC）和河漫滩相（FB），河道相可分为心滩和河床滞留沉积两种类型；河漫滩可分为河漫湖和河漫沼泽，但是一般不发育
曲流河（MC）	河床（CD）	河床滞留沉积（FLD）、边滩（PB）
	堤岸（RB）	天然堤（LV）、决口扇（CS）
	河漫（BF）	河漫滩（FP）、岸后湖泊（BK）
三角洲（Delta）	三角洲平原（DP）	分流河道（DC）、分流间湾（IB）、间湾沼泽（DPS）、天然堤（LV）
	三角洲前缘（DF）	河口坝（MB）、远砂坝（DB）
	前三角洲（BD）	前三角洲泥（PDM）
湖泊相（SL）	滨湖（CL）	滨湖沼泽（LSS）、滨湖砂坝（SLB）
	浅湖（SL）	浅湖泥（SLM）、浅湖砂坝（SLB）

根据各种岩相类型及不同沉积类型的沉积特征，在四川盆地晚三叠世含煤岩系中可识别出下列沉积体系：冲积扇沉积体系、辫状河沉积体系、曲流河沉积体系、三角洲沉积体系以及湖泊沉积体系。

（一）冲积扇沉积体系

冲积扇是山地河流出山口进入平坦地区后，因河床坡降骤减，水流搬运能力大为减弱，部分挟带的碎屑物堆积下来，形成从出口顶点向外辐射的扇形堆积体（图3-2-20）。在纵向上，其剖面呈凹形，坡降上陡下缓，组成物质也由粗变细；但在横向上，割面呈凸形。简单来说，冲积扇是一种自山口顺坡呈放射状的河流形成的巨大的扇形堆积物（刘宝珺，1980）。

在四川盆地西北和北部（广旺矿区）的须家河组四段中部，普遍发育有冲积扇沉积。其主要特征是含有厚层砾岩。并且扇体与扇体相连而构成连扇平原，冲积扇向前方常过渡到辫状河或者湖泊沉积。

（1）扇根

以泥石流沉积为主，岩性由分选差的巨厚层砾岩组成。砾石成分以粉晶灰岩为主，占50%以上，次为石英砂岩、硅质岩，多数砾径为5～30 cm，杂乱排列，颗粒支撑，填隙物为砂泥和细晶方解石。常夹砂岩透镜体。砾岩向两侧急剧减薄而为含砾砂岩或砂岩所代替。

（2）扇中

以河道沉积为主，岩性主要为砾岩、中粒砂岩和细砾岩与中粒砂岩互层。砾石成分为细晶灰岩、粉晶灰岩和细粒石英砂岩为主，分选差、填隙物为砂泥质和方解石。砂岩为岩屑砂岩，富岩屑砂岩，岩屑以灰岩、硅质为主。胶结物为方解石和泥质。有时见板状交错层理。

（3）扇缘

以片流沉积为主，岩性主要为中、细粒砂岩，（钙屑）粉砂岩，有时砂岩中含少量灰岩、燧石砾石，分选中等，见水平、波状、交错和平行层理。

通过研究认为：冲积扇沉积体系主要发育于四川盆地西北部接近龙门山山地一带，主要见龙门山赋煤带及广旺矿区之须家河组一段、三段、五段，其中三段普遍发育；在宝鼎矿区冲积扇沉积体系发育广泛：大荞地组冲积扇分布于第九段至第十一段，自下而上由东南向西北逐渐进积，冲积扇分布面积增大。宝顶组冲积扇主要分布于宝顶组一段，其次为宝顶组二段，主要岩性为砾岩夹薄层砂泥岩，一般与辫状河沉积体系叠加。层序格架中冲积扇沉积体系主要发育于低位体系域，在本区冲积扇沉积体系中一般不含煤。

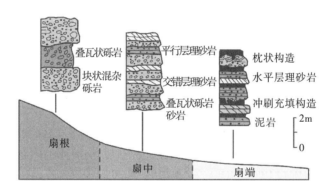

图 3-2-20 冲积扇沉积模式
（据孙永传、李惠生等，1985）

（二）辫状河沉积体系

辫状河主要见于本区东部河流冲积平原的近陆源地区，以须家河组中上部较发育。区内辫状河与曲流河沉积最大的不同点是：由于河流位移经常处于不断变化中，不稳定，因而没有明显的天然堤发育，也没有良好的泛滥盆地发育，剖面上虽然具有下粗上细的正韵律结构，但是二元结构不明显（图3-2-21）。整个剖面以砾岩、含砾砂岩和砂岩等粗碎屑沉积为主，发育板状、槽状、楔状交错层理及平行层理，以板状交错层理较常见而内部冲刷频繁。

此外，河道边缘沉积和泛滥盆地沉积主要是粉砂岩和泥岩，具水平层理和小型交错层理，见有少量植物化石或化石碎片，厚度薄，常与上覆岩层呈冲刷接触，与下伏岩层呈明显接触或急剧过渡。

　　在本区辫状河沉积体系主要发育于四川盆地边缘靠近物源地区,如广旺矿区、龙门山一带,发育范围不广,岩性一般较粗,主要是细砾岩、粗砂岩、中砂岩夹较薄层的泥岩,主要发育于须家河组一段、三段、五段的中下部,从物源向盆地方向可逐渐过渡为曲流河沉积体系;宝鼎矿区辫状河沉积体系较为发育,且主要发育于大荞地组,逐渐过渡为辫状河三角洲沉积体系;盐源矿区辫状河体系也较为发育,主要发育于白土田组,由下向上过渡为辫状河三角洲沉积。层序格架中辫状河沉积体系主要发育于低位体系域。在本区辫状河沉积体系中,只在辫状河道间可见含煤,多为煤线。

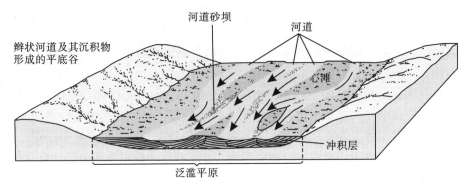

图 3-2-21　辫状河沉积特征
(据 W. G. Walker. 1979)

(三)曲流河沉积体系

　　曲流河沉积通常简称为河流沉积。河流沉积是指河流沉积作用所形成的沉积物。通常指永久性河流的沉积物。当河流挟沙力小于来沙量时,河流所携带的部分泥沙便沉积下来。其组成物一般为卵石或砾石、砂、亚砂土、亚黏土和黏土,具有分选性好、磨圆度高、层理清楚等特点。对大部分河流,还具有从上游到下游粒径逐渐减小的分布规律。河流沉积分为河床相和河漫滩相两大相。前者由河床水流形成,因水流动力较强,其沉积颗粒一般较粗;从主流带向两侧,颗粒由粗变细。河床不断摆动,原来河床所处的地方形成滨河床浅滩和仅在洪水期时才被淹没的河漫滩。此时,因河漫滩面上水深很小,流速降低,河床水流所携带的粗颗粒物质不能被带到其上。只有细砂、粉砂和黏土等细粒物质,才能被搬运并沉积下来,成为河漫滩沉积。覆盖在粗颗粒河床沉积之上的河漫滩相沉积与河床相沉积在垂直割面上形成了下粗上细的特殊结构,即二元结构(图 3-2-22)。它是河流沉积的一个重要特征。对河流沉积组成、结构的分析是研究河流发育及河流环境演变的重要途径。简单来说,河流沉积是指河流搬运的一部分碎屑物质,由于流速降低在河谷的适当部分发生的沉积。

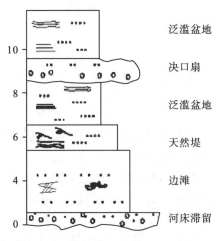

图 3-2-22　本区曲流河垂向沉积模式

1.河床

曲流河沉积体系的河床相包括河床滞留沉积及边滩两种沉积类型。

(1)河床滞留沉积

位于河床沉积序列的底部，以砾岩、砾质砂岩或含砾砂岩为主，底部普遍具冲刷面。冲刷面上滞留的砾石、硅化木及河岸坍塌的泥砾及下伏被冲刷岩层的碎块。在剖面上常呈透镜状。分布极不稳定。厚0.5~1m左右。由无递变杂基支撑砾岩，均匀层理岩等组成；主要岩石类型有细砾岩、砾质岩屑粗砂岩、含砾岩屑长石中细砂岩以及长石岩屑中细砂岩等，发育块状层理，含大量炭屑。

(2)边滩(点砂坝)

边滩是河床沉积的主要部分，沉积物以砂岩为主，粒度自下而上变细。具大型交错层理，尤以板状交错层理最为发育。此外还有槽状、楔形交错层理、平行层理，上部还出现沙纹层理，层理规模也由下向上变小，显示出水动力由强变弱的变化过程。边滩砂体在断面上常呈透镜状，其宽度取决于河流的大小及连续迁移的距离。边滩沉积的粒度概率累积曲线多为两段式，而缺少牵引次总体，并以跳跃次总体为主。跳跃次总体有时又可分为两段(图3-2-23)。

图3-2-23 本区曲流河体系边滩沉积特征

1.邻水剖面，须家河组五段，叠加的透镜体，河道侧向迁移的结果，粒度向变细；2.邻水剖面，须家河组三段，冲刷面

2.堤岸

主要由天然堤和决口扇沉积类型组成。

(1)天然堤

天然堤沉积主要为粉砂岩和泥岩或砂泥岩薄互层，常见小型沙纹层理、小型斜层理和不规则水平层理，含较多植物碎片化石，并见虫迹等。一般出现在边滩砂体的上部。天然堤沉积的概率累积曲线为直线型。

(2)决口扇

决口扇沉积物主要为细砂岩、粉砂岩，具小型沙纹层理，局部有中型交错层理，近河端部位常见底冲刷面含较多植物碎屑和泥砾，远河端部位向泛滥盆地逐渐尖灭，因此平面上常呈舌状或扇体。

3. 河漫

河漫相包括岸后湖泊和岸后沼泽两种沉积类型。发育在岸后的低洼地带，在高水位期间当河水漫过河床，便向河岸岸后的低洼地带流动，并囤滞下来形成浅湖；其沉积物多为细粒的砂质岩或泥质岩，层理有水平层理、微波状层理或者低角度交错层理等，可以有植物碎片；在适当的气候条件下，岸后浅湖湖岸地带可以发育沼泽，形成炭质泥岩或者煤层。

曲流河沉积体系在整个四川盆地发育较广，其中又以盆地中乐威煤田及华蓥山矿区等发育较好，宝鼎矿区也发育有曲流河沉积。岩性由下至上二元结构都较明显，常发育大段连续的砂体，主要发育于须家河组一段、三段、五段中，宝鼎矿区发育于宝顶组，偶见细砾岩为河流底部河床滞留沉积。在本区曲流河沉积体系一般向上过渡为曲流河三角洲沉积体系，逐渐在盆地中汇水形成滨浅湖沉积。层序格架中曲流河沉积体系主要发育于低位体系域。本区曲流河沉积体系中发育煤层，一般发育于泛滥盆地或岸后沼泽中，厚度不大，且分布连续性不好，是本区较次要的聚煤环境。

(四)三角洲沉积体系

三角洲沉积体系位于湖陆之间的过渡地带，是由于河流流入湖盆地的河口区，因坡度减缓，水流扩散，流速降低，将携带的泥砂沉积于此，形成近于顶尖向陆的三角洲沉积体。三角洲沉积体系一般包括三角洲平原、三角洲前缘以及前三角洲相，这里主要发育三角洲平原相(图3-2-24)。三角洲平原是指由三角洲发育而成的平原，三角洲平原沉积相包括分流河道、分流间湾、沼泽、天然堤、决口扇沉积类型。组成三角洲的沉积物比较复杂，主要有砾石、细砂、黏土等。入湖处的沉积物粒度自岸向湖逐渐变细，近岸沉积物层理发育，向湖逐渐消失。组成该段的砂岩以发育水流波痕层理为特征，也发育槽状、楔状和板状类型交错层理，而且从下到上规模逐渐变小。共生的沉积构造有波状层理，透镜状层理，偶见平行层理。岩性以发育互层状的泥岩和粉砂岩为主，夹炭质泥岩和煤层，以发育均匀层理和水平纹层为特征。此外，也可见砂泥水平互层层理、波状层理、透镜状层理。

1. 三角洲平原

(1)分流河道

分流河道是三角洲平原中的格架部分，形成三角洲的大量泥砂都是通过它们搬运至河口处沉积下来的；分流河道沉积具有一般河道沉积的特征，即以砂质沉积为主，以及向上逐渐变细的层序特征，但它们比中、上游河流沉积的粒度细，分选变好；一般底部为中—细砂岩，常含泥砾、植物茎干等残留沉积物，向上变为粉砂、泥质粉砂及粉砂质泥等；砂质层具有槽状或板状交错层理和波状交错层理，而且规模向上变小，底界与下伏岩层常呈侵蚀冲刷接触。

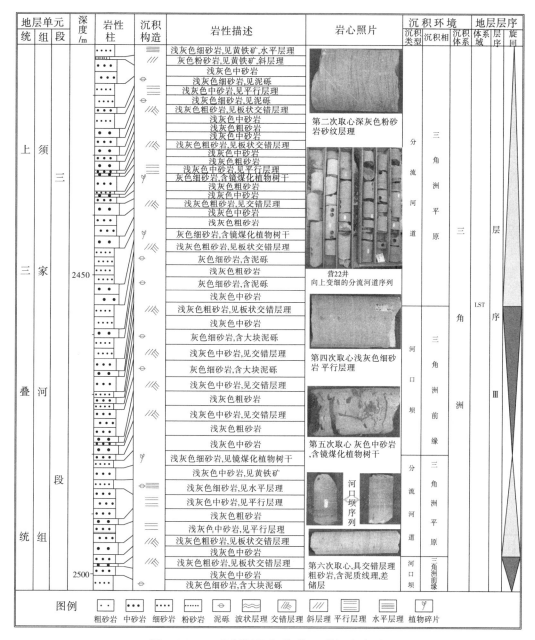

图 3-2-24　三角洲沉积序列（营 22 井沉积序列）

（2）分流间湾

分流间湾构成下三角洲平原的沉积主体，沉积物以深、暗色泥岩、含炭泥岩和泥质粉砂岩为主，发育波状层理和水平层理，富含植物化石和菱铁质结核，是下三角洲平原的主要聚煤场所；微咸水—半咸水环境，垂向上常与分流河道和河口坝共生；分流河道沉积在垂向上和侧向上与分流间湾沉积有密切关系，分流间湾沉积以深灰色至黑色泥岩为主，也有不规则的分布的石灰岩和菱铁矿；在分流间湾充填系列的顶部，常为具流水沉积构造的砂岩，反映随着间湾的充填、变迁，水动力条件逐渐变强；同时，决口作用形成的粗粒决口扇沉积也常常出现在分流间湾沉积中，当湖湾充填到一定程度时，能够生长植物并堆积泥炭。在下三角洲平原环境,由于湖水的经常涉入,因此可见到从半咸水到正常湖水的动物化石。

(3)沼泽

沼泽沉积在三角洲平原上分布最广,具有一般沼泽所具有的特征。这种沼泽的表面接近于平均高潮面,是一个周期性被水淹没的低洼地区,其水体性质主要为淡水或半咸水;这种沼泽中植物繁茂,为一停滞的弱还原或还原环境;其岩性主要为暗色有机质泥岩、炭质泥岩或煤层,其中夹洪水沉积的薄层粉砂岩,见有块状均匀层理和水平层理。

(4)天然堤

天然堤位于分流河道的两旁,向河道方向一侧较陡,向外一侧较缓;这种天然堤是由洪水期携带泥砂的洪水漫出淤塞而成;天然堤在三角洲平原的上部发育较好,但向下游方向其高度、宽度、粒度和稳固性都逐渐变小;其粒度比河流沉积细,而比沼泽沉积粗,以粉砂和粉砂质黏土为主,而且由河道向两侧变细和变薄;水平层理和波状交错层理发育。

(5)决口扇

决口扇沉积主要由细砂岩、粉砂岩组成,粒度比天然堤沉积物稍粗,具有小型交错层理、波状层理及水平层理,冲蚀与充填构造常见,面积较大。

在三角洲平原上,小型决口水道和决口扇上的水道进一步扩大,并随着天然堤的形成而进一步稳定,最后在分流间区(湾)上开辟一条新的河道。

2.三角洲前缘

三角洲前缘主要发育有河口坝及远砂坝沉积类型,以中型规模的反韵律沉积和中—小规模的中、细粒正韵律沉积为主。在测井曲线(GR、RT)上,三角洲前缘沉积呈圣诞树形和齿化箱形的组合。

(1)河口坝

平原曲流河道入水后,由于流速降低,中—细粒碎屑物沉降下来形成河口坝;主要岩性为砂岩,结构成熟度较高,多为灰色、浅灰色或者灰黑色,粒度主要表现为向上变粗的逆粒序。

(2)远砂坝

多与河口坝连续沉积构成向上变粗序列;输入的粗碎屑物在河口坝沉积下来之后其中的细粒物随水流至较远处再沉积下来。故沉积物多为粉细砂岩、泥岩等,含植物碎屑、深色、暗灰色。

3.前三角洲

前三角洲沉积主要为细粉砂和泥质沉积物,泥岩呈褐灰色、深灰色。电测曲线总体为较平缓的低幅,向泥岩基线过渡,偶见小型锯齿状,横向上与滨浅湖、半深湖泥质沉积呈过渡关系。

三角洲沉积体系在本区广泛发育,包括辫状河三角洲及曲流河三角洲沉积,整个上三叠统地层中均有发育。其中在盆地中主要发育于华蓥山矿区及乐威煤田,主要为曲流河三角洲沉积;而在盐源矿区主要发育于白土田组地层中,为辫状河三角洲沉积;在宝鼎矿区大荞地组发育辫状河三角洲沉积，宝顶组发育曲流河三角洲沉积。在层序格架中，三角洲沉积体系在低位体系域、湖（海）侵体系域和高位体系域中均可发育。三角洲沉积体系中，三角洲平原是本区主要的成煤环境，煤层发育较厚，且分布较好。

（五）湖泊沉积体系

本区目标层位的湖泊为拗陷型湖泊，拗陷型湖泊及其所在的沉积盆地以坳陷式的构造运动为特点，表现为较均一的整体沉降，湖底的地形较为简单和平缓，边缘斜坡宽缓，中间无大的凸起分割，水域统一形成一个大湖泊。沉积中心与沉降中心一致，接近湖泊中心，但在演化过程中略有迁移。本区的湖相主要发育在小塘子组及须家河组二段、四段。

本区湖泊沉积体系包括滨湖及浅湖两种相类型。

（1）滨湖

滨湖相处于湖泊的边缘地带，经常受到湖进湖退的影响，由于是坳陷湖泊，滨湖相相带很宽。其沉积物主要为灰色—暗灰色以及暗色泥岩和砂岩，可见灰岩，泥岩总体特点为质纯、色深、厚度大，偶尔可见到钙质沉积薄层以及粉细砂岩的夹层，底部常含泥质及煤包体，局部地区见冲刷下伏地层。砂岩多呈现出平行层理、浪成沙纹层理以及中小型交错层理（如图3-2-25）。

识别标志：泥岩厚度大，色深；碎屑沉积物的结构成熟度和成分成熟度都很高；测井曲线总体上表现为低幅总体中夹杂中小型指状波形。

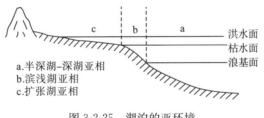

图 3-2-25　湖泊的亚环境

（据吴崇筠，薛叔浩等，1992）

（2）浅湖

浅湖沉积的主要岩性为灰色薄层泥岩、粉砂质泥岩和泥质粉砂岩。含菱铁矿结核，显水平层理、小型沙纹层理。产较丰富的古生物化石，保存也较好，主要是植物叶化石和瓣鳃、腹足、叶肢介、介形类以及鱼类等化石（图3-2-26、图3-2-27）。浅湖泥岩的自然伽玛和电阻率测井曲线均为较平直的低幅状。

湖泊沉积体系在本区主要发育于盆地中，宝鼎矿区也有发育。主要发育滨浅湖沉积，半深湖、深湖不发育。层序格架下湖泊沉积体系主要发育于湖（海）侵体系域及高位体系域。四个层序，湖泊的分布范围变化不定。滨湖沼泽在本区是次要的成煤环境，仅次于三角洲平原，煤层厚度局部可达到可采。

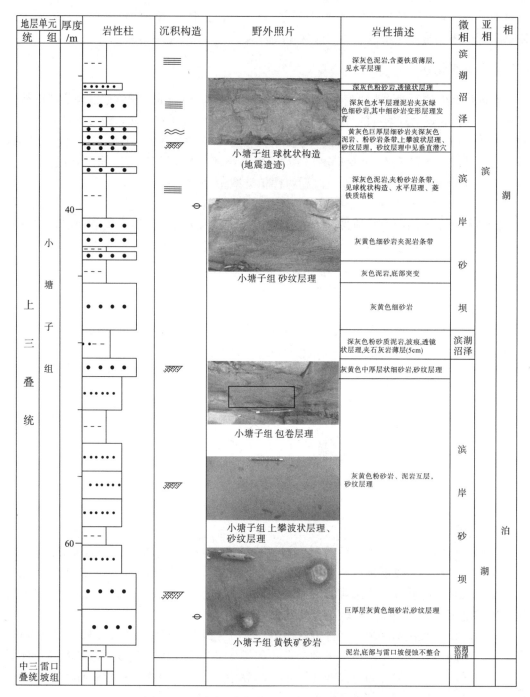

图 3-2-26　滨湖相(华蓥溪口小塘子组实测剖面)

图 3-2-27 本区湖泊相沉积野外照片（从浅湖泥到浅湖砂坝的向上变浅序列）

第三节 层序地层分析

本次层序的定义及体系域的划分采用埃克森美孚公司（Exxon）"Vail"学派的观点。

一、晚二叠世

（一）层序地层格架建立与对比

1.关键界面的识别与对比

（1）层序边界的识别

四川东区晚二叠世沉积环境跨越陆相—过渡相—海相环境，不同地区沉积环境、岩性组合大不相同，层序界面在不同地区也有不同的表现。层序界面识别标志主要有以下几种：

①不整合面。这种不整合面广泛分布在四川东部。在茅口组灰岩风化壳上广泛发育铝土矿或铁铝质泥岩，分布范围极广，是重要的层序界面识别标志。

②深切谷和古土壤。下切谷的充填物与其下伏沉积层存在明显的沉积相错位。若海平面相对下降时侵蚀到陆棚区的河流较大或数量较多，则会使得下切谷横向上连续广泛分布，河间古土壤或根土层不太发育；反之，下切谷充填物不太发育，而河间古土壤和根土层则较发育。河流下切谷在筠连矿区—芙蓉矿区—古叙矿区龙潭组较发育，如图 3-3-1 所示。古土壤 C_{23}、C_{7-10} 煤层的底板即"下砂锅土""砂锅土"在川南很发育。

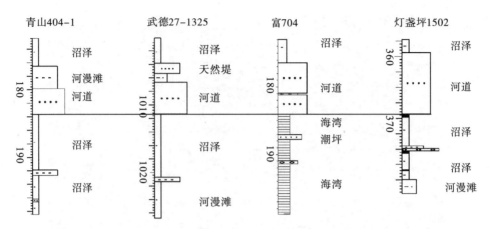

图 3-3-1 筠连矿区—芙蓉矿区—古叙矿区龙潭组河流下切谷砂体分布特征

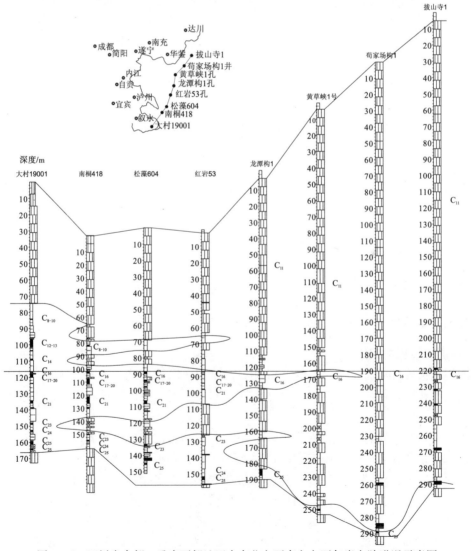

图 3-3-2 四川省东部、重庆西部地区自东北向西南方向石灰岩向陆进退示意图

　　③石灰岩发育的旋回性与延伸范围。在含煤岩系地层剖面中，石灰岩的周期性发育，代表了海侵－海退的周期性发生，每层石灰岩的发育都代表了一次海泛事件。因此，向陆方向延伸最远的石灰岩反映了海侵达到最大，即最大海泛面；石灰岩向海方向退却到最远的石灰岩，代表了海退达到最大，也就代表了最大海退面，后者与层序界面共生。

　　由图 3-3-2 可以看出，在四川－重庆地区，自东北向西南方向石灰岩逐渐向古陆方向延伸，代表着每次旋回中向陆地海侵的范围，每次海侵后，伴随着海退，石灰岩层分布范围会向海方向逐渐退却，向海方向达到最大后，再次发生向陆入侵。石灰岩向海退却达到最大时，代表了一个层序的结束，含有此层灰岩的旋回的顶界面即代表了层序界面，如 C_{16} 煤顶板。

　　除了以上的典型标志，其他的一些特征也能在一定程度上反映层序界面的大致位置，如煤层的硫分含量。如图 3-3-3 为古叙矿区 $C_{25} \sim C_{11}$ 煤层全硫平均含量垂向变化趋势，可以看出，C_{16} 煤层全硫含量达到最低，为 0.4%，反映了该煤层沉积时期海水影响达到最小，即海退达到最大，在一定程度上、指示了层序的边界。

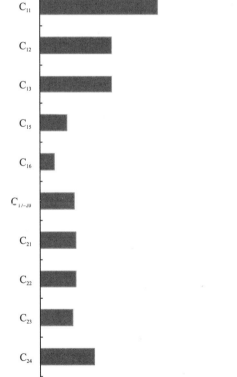

图 3-3-3　煤层硫含量垂向变化图

晚二叠世地层与下伏中二叠世茅口组灰岩为明显的不整合面,与上覆早三叠世飞仙关组灰岩之间为整合接触,但从岩石地层、生物地层和事件地层的变化反映了存在大的地质界线。晚二叠世沉积地层与其上覆和下伏地层之间存在明显差异,代表了一个构造层序,其内部以 C_{16} 煤层顶界面为界,可以划分为下部和上部 2 个层序,即层序Ⅰ、层序Ⅱ。

(2)三级最大海泛面的识别与追踪

最大海泛面是最大海侵时期形成的密集段或下超面,在盆地内部分布范围最大。灰岩发育且各灰岩标志层没有大规模合并的区域,灰岩是识别最大海泛面的最明显、最直观的标志。即在一个层序范围内,石灰岩向陆延伸最远的灰岩代表了最大海泛期的沉积,而该灰岩的底界面则代表了最大海泛面(图 3-3-2、图 3-3-4)。

经过分析发现,在层序Ⅰ中,良村灰岩(即 B_3^+)向陆延伸最远,为温水—良村海侵达到最大时的沉积物,代表了最大海泛期沉积,即以良村灰岩底界面作为该层序的最大海泛面;在层序Ⅱ中,石宝灰岩(即 B_5 标志层)代表了最大海泛期沉积,该灰岩的底界面代表了该时期的最大海泛面。

在没有石灰岩发育的地区,最大海泛期往往沉积大套厚层泥岩,或反映海相沉积的岩石组合,与代表最大海泛期沉积的石灰岩层或相应的煤层可以对比,也代表了该地区最大海泛期沉积,进而识别出最大海泛面。

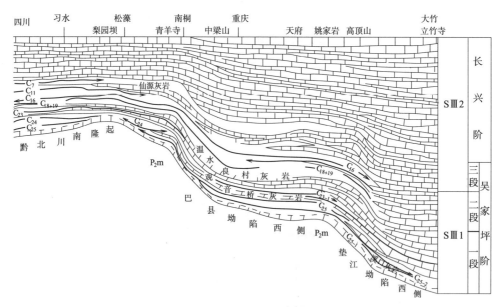

图 3-3-4　四川省晚二叠世三级层序划分示意图

(据四川、贵州、云南煤田地质局课题组,1993 修改)

2.层序地层格架的建立

通过对晚二叠世层序地层关键界面的识别,晚二叠世地层可以划分为 2 个三级层序,即以 C_{16} 煤顶界及其对应面为层序界面,划分为下部的层序Ⅰ和上部的层序Ⅱ,与龙潭组一段+二段中下部和龙潭组二段中上部+三段及长兴阶相对应。层序Ⅰ中良村灰岩底界面代表最大海泛面，层序Ⅱ以石宝灰岩底界面为最大海泛面，初始海泛面变化较大，每个层序3个体系域发育完整，即包括低水位体系域(LST)、海侵体系域(TST)和高水位体系域(HST)，如图3-3-5所示。

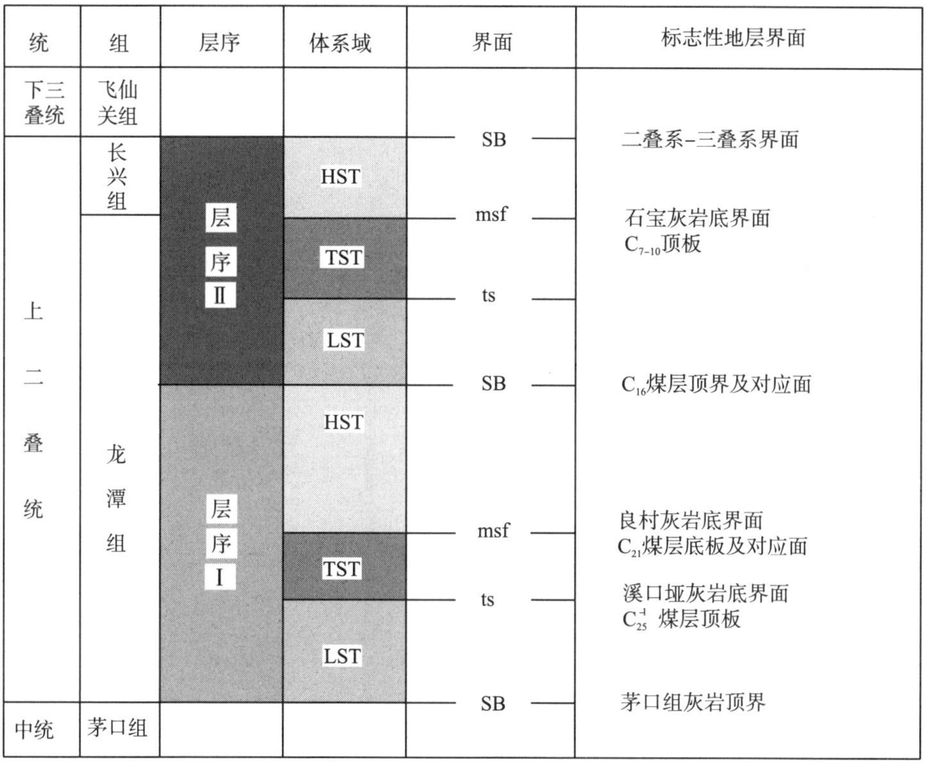

统	组	层序	体系域	界面	标志性地层界面
下三叠统	飞仙关组				
				SB	二叠系-三叠系界面
	长兴组	层序Ⅱ	HST		
				msf	石宝灰岩底界面 C_{7-10}顶板
			TST		
				ts	
上二叠统			LST		
				SB	C_{16}煤层顶界及对应面
	龙潭组	层序Ⅰ	HST		
				msf	良村灰岩底界面 C_{21}煤层底板及对应面
			TST		
				ts	溪口垭灰岩底界面 C_{25}^{-1}煤层顶板
			LST		
				SB	茅口组灰岩顶界
中统	茅口组				

图 3-3-5 东区晚二叠世层序地层格架图示

3. 层序地层格架对比

层序地层对比是指在横向上不同钻孔(钻井)或剖面之间，进行层序地层格架的横向对比工作。这方面的工作包括：三级层序边界的追踪、对比，三级层序组的对比，标志层的追踪和对比，煤层的对比等。层序地层对比工作是建立在详细的单剖面(钻孔)层序地层格架分析基础之上的。

层序地层对比和层序地层格架的建立对于含煤盆地分析具有重要的意义。在含煤盆地中，三级海平面变化控制了区域范围内聚煤中心的迁移规律，因此，层序对比工作对于寻找有利聚煤区域十分重要。此外，研究煤层在层序地层格架中的位置具有重要的意义。位于海侵体系域中的煤层，受海水作用的影响较为强烈，陆源有机质、矿物质输入量较少，因此含硫量较高，但灰分可能相对较低；而在高位或低位体系域中形成的煤层受海水作用的影响相对较弱或基本没有，而河流作用相对较强，陆源物质的输入量较多，因此这些煤层含硫量相对较低，而灰分较高(尤其是低位体系域中的煤层)。通过层序对比工作，可以有效地追踪煤层在层序地层中位置的变化情况，预测煤质、煤相的变化，从而为寻找优质的煤炭资源提供服务。

本书进行了大量的层序地层格架追踪与对比工作，对芙蓉矿区近东西向(图3-3-6)、筠连矿区北西—南东向(图 3-3-7)、古叙矿区南翼近东西(图 3-3-8)、华蓥山矿区南西—北东(图 3-3-9)、大村—拔山寺南西—北乐向(图 3-3-10)、筠连—芙蓉—重庆南西—北东(图 3-3-11)、古叙矿区北翼近东西(图 3-3-12)、芙蓉—古叙北西—南东(图 3-3-13)、筠连—古叙北西—南东(图 3-3-14)等这 9 条剖面分别进行层序地层划分与对比,基本覆盖了四川东部地区,为建立全省层序地层格架提供了基干剖面信息,也为本区寻找有利聚煤区域奠定良好基础。

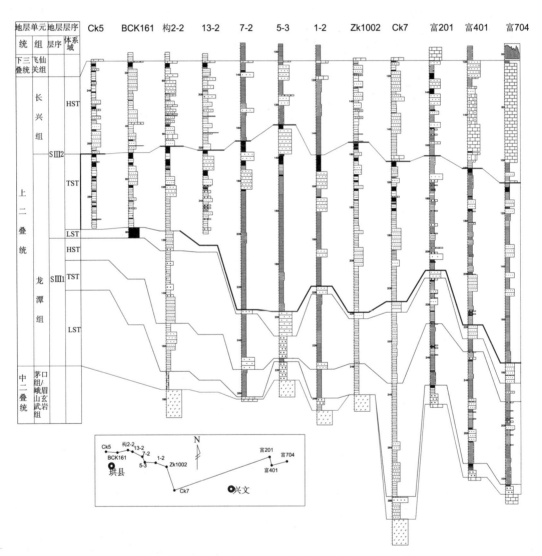

图 3-3-6　芙蓉矿区晚二叠世层序地层格架(近东西向)

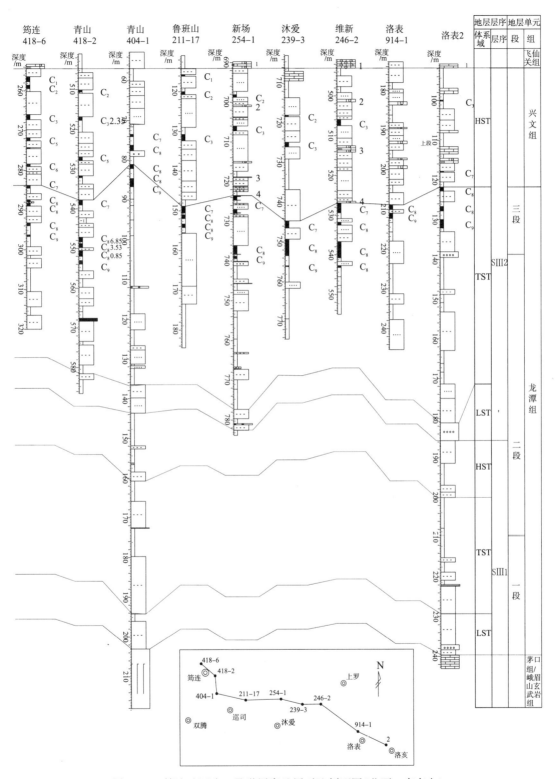

图 3-3-7 筠连矿区晚二叠世层序地层对比剖面图（北西—南东向）

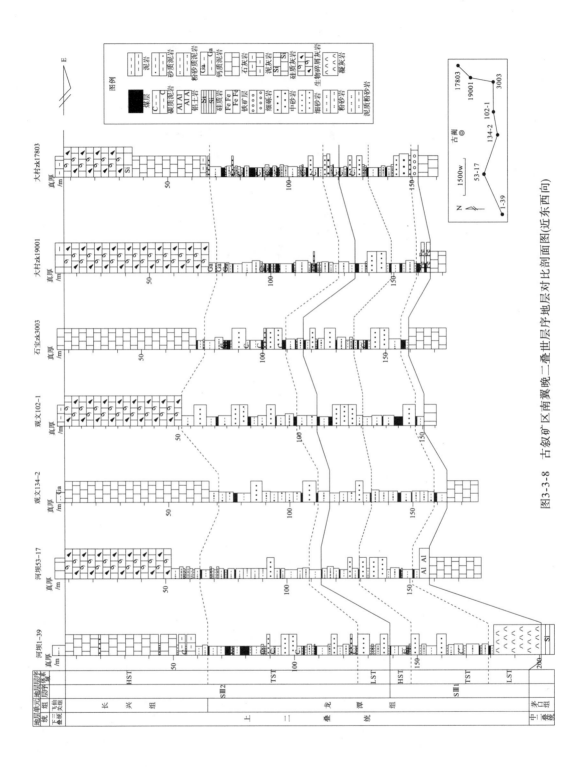

图3-3-8　古叙矿区南翼晚二叠世层序地层对比剖面图(近东西向)

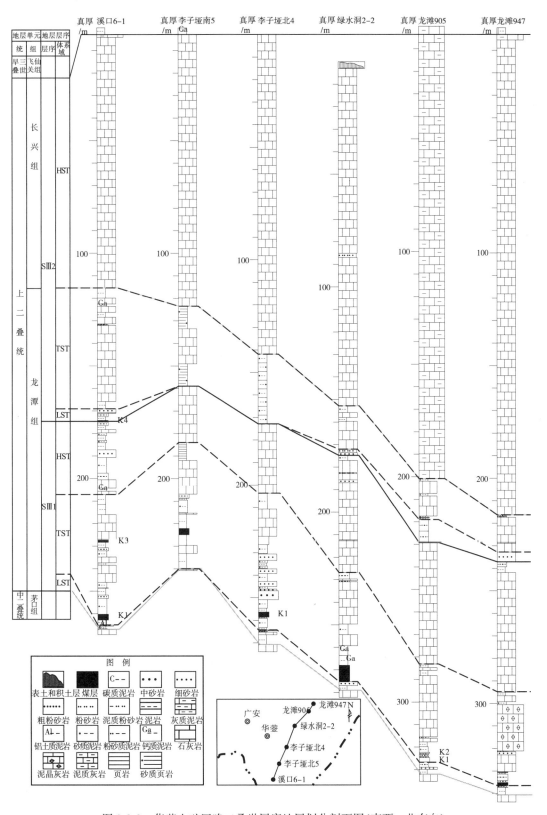

图 3-3-9　华蓥山矿区晚二叠世层序地层划分剖面图（南西—北东向）

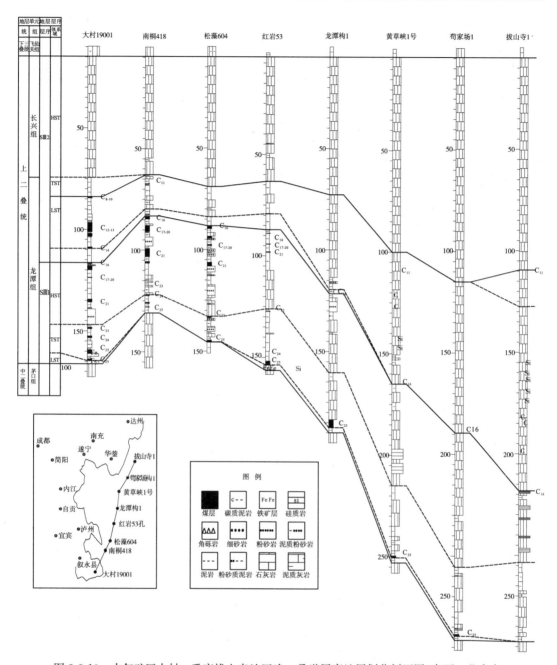

图 3-3-10　古叙矿区大村—重庆拔山寺地区晚二叠世层序地层划分剖面图(南西—北东向)

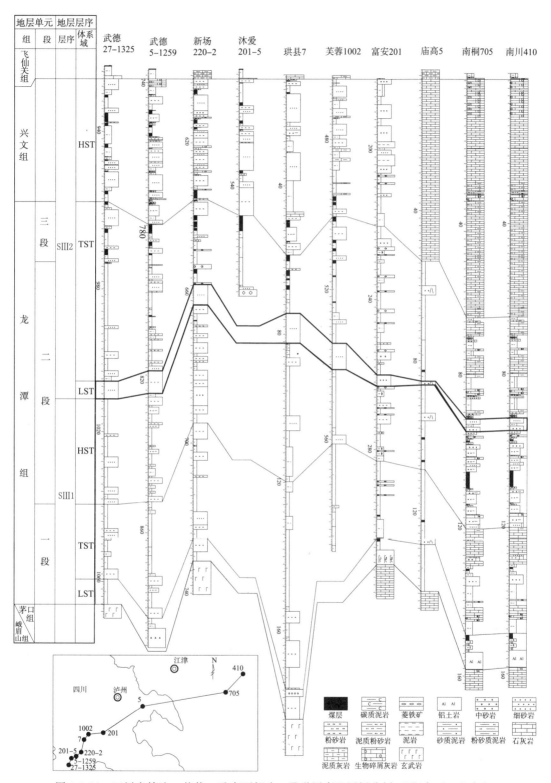

图 3-3-11 四川省筠连—芙蓉—重庆西部晚二叠世层序地层划分剖面图（南西—北东向）

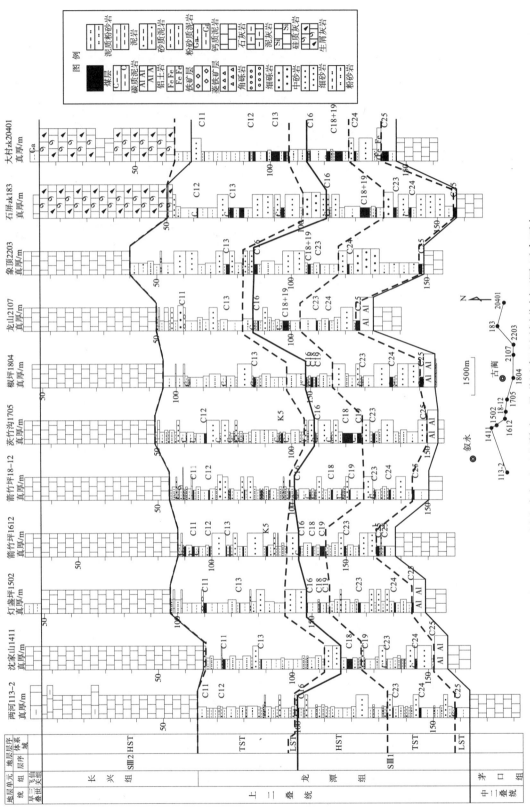

图3-3-12 四川省古叙矿区北翼晚二叠世层序地层划分剖面图(近东西向)

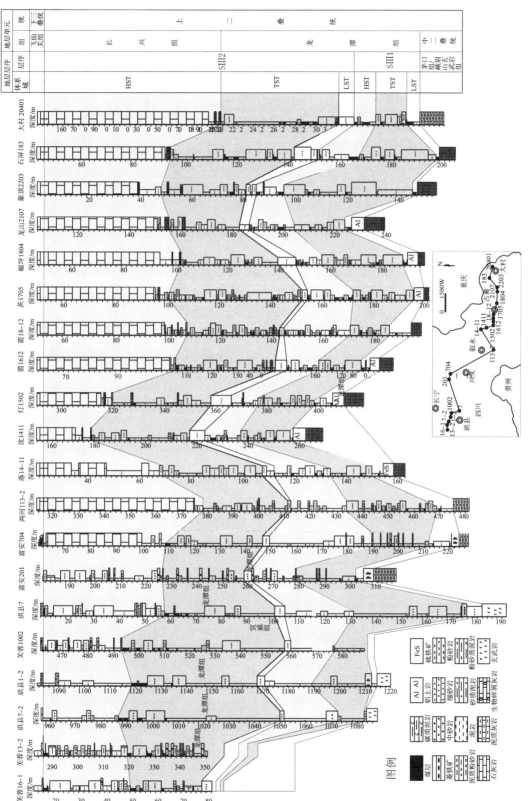

图3-3-13 四川省芙蓉—古叙矿区晚二叠世层序地层划分剖面图(北西—南东向)

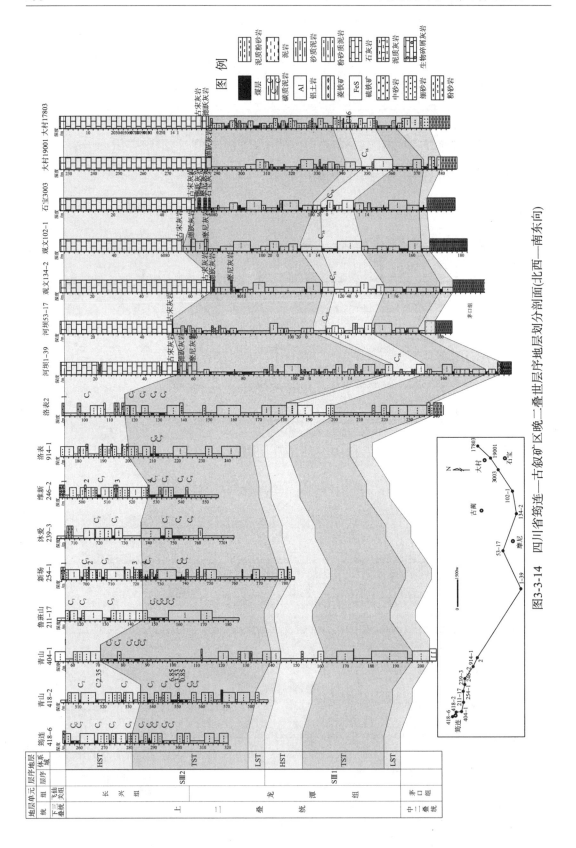

图3-3-14　四川省筠连—古叙矿区二叠世晚二叠世层序地层划分剖面(北西—南东向)

(二)煤层在层序地层格架中的赋存规律

1.厚煤层在层序地层格架中的分布规律

(1)煤层在层序地层格架中的位置

煤层的形成是植物碎屑供应充足、稳定，泥炭持续堆积的结果。在这个过程中，由海平面上升提供的可容空间是最重要的因素之一。如果海平面上升过快，可容空间增长速率过高，会导致泥炭被淹没，不能形成持续堆积；反之，如果海平面上升过慢，不能为泥炭堆积提供足够的可容空间，就可能造成泥炭暴露、风化，也不能形成持续堆积。因此，只有当可容空间的整体增长速率和泥炭堆积速率相当或稍快时，泥炭才能持续的堆积。

基于陆相环境的研究表明，在最大海泛面处可以形成稳定分布的厚煤层(Flint, et al, 1995)。这是因为，在陆相盆地中，泥炭堆积速率较快，往往大于基准面上升的速率，在这种情况之下，初始海泛时期，由于基准面上升速率较慢，难以给泥炭的持续堆积提供足够大的可容空间，故不能形成广泛分布的厚煤层。只有在海侵体系域晚期或高位体系域早期，即最大海泛面附近，相对较快的海平面上升速率会为泥炭堆积提供持续增加的可容空间，从而在最大海泛面处形成较厚的煤层。

在海相环境中，情况又有所不同。Hampson 等(1995)认为区域性广泛分布的煤层可以被解释为初始海泛面沉积。邵龙义等(1999)在研究广西合山海相碳酸盐岩型含煤岩系时也发现"最厚的煤层形成于海侵面(初始海泛面)，而最薄的煤层形成于最大海泛面"。这是因为：

①在稳定沉降的海相盆地中，构造运动较少，并且在遍及盆地范围内，物源供给长时期不足；

②同期盆地范围内广泛、稳定的相对海平面的上升。在这种情况下，泥炭的堆积速率较慢，因此只有在初始海泛面时，海平面上升速度较慢，泥炭不至于被淹没，从而为泥炭提供了合适的聚集、储存空间，形成广泛分布的厚煤层。

Bohacs 等(1997)指出，低位体系域最不利于成煤，他认为最孤立的、连续性最差的煤层一般分布在低位体系域中。本书工作表明，层序Ⅰ沉积时期，低水位体系域具有相对较强的聚煤能力，特别是四川东北部的华蓥山地区，煤层主要发育在低水位体系域晚期。

(2)四川上二叠统煤层在层序地层格架中的分布特征

四川东部地区在晚二叠世沉积相复杂，自西南到东北依次发育了陆相—海陆过渡相—海相，利于成煤的沉积体系主要为潮坪—三角洲体系和冲积平原体系。本书工作表明，三角洲—潮坪体系中(层序Ⅰ为主)，那些厚度较大、展布较广的煤层，在层序地层格架中的位置主要是海侵体系域中下部、高位体系域中下部以及低水位体系域上部；在冲积平原地区(层序Ⅱ为主)，海侵体系域中的煤层主要位于体系域中上部和最大海泛面处，而高位体系域中的煤层主要位于体系域的中下部，总体上在最大海泛面附近更有利于煤层的形成(表3-3-1)。

表 3-3-1　四川省晚二叠世不同矿区在层序格架中发育煤层情况

层序			筠连	芙蓉	古叙	华蓥山
	HST	晚期	√	√		
		中期	√	√		
		早期	√	√		
	TST	晚期	√	√	√	
		中期				√
		早期			√	
	LST	晚期				
		中期				
		早期				
层序Ⅰ	HST	晚期			√	
		中期				
		早期			√	
	TST	晚期			√	
		中期			√	
		早期	√	√		√
	LST	晚期	√	√	√	√
		中期				
		早期				

注：√表明该时期该矿区有煤层发育

综合以上各种地层格架的分析和区域层序地层对比的有关结果，将所得到的主要认识归纳于下表（表 3-3-2）。

表 3-3-2　煤层在层序地层格架中的分布特征

体系域	有利的成煤层段	三级海平面变化情况
HST	较有利的成煤层段，能形成较厚的煤层	缓慢上升—较快速下降
TST	最有利的成煤层段，具有最大的成煤优势，能形成厚煤层	缓慢上升—迅速上升—缓慢上升
LST	较有利的成煤层段，可形成相对较少有工业价值的煤层	迅速下降—缓慢上升

2. 富煤带在层序地层格架中的迁移规律

四川东部地区在晚二叠世沉积环境跨度较大，从西南到东北依次发育陆相—海陆过渡相—海相，整个晚二叠世海平面整体趋势是上升的，即海水不断向西南部陆地侵入。前面已经论述到，层序Ⅰ的有利成煤环境为潮坪—三角洲环境，随着海水向陆地不断入侵，沉积相带也随着海岸线向西南部迁移而迁移，层序Ⅱ有利的成煤环境由潮坪—三角洲体系逐渐过渡到冲积平原体系，即富煤带大致位于这两个沉积体系的交界处，随着海侵的继续进行，沉积相带逐渐向陆迁移，成煤带也随之迁移。因此，晚二叠世富煤带在平面上有由东北向西南迁移，由东北部的南充富煤带逐渐迁移到西南部筠连富煤带。

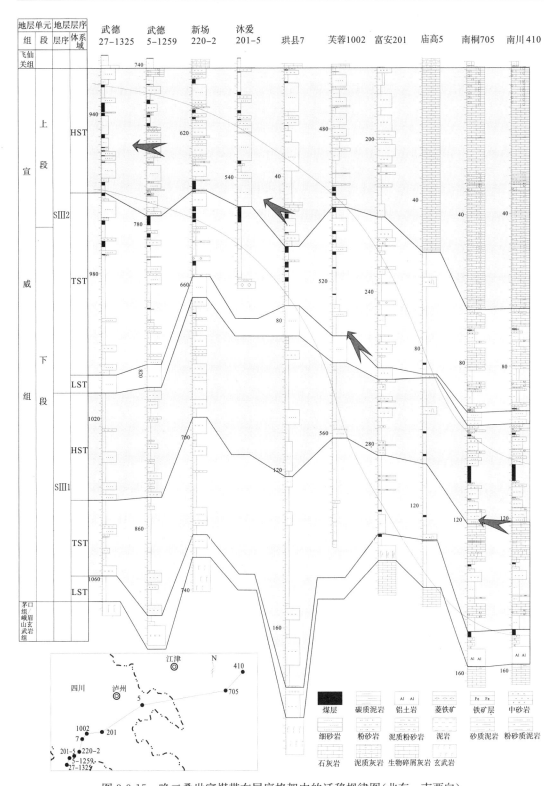

图 3-3-15 晚二叠世富煤带在层序格架中的迁移规律图(北东—南西向)

在垂向上,由于海水由西北、东北部的漫侵,在层序Ⅰ海侵体系域初期于茅口灰岩顶部含黄铁矿铝土质泥岩之上沉积了 C_{25} 煤层,局部受次级层序控制形成 $C_{25}{}^{-1}$、$C_{25}{}^{-2}$(如古叙矿区复陶)或更次级层序控制形成煤分层 $C_{25}{}^{-1}$、$C_{25}{}^{-2-1下}$、$C_{25}{}^{-2-1上}$ 及 $C_{25}{}^{-2-2}$ 等煤层(如华蓥山地区等);随着海水的继续入侵,到层序Ⅰ海侵体系域中晚期,四川东北部地区(如华蓥山地区)聚煤作用基本终止,取而代之的是碳酸盐沉积,此时富煤带已经向西南部迁移,并已延伸到古叙地区,在该时期沉积了大量有工业价值的煤层;到高水位体系域,富煤带集中在古叙矿区东部(如大村中厚煤层 C_{17-20} 等)。到了层序Ⅱ沉积时期,低水位期沉积量较小,没有发生聚煤作用;到海侵体系域早期,富煤带仍位于古叙地区,直到海侵体系域晚期,富煤带逐渐转移到西部筠连和芙蓉地区;到高水位体系域,古叙地区成煤环境结束,接受碳酸盐盐沉积,富煤带整体转移到筠连、芙蓉地区。整个时期,剖面中富煤带自东北向西南方向在层序格架中的位置逐渐抬升,层序Ⅰ富煤带位于海侵体系域初期,到古叙富煤带还延至高水位体系域晚期,层序Ⅱ时富煤带古叙地区位于海侵体系域中晚期,到西部筠连、芙蓉地区富煤带自海侵体系域晚期开始一直延续到高水位体系域末期。整个晚二叠世,富煤带在平面上由东北向西南迁移,在垂向上层位逐渐抬升(图 3-3-15)。

二、晚三叠世

(一)层序地层关键界面识别原则

1. 四川盆地晚三叠世须家河组(本章包括小塘子组,下同)层序界面

本区晚三叠世三级层序边界主要有区域不整合面、河流下切冲刷面和地层颜色突变面。

(1)区域性不整合面

古构造运动形成的区域性不整合面是中三叠统—上三叠统层序地层划分最重要的界面,如中三叠统雷口坡组石灰岩顶面即为中三叠世之后长期暴露遭受风化侵蚀形成的古风化面,它既是中三叠统与上三叠统的分界面,也是上三叠统三级层序Ⅰ底界(图 3-3-16)。

(2)下切谷充填砂岩底部冲刷面

区内一些区域性分布的砂岩代表低水位期的河流下切充填沉积,其底面是一种侵蚀不整合面,可作为层序界面。如须家河组一段、三段、五段的巨厚层状砂岩,发育大型交错层理,砂体内部有多个冲刷面,代表当时的河流下切充填的沉积,各段砂体的最底部的冲刷面代表河道下切形成的侵蚀不整合面,是区内的三级层序界面。

(3)地层颜色突变面

本区须家河组的泥岩以灰色、深灰色色调为主,而珍珠冲段的泥岩则以紫红色调为主,珍珠冲段底部的紫色的泥岩应该代表当时气候由晚三叠世温暖潮湿转变为早侏罗世炎热干燥的一次古气候变化,具有区域等时的特征(图 3-3-17)。

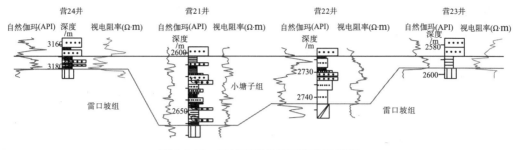

图 3-3-16　区域不整合面层序边界类型

2.初始湖泛面和最大湖泛面

湖泛面也是层序地层学研究中十分重要的成因地层界面,一个三级层序中的初始湖泛面和最大湖泛面是划分低位体系域、湖侵体系域和高位体系域的界面。

(1)初始湖泛面

初始湖泛面是湖水体首次漫过坡折带或漫过低位下切谷所形成的湖泛面。在该区,初始湖泛面指覆盖在河道砂砾岩之上的湖相泥岩、粉砂质泥岩、粉砂岩等细粒岩石的底面。须家河组二段、四段和六段的底部界面,均为初始湖泛面。在没有河道发育的地带,初始湖泛面与层序界面重合,例如本区层序Ⅰ底界。

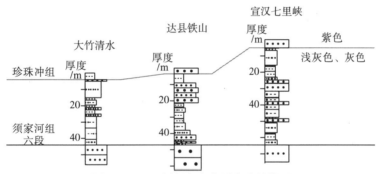

图 3-3-17　地层颜色突变层序边界类型

(2)最大湖泛面

最大湖泛面为一个基准面旋回内基准面或可容空间速率增加最快、水体最深时形成的沉积面。其识别特征如下:①在一套向上变细、变深的沉积序列中,代表最深的岩相一般为浅湖相泥岩、粉砂质泥岩,这样的岩性一般以相对较大的厚度出现时,可将其底面作为最大湖泛面的位置。例如该区层序Ⅲ最大湖泛面位于滨岸沼泽相泥岩、炭质泥岩底部及分流间湾泥岩、煤层底部。②代表水深最深的岩性岩相若在剖面上重复出现,则选择最厚一层的底面作为最大湖泛面的位置。

从各种岩层所形成的沉积环境看,以下两种类型的特征岩层或岩层组合代表了所在地层序列沉积时达到了最大湖泛面。

①区域分布的厚煤层。三角洲平原沉积中一些大面积分布的巨厚煤层多是最大湖泛期的沉积,在湖平面上升达最大时,但湖水又没有进侵到该位置,在地形平缓和碎屑注入较少的情况下,常发育大型三角洲间湾沼泽、河道间沼泽,从而发育了厚度较大分布广泛的煤层,如小塘子组和须家河组二段、四段较厚煤层的发育,因此可以将这样的煤

层出现位置确定为最大湖泛的位置，在实际操作中，可将其底面作为最大湖泛面以区分其下的湖侵期沉积和其上的高水位期沉积。大面积或盆地范围展布的厚煤层多是主要幕式聚煤作用期的产物，多代表最大湖泛面沉积，而较小范围展布的煤层则是次一级幕式聚煤作用期的产物，代表正常湖泛面沉积。

②沉积旋回结构的反转。在其他很多情况下，尤其是在纯陆相或在滨海冲积平原背景中，向上变浅的准层序一般发育不好或难于辨认，沉积作用多以垂向或侧向加积为主，没有明显的进积和退积，也没有明显的标志性岩层，这时可通过地层序列的堆叠样式的变化加以判断。在小塘子组和须家河组二段、四段中，从湖侵体系域到高位体系域，一般有从浅到深，又由深变浅的旋回结构反转的现象，反转面即代表最大湖泛面的位置（见图 3-3-18）。湖侵体系域一般表现为分流河道砂岩到滨湖泥及滨湖沼泽的向上变深序列，而高位体系域则表现为从浅湖泥到滨湖砂坝的向上变浅的序列。

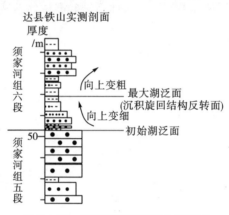

达县铁山实测剖面

图 3-3-18　初始湖泛面和最大湖泛面

(二)四川盆地晚三叠世含煤地层层序格架的建立

根据区域性构造不整合面、河流冲刷面及河道砂体的发育特征等本区晚三叠世含煤地层可识别出 5 个层序界面，因此划分出 4 个三级层序，其中层序Ⅰ(S1)由小塘子组组成，层序Ⅱ(S2)由须家河组一段和二段组成，层序Ⅲ(S3)由须家河组三段和四段组成，层序Ⅳ(S4)由须家组五段和六段组成。每个三级层序对应划分出相应的三个体系域，即低位体系域(LST)、湖侵体系域(TST)和高位体系域(HST)。

因为整个须家河组(含小塘子组)属于瑞替阶和诺利阶，延伸年限从 220～203Ma，持续 17Ma(全国地层委员会，2001)，所以本次将须家河组(含小塘子组)划分的四个层序，平均每个层序大致 4.25Ma，应为 Vail(1977)的三级层序。

晚三叠世含煤地层层序地层格架如表 3-3-3 所示。

由表 3-3-3 可以看出，本区层序Ⅰ发育不完全，达县铁山剖面和荣山勘探区 XVI4 号孔完全缺失层序Ⅰ，营 21 井、资威金带场 37-2 号孔该孔则缺失层序Ⅰ的低位体系域，龙门山前陆则与其他钻孔不同，缺失层序Ⅰ的高位体系域和湖侵体系域，两河 4 号孔则只发育层序Ⅰ的高位体系域，而盐源矿区综合柱状层序Ⅰ也发育不全，缺失低位体系域。

层序Ⅱ、层序Ⅲ在本区保存完好，普遍发育，在宝鼎矿区红果井田 2 号层序Ⅱ、层序Ⅲ未揭露全，只揭露层序Ⅱ的低位体系域，层序Ⅲ未揭露。

层序Ⅳ在荣山勘探区 XVI4 号缺失，宝鼎矿区红果井田 2 号孔未揭露。在其余五个钻孔发育完全。

表 3-3-3　四川盆地晚三叠世层序地层划分对比简表

年代地层		层序	达县铁山	营21井	龙门山前陆	资威金带场37-2	荣山勘探区XVI4号孔	两河4号	年代地层	层序	红果井田2号孔	年代地层		层序	盐源综合柱状
组	段		体系域	体系域	体系域	体系域	体系域	体系域	组		体系域	组	段		体系域
须家河组	六段	S4	HST	HST	HST	HST	HST	HST	宝顶组	S4	HST	白土田组	八段	S4	HST
			TST	TST	TST	TST	TST	TST			TST				TST
	五段		LST	LST	LST	LST	LST	LST			LST		七段		LST
													六段		
	四段	S3	HST	HST	HST	HST	HST	HST		S3	HST		五段	S3	HST
			TST	TST	TST	TST	TST	TST			TST				TST
	三段		LST	LST	LST	LST	LST	LST			LST		四段		LST
													三段		
	二段	S2	HST	HST	HST	HST	HST	HST		S2	HST		二段	S2	HST
			TST	TST	TST	TST	TST	TST			TST				TST
	一段		LST	LST	LST	LST	LST	LST			LST		一段		LST
小塘子组		S1	HST	HST	HST	HST	HST	HST	大荞地组	S1	HST	松桂组		S1	HST
			TST	TST	TST	TST	TST	TST			TST				TST
			LST	LST	LST	LST	LST	LST			LST				LST

注：灰色背景表示缺失或未揭露。

（二）钻井及露头剖面层序地层分析

本书对四川盆地地区钻井岩芯资料和勘查报告分别做了综合研究，绘制了沉积相层序柱状图，选取八个地层相对完整并且具有代表性的单井剖面进行了层序沉积环境分析，对本区的沉积体系、沉积模式以及层序地层进行了分析研究。

1. 资威金带场 37-2 号孔沉积相及层序地层分析

资威金带场 37-2 号孔位于本区西南部资威矿区，通过野外钻井岩心编录获得钻孔数据。揭露小塘子组和须家河组地层 453.81 m。

层序界面：小塘子组底部和雷口坡组之间存在着一个侵蚀不整合面，将此界面作为层序Ⅰ的底界面。由于须家河组一段、三段和五段大段砂体发育，则初始湖泛面划在须家河组一段、三段和五段顶板。须家河组没有石灰岩沉积，因此最大湖泛面的追踪相对比较困难，在资威金带场 37-2 号孔中，最大湖泛面主要以须家河组二段、四段和六段的厚层湖相粉砂岩的底板为标志。通过以上研究，可以在资威金带场 37-2 号孔中共识别出四个三级层序，其中包括一个侵蚀不整合面、三个初始湖泛面和四个最大湖泛面。

层序Ⅰ：对应小塘子组，只发育湖侵体系域和高位体系域。

湖侵体系域：①主要岩性：粉砂岩、粉砂质泥岩。②颜色：深灰色、灰色。③沉积构造：主要见水平层理、沙纹层理。沉积相表现为浅湖相的浅湖泥过渡到滨湖相的滨湖砂坝。

高位体系域：①主要岩性：泥质粉砂岩、粉砂质泥岩。②颜色：深灰色、灰色。③沉积构造：主要见水平层理、沙纹层理。沉积相表现为滨湖相的滨湖沼泽过渡到前三角洲的泥。

层序Ⅱ：对应须家河组一段和须家河组二段，由下向上发育低位体系域、湖侵体系域和高位体系域。

低位体系域：①主要岩性：粗砂岩、中—粗砂岩、中砂岩、中—细砂岩、细砂岩、粉砂岩。②颜色：浅灰色、灰色、灰白色。③沉积构造：主要发育平行层理、板状层理、大型交错层理。沉积相主要表现为底部三角洲前缘的远砂坝、河口坝向上过渡到三角洲平原的分流河道再过渡到河床的边滩。

湖侵体系域：①主要岩性：中砂岩、细砂岩、粉砂岩、泥质粉砂岩、粉砂质泥岩。②颜色：灰色、灰白色。③沉积构造：主要见水平层理、沙纹层理、缓波状层理，生物扰动构造。沉积相主要表现为三角洲平原的分流间湾、分流河道向上过渡到三角洲前缘的河口坝。

高位体系域：①主要岩性：细砂岩、粉砂岩、粉砂质泥岩、泥质粉砂岩、泥岩。②颜色：灰色、深灰色。③沉积构造：见沙纹层理、水平层理、缓波状层理。沉积相主要表现为前三角洲的泥—滨湖的滨湖砂坝、滨湖沼泽—三角洲平原的分流河道、分流间湾沉积。

层序Ⅲ：对应须家河组三段和须家河组四段，由下向上发育低位体系域、湖侵体系域和高位体系域。

低位体系域：①主要岩性：粗砂岩、中砂岩。②颜色：浅灰色、灰黄色。③沉积构造：主要发育板状交错层理、槽状层理、平行层理。沉积相主要表现为河床的心滩。

湖侵体系域：①主要岩性：粗砂岩、中砂岩、细砂岩、粉砂岩、炭质泥岩，局部夹煤层。②颜色：深灰色、灰黄色、浅灰色、灰色。③沉积构造：主要见水平层理、沙纹层理、缓波状层理，有生物潜穴出现，含泥砾。沉积相主要表现为滨湖相滨湖砂坝—滨湖沼泽—滨湖砂坝的序列。

高位体系域：①主要岩性：细砂岩、粉砂岩、泥质粉砂岩。②颜色：深灰色、灰色。③沉积构造：见水平层理。沉积相主要表现为滨湖相的滨湖砂坝过渡到滨湖沼泽。

层序Ⅳ：对应须家河组五段和须家河组六段，由下向上发育低位体系域、湖侵体系域和高位体系域。

低位体系域：①主要岩性：中砂岩、粗砂岩、细砂岩。②颜色：浅灰色、灰白色、灰色。③沉积构造：主要发育波状层理，平行层理。沉积相主要表现为由三角洲平原的分流河道向上过渡到河床相的边滩沉积。

湖侵体系域：①主要岩性：泥质粉砂岩、粉砂质泥岩、粉砂岩、泥岩、中砂岩、细砂岩。②颜色：灰色、灰白色、深灰色、灰黑色。③沉积构造：主要见水平层理、缓波状层理，含植物碎片化石，见煤包裹体。沉积相主要表现为三角洲平原的分流间湾沉积向上过渡到河床相的边滩沉积。

高位体系域：①主要岩性：泥岩、粉砂岩、中砂岩。②颜色：灰黑色、灰色、灰白色。③沉积构造：见水平层理。沉积相主要表现为河漫相的泛滥盆地沉积。

资威金带场37-2号孔沉积相及层序地层分析柱状图见图3-3-19。

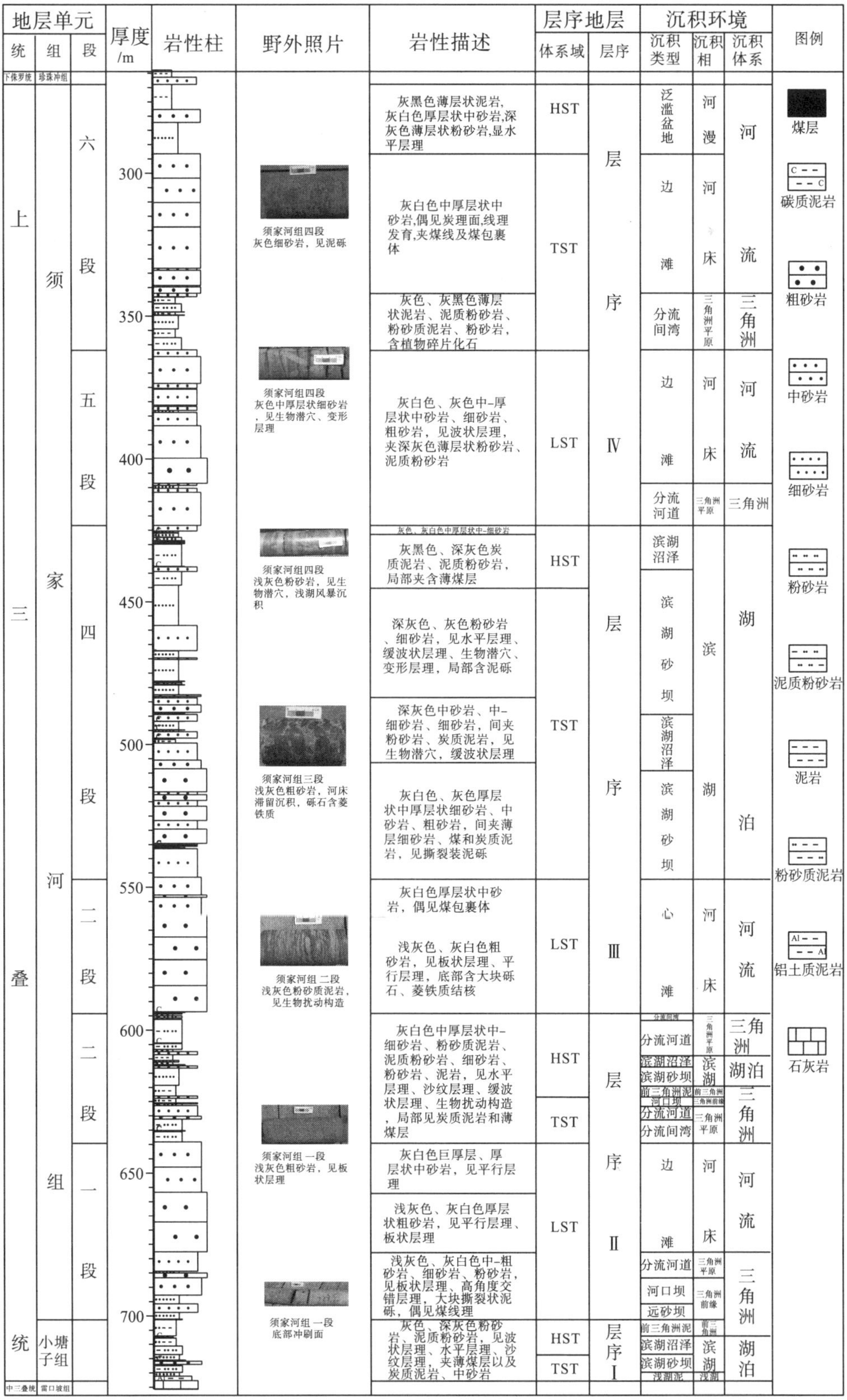

地层单元			厚度/m	岩性柱	野外照片	岩性描述	层序地层		沉积环境			图例
统	组	段					体系域	层序	沉积类型	沉积相	沉积体系	
下侏罗统 珍珠冲组												煤层
上	须家河组	六段	300		须家河组四段　灰色细砂岩,见泥砾	灰黑色薄层状泥岩,灰白色厚层状中砂岩,深灰色薄层状粉砂岩,显水平层理	HST	层序Ⅴ	泛滥盆地	河漫	河流	碳质泥岩
						灰白色中厚层状中砂岩,偶见炭屑面,线理发育,夹煤线及煤包裹体	TST		边滩	河床		粗砂岩
		五段	350		须家河组四段　灰色中厚层状细砂岩,见生物潜穴、变形层理	灰色、灰黑色薄层状泥岩、泥质粉砂岩、粉砂质泥岩,含植物碎片化石			分流间湾	三角洲平原	三角洲	中砂岩
三			400			灰白色、灰色中-厚层状中砂岩、细砂岩,见波状层理,夹灰色薄层状粉砂岩、泥质粉砂岩	LST	Ⅳ	边滩	河床	河流	细砂岩
	家	四段			须家河组四段　浅灰色粉砂岩,见生物潜穴、浅湖风暴沉积				分流河道	三角洲平原	三角洲	
			450			灰黑色、深灰色炭质泥岩、泥质粉砂岩,局部夹薄煤层	HST	层序	滨湖沼泽		湖	粉砂岩
						深灰色、灰色粉砂岩、细砂岩,见水平层理、缓波状层理、生物潜穴、变形层理,局部泥砾			滨湖砂坝	滨湖		泥质粉砂岩
叠	河		500		须家河组三段　浅灰色砂岩,河床滞留沉积,砾石含菱铁质	深灰色中砂岩、中-细砂岩、细砂岩,间夹粉砂岩、炭质泥岩,见生物潜穴、缓波状层理	TST	序	滨湖沼泽		湖	泥岩
						灰白色、灰色厚层状中砂岩、中砂岩、粗砂岩,间夹薄层细砂岩、煤及炭质泥岩,见撕裂装泥砾			滨湖砂坝	滨	泊	粉砂质泥岩
		三段	550		须家河组二段　浅灰色粉砂质泥岩,见生物扰动构造	灰白色厚层状中砂岩,偶见煤包裹体	LST	Ⅲ	心滩	河床	河流	铝土质泥岩
						浅灰色、灰白色粗砂岩,见板状层理、平行层理,底部含大块砾石、菱铁质结核			边滩			石灰岩
	组	二段	600		须家河组一段　浅灰色粗砂岩,见板状层理	灰白色中厚层状中-细砂岩、粉砂质泥岩、粉砂质泥岩、细砂岩、粉砂岩、泥岩,见水平层理、沙纹层理、生物扰动构造,局部见炭质泥岩和薄煤层	HST	层序Ⅱ	分流河道 / 滨湖沼泽 / 滨湖砂坝	三角洲平原 / 滨湖	三角洲 / 湖泊	
							TST		分流河道 / 分流间湾	三角洲平原	三角洲	
		一段	650		须家河组一段　底部冲刷面	浅灰色、灰白色厚层状粗砂岩,见平行层理、板状层理	LST	Ⅱ	边滩	河床	河流	
			700			浅灰色、灰白色中-粗砂岩、细砂岩、粉砂岩,见板状层理、高角度交错层理、大块撕裂泥砾,偶见煤线层			分流河道 / 河口坝 / 远砂坝	三角洲平原 / 三角洲前缘	三角洲	
统	小塘子组					灰色、深灰色粉砂岩,见波状层理、水平层理、沙纹层理,夹薄煤层以及泥质砂岩	HST	层序Ⅰ	滨湖沼泽	滨湖	湖泊	
							TST		滨湖砂坝			
中三叠统 雷口坡组												

图 3-3-19　资威矿区金带场 37-2 号孔晚三叠世须家河组实测剖面层序沉积相分析柱状图

2.两河 4 号沉积相及层序地层分析

两河 4 号孔位于川南古叙矿区，揭露小塘子组和须家河组地层 369.3 m。

层序界面： 小塘子组底部和雷口坡组之间存在着一个侵蚀不整合面，将此界面作为层序 I 的底界面。由于须家河组一段、三段和五段大段砂体发育，则初始湖泛面划在须家河组一段、三段、五段顶板。在须家河组没有石灰岩沉积，因此最大湖泛面的追踪相对比较困难，在两河 4 号孔中，最大湖泛面主要以须家河组二段、四段、六段的厚层湖相粉砂岩的底板为标志。通过以上研究，可以在两河 4 号孔中共识别出四个三级层序，其中包括一个侵蚀不整合面、三个初始湖泛面和三个最大湖泛面。

层序 I： 对应小塘子组，只发育高位体系域。

高位体系域： ①主要岩性：粉砂岩。②颜色：灰色。③沉积构造：主要见水平层理、沙纹层理。沉积相表现为滨湖相的滨湖砂坝。

层序 II： 对应须家河组一段和须家河组二段，由下向上发育低位体系域、湖侵体系域和高位体系域。

低位体系域： ①主要岩性：粗砂岩、中砂岩、中—细砂岩、细砂岩、粉砂岩，偶夹薄煤透镜体。②颜色：褐灰色、灰色、灰黄色。③沉积构造：主要发育平行层理、大型交错层理。沉积相主要表现为底部河床相的心滩向上过渡到三角洲前缘相的河口坝，整体为辫状河三角洲沉积环境。

湖侵体系域： ①主要岩性：粉砂岩。②颜色：灰色。③沉积构造：主要见水平层理。沉积相主要表现为滨湖相的滨湖砂坝。

高位体系域： ①主要岩性：细砂岩。②颜色：灰色。③沉积构造：见沙纹层理。沉积相主要表现为滨湖相的滨湖砂坝。

层序 III： 对应须家河组三段和须家河组四段，由下向上发育低位体系域、湖侵体系域和高位体系域。

低位体系域： ①主要岩性：中砂岩、中—细砂岩、细砂岩、粉砂质泥岩。②颜色：浅灰色、灰黄色。③沉积构造：主要发育交错层理、槽状层理。沉积相主要表现为由底部的三角洲前缘相的河口坝过渡到上部的三角洲平原相的分流河道—分流间湾—天然堤。

湖侵体系域： ①主要岩性：细砂岩、粉砂岩。②颜色：黄灰色、灰黄色、灰色。③沉积构造：主要见沙纹层理，有根土岩和生物潜穴出现。沉积相主要表现为滨湖相的滨湖砂坝向上过渡到浅湖相的浅湖砂坝。

高位体系域： ①主要岩性：泥质粉砂岩。②颜色：深灰色、灰色。③沉积构造：见水平层理、波状层理。沉积相主要表现为浅湖相的浅湖泥。

层序 IV： 对应须家河组五段和须家河组六段，由下向上发育低位体系域、湖侵体系域和高位体系域。

低位体系域： 由须家河组五段大段中—细砂岩、中砂岩组成。①主要岩性：中砂岩、中—细砂岩、细砂岩。②颜色：黄灰色、灰黄色。③沉积构造：主要发育平行层理、槽状层理、交错层理。沉积相主要表现为三角洲平原相的天然堤—分流河道向上过渡到三角洲前缘相的河口坝再过渡到河床相的河床滞留—边滩。

湖侵体系域： ①主要岩性：细砂岩。②颜色：灰黄色。③沉积构造：主要见平行层理,低角度交错层理。沉积相主要表现为河床相的边滩。

高位体系域:①主要岩性:粉砂岩、泥岩。②颜色:浅灰色、灰色。③沉积构造:见波状层理。沉积相主要表现为河漫相的岸后湖泊向上过渡到堤岸相的天然堤、决口扇。

两河 4 号孔沉积相及层序分析柱状图见图 3-3-20。

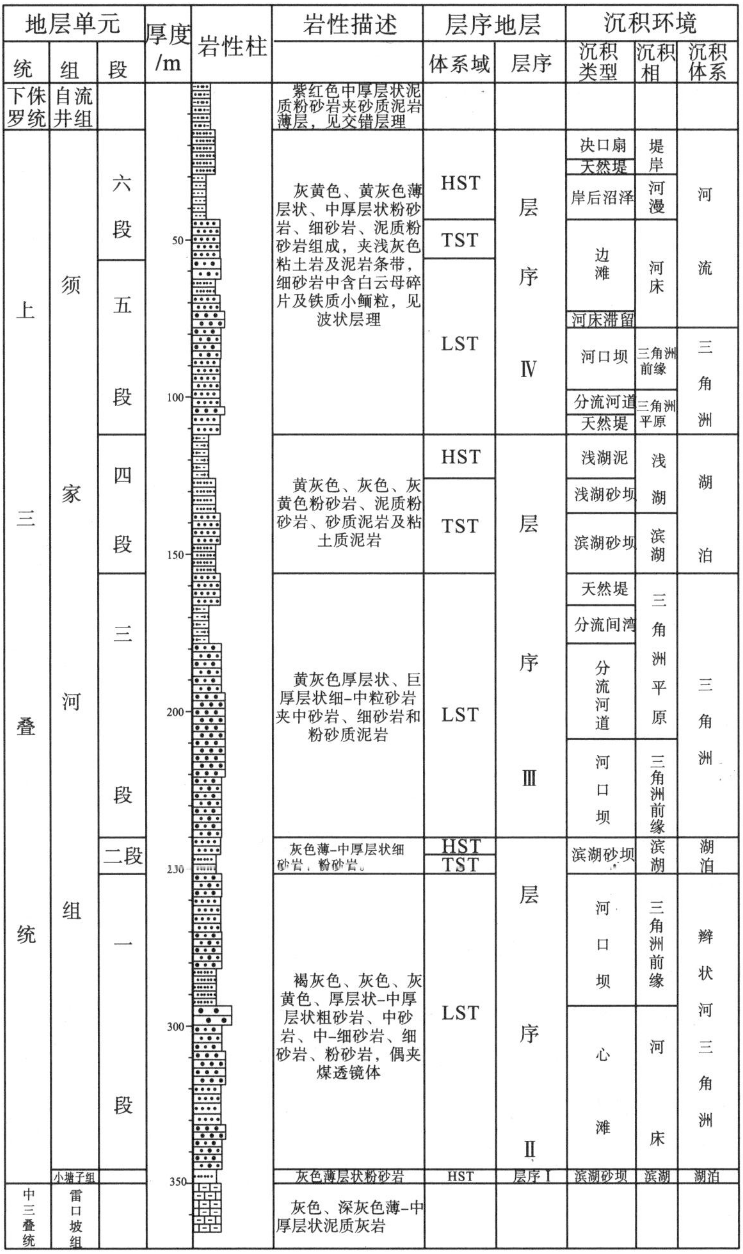

地层单元			厚度/m	岩性柱	岩性描述	层序地层		沉积环境		
统	组	段				体系域	层序	沉积类型	沉积相	沉积体系
下侏罗统	自流井组				紫红色中厚层状泥质粉砂岩夹砂质泥岩薄层,见交错层理					
上三叠统	须家河组	六段	50		灰黄色、黄灰色薄层状、中厚层状粉砂岩、细砂岩、泥质粉砂岩组成,夹浅灰色粘土岩及泥岩条带,细砂岩中含白云母碎片及铁质小鲕粒,见波状层理	HST	层序 Ⅳ	决口扇	堤岸	河流
								天然堤		
								岸后沼泽	河漫	
		五段				TST		边滩	河床	
			100			LST		河床滞留		
								河口坝	三角洲前缘	三角洲
								分流河道	三角洲平原	
								天然堤		
		四段	150		黄灰色、灰色、灰黄色粉砂岩、泥质粉砂岩、砂质泥岩及粘土质泥岩	HST	层序	浅湖泥	浅湖	湖泊
								浅湖砂坝		
						TST		滨湖砂坝	滨湖	
		三段	200		黄灰色厚层状、巨厚层状细-中粒砂岩夹中砂岩、细砂岩和粉砂质泥岩	LST	序 Ⅲ	天然堤	三角洲平原	三角洲
								分流间湾		
								分流河道		
								河口坝	三角洲前缘	
		二段	230		灰色薄-中厚层状细砂岩,粉砂岩。	HST	层序 Ⅱ	滨湖砂坝	滨湖	湖泊
	河组					TST				
中三叠统		一段	300		褐灰色、灰色、灰黄色-中厚层状粗砂岩、中砂岩、中-细砂岩、细砂岩、粉砂岩,偶夹煤透镜体	LST	序 Ⅱ	河口坝	三角洲前缘	辫状河三角洲
								心滩	河床	
	小塘子组		350		灰色薄层状粉砂岩	HST	层序 Ⅰ	滨湖砂坝	滨湖	湖泊
中三叠统	雷口坡组				灰色、深灰色薄-中厚层状泥质灰岩					

图 3-3-20 古叙矿区两河 4 号晚三叠世含煤地层实测剖面层序沉积相分析柱状图

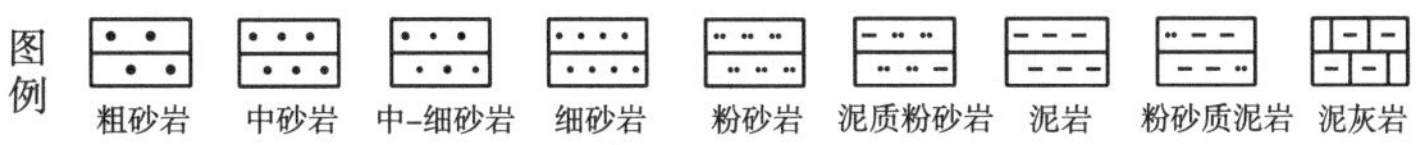

图例 粗砂岩 中砂岩 中-细砂岩 细砂岩 粉砂岩 泥质粉砂岩 泥岩 粉砂质泥岩 泥灰岩

3. 龙门山前陆沉积相及层序地层分析

龙门山前陆钻孔是由大邑神仙桥煤矿 171 号钻孔和观化井田 2-1 号钻孔组成的综合柱状图。位于本区北部雅荥一带，揭露小塘子组和须家河组地层 1000.5 m。

层序界面：未见小塘子组底部和雷口坡组之间的侵蚀不整合面，由于须家河组一段、三段大段砂体发育，初始湖泛面划在须家河组一段、三段顶板，须家河组五段和六段整体构成一个完整的层序，初始湖泛面则划分在厚层中—粗砂岩顶板。在须家河组没有石灰岩沉积，因此最大湖泛面的追踪相对比较困难，在龙门山前陆钻孔中，最大湖泛面主要以须家河组二段、四段、六段的厚层湖相泥岩的底板为标志。通过以上研究，可以在龙门山前陆钻孔中共识别出四个三级层序，其中包括三个初始湖泛面和三个最大湖泛面。

层序Ⅰ：对应小塘子组，只发育低位体系域。

低位体系域：①主要岩性：中砂岩、细砂岩、粉砂岩、泥岩。②颜色：深灰色、灰色。③沉积构造：主要见平行层理、交错层理。沉积相表现为河流的堤岸相的天然堤沉积。

层序Ⅱ：对应须家河组一段和须家河组二段，由下向上发育低位体系域、湖（海）侵体系域和高位体系域。

低位体系域：①主要岩性：中砂岩。②颜色：深灰色、灰色。③沉积构造：水平层理、缓波状层理。沉积相主要表现为河流的河床边滩沉积。

湖（海）侵体系域：①主要岩性：细砂岩、粉砂岩、泥岩。②颜色：灰色、深灰色。③沉积构造：主要见水平层理、缓波状层理。沉积相主要表现为由河流的堤岸相天然堤决口扇沉积向上过渡到河漫相岸后湖泊岸后沼泽沉积。

高位体系域：①主要岩性：细砂岩、粉砂质泥岩、泥质粉砂岩，局部含煤层。②颜色：深灰色、灰色。③沉积构造：见缓波状层理。沉积相主要表现为三角洲前缘的远砂坝向上过渡到河口坝。

层序Ⅲ：对应须家河组三段和须家河组四段，由下向上发育低位体系域、湖（海）侵体系域和高位体系域。

低位体系域：①主要岩性：中砂岩、细砂岩、粉砂岩、粉砂质泥岩、泥质粉砂岩。②颜色：浅灰色、灰色。③沉积构造：主要发育交错层理、槽状层理。沉积相主要表现为三角洲平原的分流河道。

湖（海）侵体系域：①主要岩性：细砂岩、泥质粉砂岩。②颜色：深灰色、灰色。③沉积构造：主要见沙纹层理。沉积相主要表现为三角洲平原的天然堤。

高位体系域：①主要岩性：粉砂岩、粉砂质泥岩和泥质粉砂岩。②颜色：深灰色、灰色。③沉积构造：见水平层理、波状层理。沉积相主要表现为三角洲平原的决口扇沉积。

层序Ⅳ：对应须家河组五段和须家河组六段，由下向上发育低位体系域、湖（海）侵体系域和高位体系域。

低位体系域：由须家河组五段底部大段粗砂岩组成。①主要岩性：中砂岩、细砂岩、粗砂岩和粉砂岩。②颜色：浅灰色、灰色。③沉积构造：主要发育平行层理、槽状层理、大型交错层理。沉积相主要表现为三角洲平原的分流河道沉积向上过渡到河床的边滩沉积。

湖（海）侵体系域：①主要岩性：细砂岩、粉砂岩、粉砂质泥岩。②颜色：深灰色、灰色。③沉积构造：主要见水平层理，低角度交错层理。沉积相主要表现为堤岸的天然堤—决口扇。

高位体系域：①主要岩性：中砂岩、细砂岩、粉砂岩、粉砂质泥岩。②颜色：浅灰色、灰色。③沉积构造：见波状层理。沉积相主要表现为河漫的岸后湖泊。

龙门山前陆钻孔沉积相及层序地层分析柱状图见图 3-3-21。

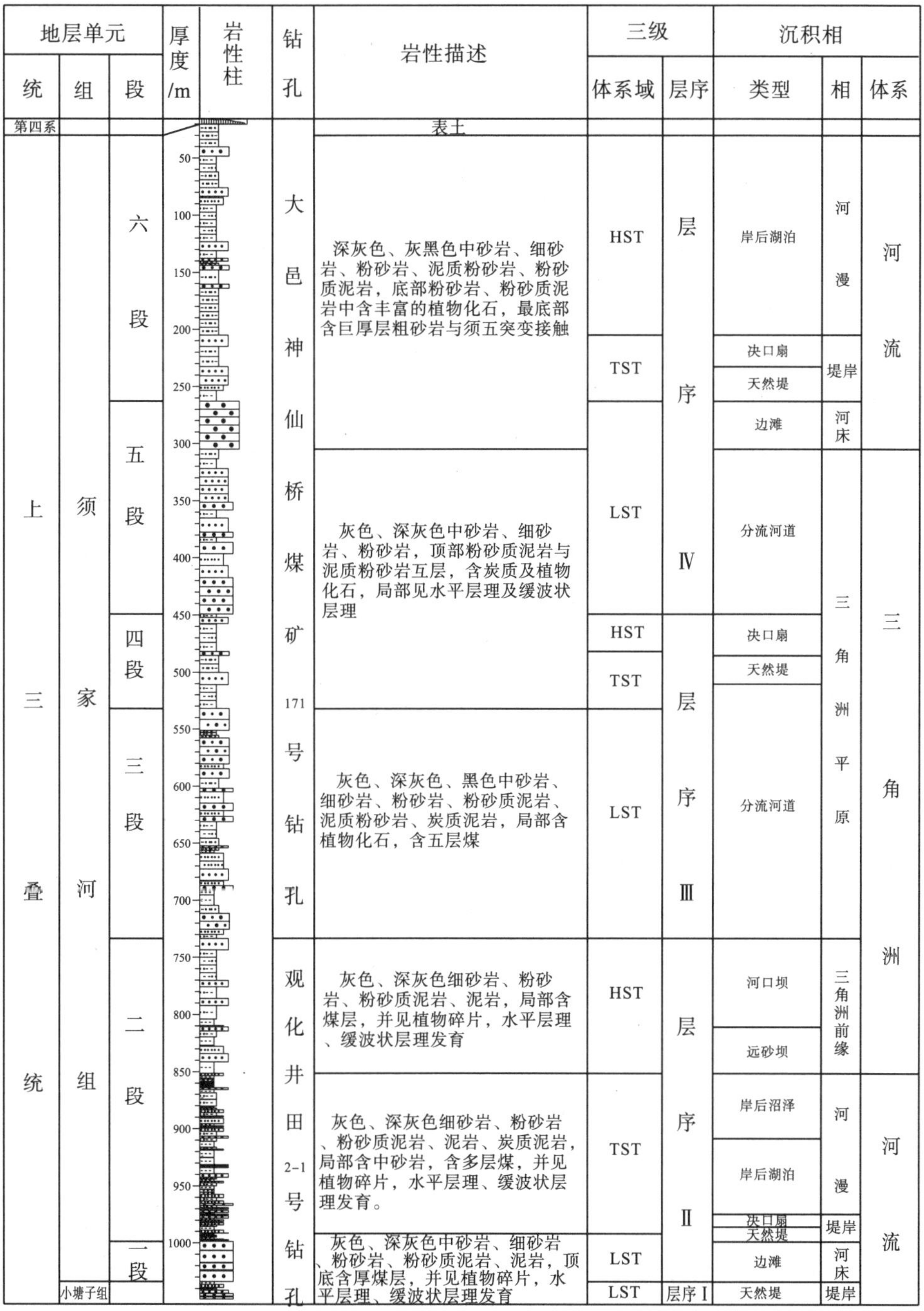

地层单元			厚度/m	岩性柱	钻孔	岩性描述	三级		沉积相		
统	组	段					体系域	层序	类型	相	体系
第四系			50			表土					
上三叠统	须家河组	六段	100／150／200／250		大邑神仙桥煤矿171号钻孔	深灰色、灰黑色中砂岩、细砂岩、粉砂岩、泥质粉砂岩、粉砂质泥岩，底部粉砂岩、粉砂质泥岩中含丰富的植物化石，最底部含巨厚层粗砂岩与须五突变接触	HST	层序Ⅴ	岸后湖泊	河漫	河流
							TST		决口扇	堤岸	
									天然堤		
		五段	300／350／400			灰色、深灰色中砂岩、细砂岩、粉砂岩，顶部粉砂质泥岩与泥质粉砂岩互层，含炭质及植物化石，局部见水平层理及缓波状层理			边滩	河床	
							LST	Ⅳ	分流河道	三角洲平原	三角洲
		四段	450／500				HST	层序Ⅳ	决口扇		
							TST		天然堤		
		三段	550／600／650／700			灰色、深灰色、黑色中砂岩、细砂岩、粉砂岩、粉砂质泥岩、泥质粉砂岩、炭质泥岩，局部含植物化石，含五层煤	LST	Ⅲ	分流河道		
		二段	750／800／850／900／950		观化井田2-1号钻孔	灰色、深灰色细砂岩、粉砂岩、粉砂质泥岩、泥岩，局部含煤层，并见植物碎片，水平层理、缓波状层理发育	HST	层序Ⅱ	河口坝	三角洲前缘	三角洲
									远砂坝		
						灰色、深灰色细砂岩、粉砂岩、粉砂质泥岩、泥岩、炭质泥岩，局部含中砂岩，含多层煤，并见植物碎片，水平层理、缓波状层理发育。	TST		岸后沼泽	河漫	河流
									岸后湖泊		
									决口扇	堤岸	
									天然堤		
		一段	1000			灰色、深灰色中砂岩、细砂岩、粉砂岩、粉砂质泥岩、泥岩，顶底含厚煤层，并见植物碎片，水平层理、缓波状层理发育	LST		边滩	河床	
	小塘子组						LST	层序Ⅰ	天然堤	堤岸	

图 3-3-21　雅荥煤田龙门山前陆晚三叠世含煤地层实测剖面沉积相及层序地层分析柱状图

图例　表土　煤层　碳质泥岩　粗砂岩　中砂岩　中-细砂岩　细砂岩　粉砂岩　泥质粉砂岩　泥岩　粉砂质泥岩

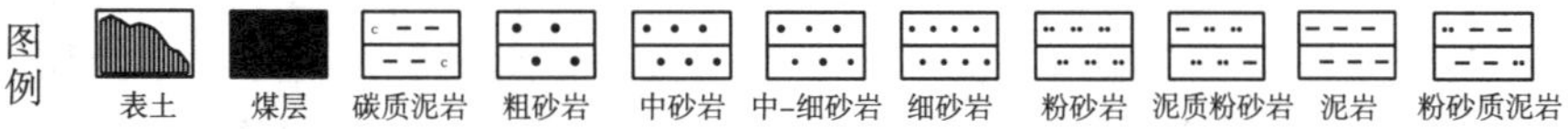

4. 荣山勘探区 XVI4 号孔沉积相及层序地层分析

荣山勘探区 XVI4 号孔位于本区北部广旺矿区，揭露须家河组地层 364.8 m。

层序界面：小塘子组、雷口坡组以及须家河组五段、六段缺失，因此未见侵蚀不整合面。由于须家河组一段、三段大段砂体发育，则初始湖泛面划在须家河组一段、三段顶板。在须家河组没有石灰岩沉积，因此最大湖泛面的追踪相对比较困难，在荣山勘探区 XVI4 号孔中，最大湖泛面主要以须家河组二段、四段的厚层湖相泥岩的底板为标志。通过以上研究，可以在荣山勘探区 XVI4 号孔中共识别出两个三级层序，其中包括两个初始湖泛面和两个最大湖泛面。

层序Ⅰ：对应小塘子组，缺失（钻孔未揭露）。

层序Ⅱ：对应须家河组一段和须家河组二段，由下向上发育低位体系域、湖侵体系域和高位体系域。

低位体系域：①主要岩性：中砂岩。②颜色：浅灰色、灰色。③沉积构造：平行层理。沉积相主要表现为河床相的边滩。

湖侵体系域：①主要岩性：页岩。②颜色：灰黑色、深灰色。③沉积构造：主要见水平层理、缓波状层理。沉积相主要表现为堤岸相的天然堤过渡到河漫相的岸后沼泽。

高位体系域：①主要岩性：细砂岩、粉砂质泥岩、泥质粉砂岩，局部夹煤层。②颜色：深灰色、灰色、灰黑色。③沉积构造：不显层理。沉积相主要表现为河漫相的岸后沼泽—岸后湖泊—岸后沼泽等的叠置序列。

层序Ⅲ：对应须家河组三段和须家河组四段，由下向上发育低位体系域、湖侵体系域和高位体系域。

低位体系域：①主要岩性：中砂岩、砾岩、含砾砂岩。②颜色：浅灰色、灰色、灰白色。③沉积构造：主要发育大型交错层理、槽状层理。沉积相主要表现为冲积扇体系扇根相的主槽向上过渡到扇中相的漫流。

湖侵体系域：①主要岩性：中砂岩、细砂岩、砂质页岩，夹数层煤层。②颜色：灰黑色、深灰色、灰色。③沉积构造：主要见沙纹层理。沉积相主要表现为滨湖相的滨湖泥向上滨湖砂坝、过渡到滨湖沼泽再到滨湖砂坝。

高位体系域：①主要岩性：细砂岩、砂质页岩、页岩。②颜色：深灰色、灰黑色。③沉积构造：见水平层理、波状层理。沉积相主要表现为浅湖相的浅湖泥→浅湖砂坝→浅湖泥的序列。

层序Ⅳ：对应须家河组五段和须家河组六段，缺失。

荣山勘探区ⅩⅥ4 号孔沉积相及层序地层分析柱状图见图 3-3-22。

5. 红坭矿区红果井田 2 号孔沉积相及层序地层分析

红坭矿区红果井田 2 号孔位于攀枝花煤田南部红坭矿区，揭露晚三叠世含煤地层 612.4 m。

层序界面：该钻孔含煤地层包括大荞地组与宝顶组，上下未见顶底。宝鼎盆地层序划分为大荞地组底界为一个层序界面，宝顶组与大荞地组的界面为层序Ⅰ及层序Ⅱ的界面，而宝顶组划分为三个三级层序。该孔只发育层序Ⅰ及层序Ⅱ，而层序Ⅱ顶部未见顶，只揭露低位体系域。在该孔中识别出一个初始湖(海)泛面，一个最大湖(海)泛面。

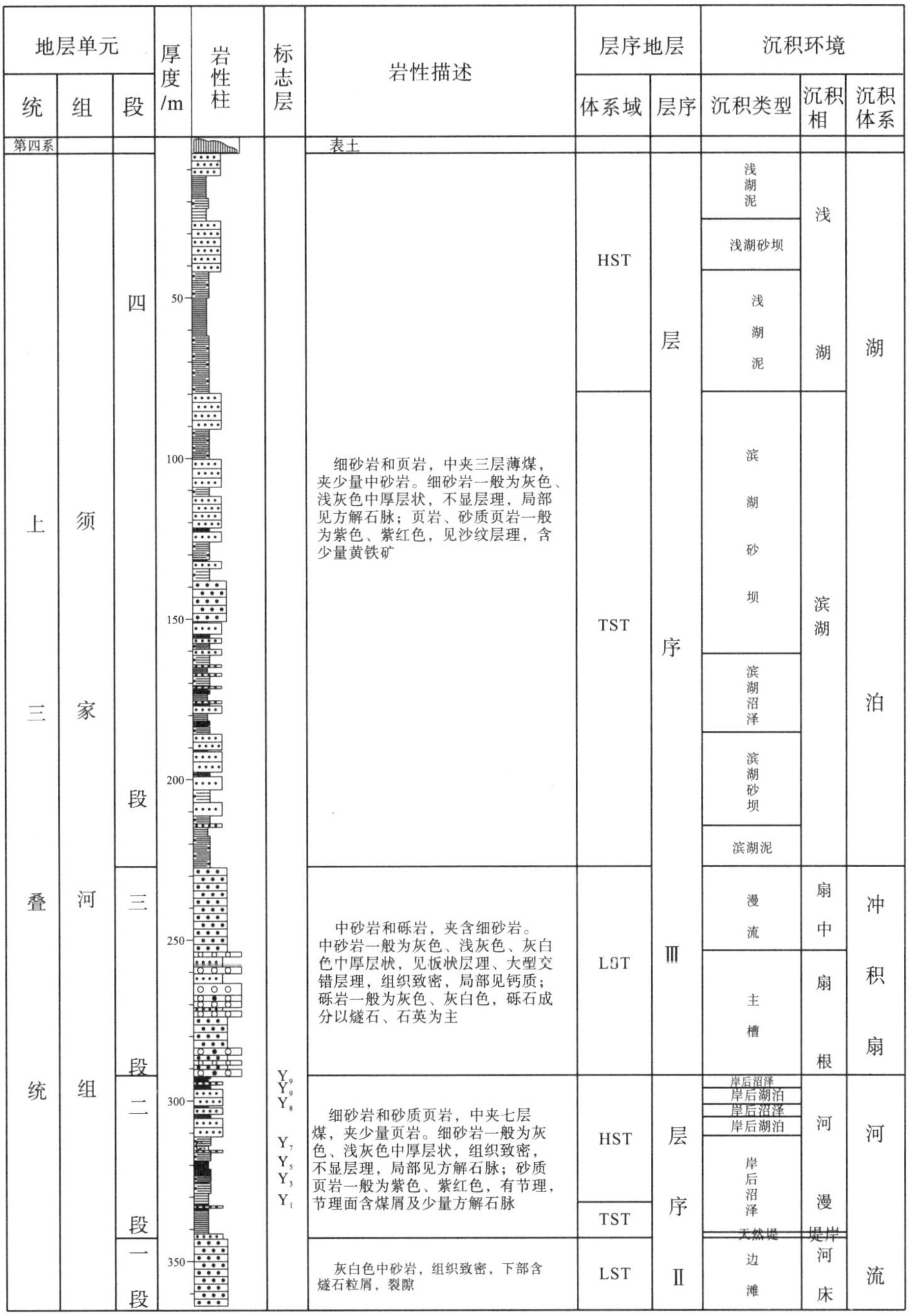

地层单元			厚度/m	岩性柱	标志层	岩性描述	层序地层		沉积环境		
统	组	段					体系域	层序	沉积类型	沉积相	沉积体系
第四系						表土					
上 三 叠 统	须 家 河 组	四 段				细砂岩和页岩，中夹三层薄煤，夹少量中砂岩。细砂岩一般为灰色、浅灰色中厚层状，不显层理，局部见方解石脉；页岩、砂质页岩一般为紫色、紫红色，见沙纹层理，含少量黄铁矿	HST	层 序 Ⅳ	浅湖泥	浅湖	湖泊
									浅湖砂坝		
									浅湖泥		
							TST		滨湖砂坝	滨湖	
		三 段							滨湖沼泽		
									滨湖砂坝		
									滨湖泥		
						中砂岩和砾岩，夹含细砂岩。中砂岩一般为灰色、浅灰色、灰白色中厚层状，见饭状层理、大型交错层理，组织致密，局部见钙质；砾岩一般为灰色、灰白色，砾石成分以燧石、石英为主	LST	Ⅲ	漫流	扇中	冲积扇
		二 段							主槽	扇根	
					Yᵣ⁹ Yᵣ⁸ Yᵣ⁷ Y₅ Y₃ Y₁	细砂岩和砂质页岩，中夹七层煤，夹少量页岩。细砂岩一般为灰色、浅灰色中厚层状，组织致密，不显层理，局部见方解石脉；砂质页岩一般为紫色、紫红色，有节理，节理面含煤屑及少量方解石脉	HST	层 序 Ⅱ	岸后沼泽 / 岸后湖泊 / 岸后沼泽 / 岸后湖泊	河漫堤岸	河流
									岸后沼泽		
							TST		天然堤		
统		一 段				灰白色中砂岩，组织致密，下部含燧石粒屑，裂隙	LST	Ⅰ	边滩	河床	

图 3-3-22 广旺荣山勘探区ⅩⅥ4号孔晚三叠世含煤地层实测剖面沉积相及层序地层分析柱状图

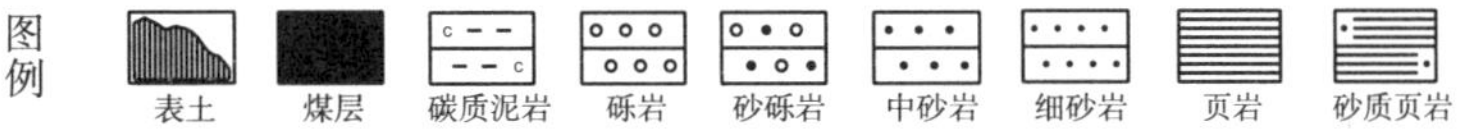

图例: 表土　煤层　碳质泥岩　砾岩　砂砾岩　中砂岩　细砂岩　页岩　砂质页岩

层序Ⅰ：对应大荞地组地层。由下向上发育低位体系域、湖（海）侵体系域和高位体系域。

低位体系域：①主要岩性：粗砂岩、中砂岩、细砂岩、粉砂岩、粉砂质泥岩、泥岩，偶夹薄煤层。②颜色：深灰色、灰色、浅灰色。③沉积构造：主要见平行层理水平层理、缓波状层理。沉积相表现为三角洲平原的分流河道、分流间湾过渡为曲流河沉积再过渡为三角洲沉积，又过渡为辫状河辫状河道沉积。

湖（海）侵体系域：①主要岩性：细砂岩、粉砂岩、泥岩。②颜色：灰色、深灰色。③沉积构造：主要见交错层理、槽状层理、水平层理。沉积相主要表现为心滩向上到河漫滩再过渡到三角洲平原的分流河道、分流间湾，再过渡为三角洲前缘远砂坝沉积。

高位体系域：①主要岩性：中砂岩、细砂岩、粉砂岩—细砂岩、粉砂岩、粉砂质泥岩、泥质粉砂岩。②颜色：深灰色、灰色。③沉积构造：见水平层理、缓波状层理、沙纹层理。沉积相主要表现为河流的河床滞留向上过度为边滩到天然堤、决口扇再向上过渡到河漫的岸后湖泊沉积。

层序Ⅱ：对应宝顶组底部地层。只揭露了低位体系域。

低位体系域：由大茂箐组三段底部大段中砂岩组成。①主要岩性：中砂岩—细砂岩、粉砂岩。②颜色：浅灰色、灰色。③沉积构造：主要发育平行层理、槽状层理、大型交错层理。沉积相主要表现为河流相的边滩沉积。

湖（海）侵体系域：未揭露。

高位体系域：未揭露。

红坭矿区红果井田 2 号孔沉积相及层序地层分析柱状图见图 3-3-23。

6.达县铁山实测剖面层序及沉积相分析

达县铁山剖面位于本区东部，华蓥山断裂一带，实测剖面总长度为 519.3 m，揭露须家河组地层 505.3 m，本剖面小塘子组缺失。

层序界面：本区小塘子组缺失，因此达县铁山剖面缺失层序Ⅰ。须家河组一段底部和雷口坡组之间存在着一个侵蚀不整合面，将此界面作为层序Ⅱ的底界面。由于须家河组一段、三段和五段大段砂体发育，则初始湖泛面划在须家河组一段、三段和五段的顶板。在须家河组没有石灰岩沉积，因此最大湖泛面的追踪相对比较困难，在达县铁山中，最大湖泛面主要以须家河组二段、四段和六段的厚层湖相泥岩的底板为标志。通过以上研究，可以在达县铁山剖面中共识别出三个三级层序，其中包括一个侵蚀不整合面、三个初始湖泛面和三个最大湖泛面。

层序Ⅱ：对应须家河组一段和须家河组二段，由下向上发育低位体系域、湖侵体系域和高位体系域。

低位体系域：①主要岩性：中砂岩、细砂岩、粉砂岩、粉砂质泥岩、泥岩。②颜色：灰色、黄灰色。③沉积构造：主要发育平行层理、小型交错层理。沉积相主要表现为底部的河床相的河床滞留沉积向上过渡到河床相的边滩→河漫相的岸后湖泊等的叠置序列。

湖侵体系域：①主要岩性：细砂岩、粉砂岩、粉砂质泥岩、泥岩、灰质粉砂岩。②颜色：灰黑色、黑色。③沉积构造：主要见水平层理。沉积相主要表现为底部的浅湖相的浅湖泥向上过渡到滨湖相的滨岸砂坝到滨湖沼泽的叠置序列。

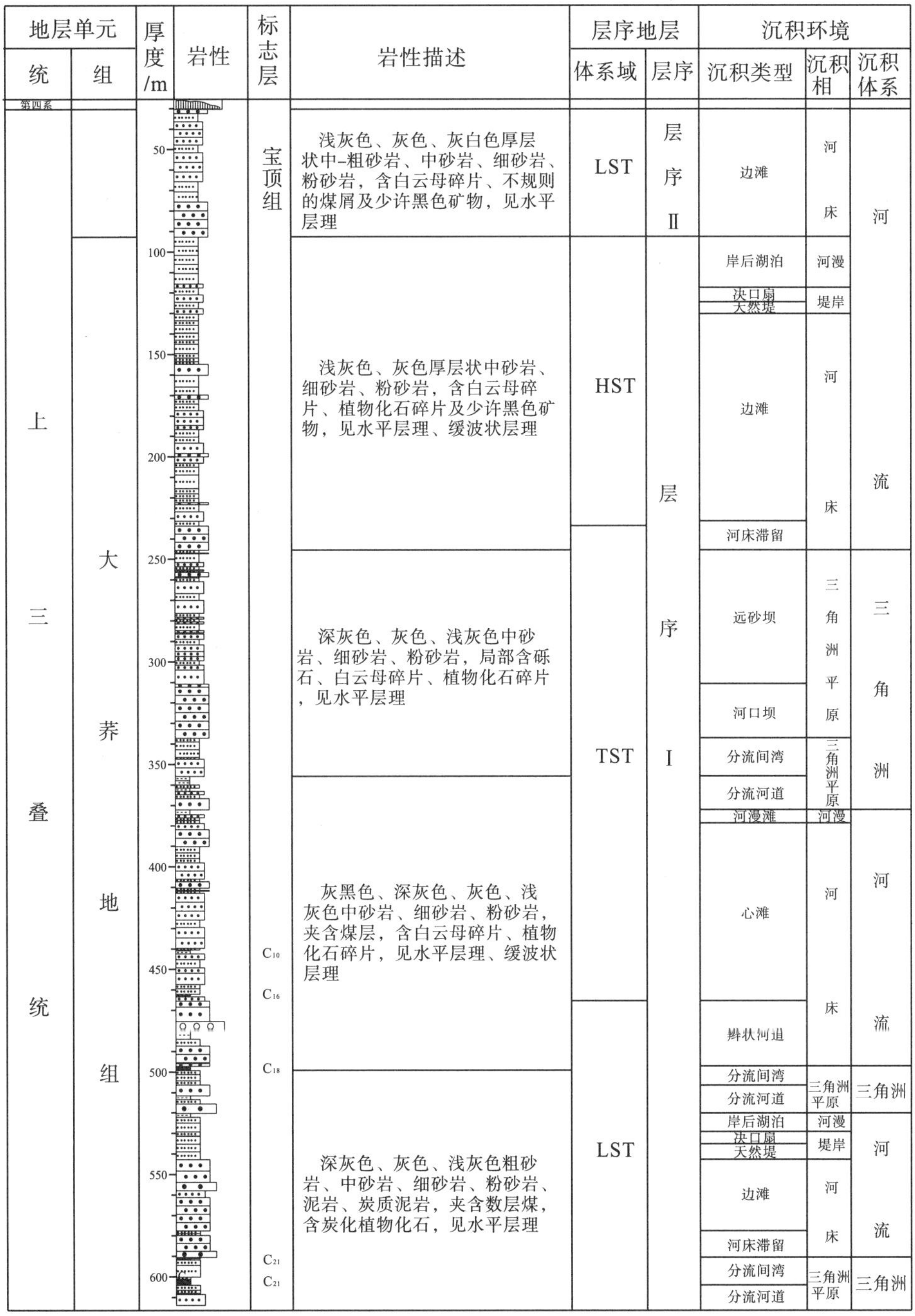

地层单元		厚度/m	岩性	标志层	岩性描述	层序地层		沉积环境		
统	组					体系域	层序	沉积类型	沉积相	沉积体系
第四系		50		宝顶组	浅灰色、灰色、灰白色厚层状中-粗砂岩、中砂岩、细砂岩、粉砂岩，含白云母碎片、不规则的煤屑及少许黑色矿物，见水平层理	LST	层序 Ⅱ	边滩	河床	河流
上 三 叠 统	大 荞 地 组	100			浅灰色、灰色厚层状中砂岩、细砂岩、粉砂岩，含白云母碎片、植物化石碎片及少许黑色矿物，见水平层理、缓波状层理	HST	层序 Ⅰ	岸后湖泊	河漫	河流
		150						决口扇 天然堤	堤岸	
		200						边滩	河床	
		250						河床滞留		
		300			深灰色、灰色、浅灰色中砂岩、细砂岩、粉砂岩，局部含砾石、白云母碎片、植物化石碎片，见水平层理	TST		远砂坝	三角洲平原	三角洲
		350						河口坝		
								分流间湾	三角洲平原	
								分流河道		
		400			灰黑色、深灰色、灰色、浅灰色中砂岩、细砂岩、粉砂岩，夹含煤层，含白云母碎片、植物化石碎片，见水平层理、缓波状层理			河漫滩	河漫	河流
		450	C₁₀ C₁₆					心滩	河床	
		500	C₁₈					辫状河道		
								分流间湾	三角洲平原	三角洲
		550			深灰色、灰色、浅灰色粗砂岩、中砂岩、细砂岩、粉砂岩、泥岩、炭质泥岩，夹含数层煤，含炭化植物化石，见水平层理	LST		分流河道		
								岸后湖泊	河漫	河流
								决口扇 天然堤	堤岸	
								边滩	河床	
		600	C₂₁ C₂₁					河床滞留		
								分流间湾	三角洲平原	三角洲
								分流河道		

注:大荞地组为原红果组一段、二段及大茂菁组一段、二段；宝顶组为原大茂菁组三段

图 3-3-23　红圫矿区红果井田 2 号孔晚三叠世含煤地层实测剖面沉积相及层序地层分析柱状图

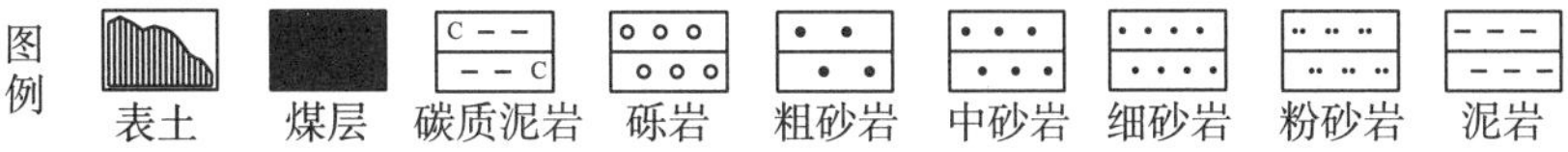

图例　表土　煤层　碳质泥岩　砾岩　粗砂岩　中砂岩　细砂岩　粉砂岩　泥岩

层序Ⅰ：对应小塘子组，本剖面缺失。

高位体系域：①主要岩性：灰质粉砂岩、粉砂岩、泥岩。②颜色：深灰色、灰色。③沉积构造：见沙纹层理。沉积相由底部到顶部主要表现为浅湖相的浅湖砂坝向上过渡到浅湖泥。

层序Ⅲ：对应须家河组三段和须家河组四段，由下向上发育低位体系域、湖侵体系域和高位体系域。

低位体系域：①主要岩性：中砂岩、细砂岩、粉砂岩。②颜色：浅灰色、灰黄色。③沉积构造：主要发育交错层理、槽状层理。沉积相主要表现为由底部的河床相的边滩过渡到顶部的三角洲平原相的分流河道。

湖侵体系域：①主要岩性：细砂岩、粉砂岩、泥岩。②颜色：灰黑色、灰色。③沉积构造：主要见沙纹层理，有根土岩和生物潜穴出现。沉积相主要表现为浅湖相和滨湖相的滨湖砂坝→滨湖沼泽序列。

高位体系域：①主要岩性：中砂岩、细砂岩、粉砂岩、泥质粉砂岩、泥岩。②颜色：深灰色、黑色。③沉积构造：见水平层理、波状层理。沉积相主要表现为底部滨湖相的滨湖沼泽向上过渡到三角洲平原相的分流河道→分流间湾序列。

层序Ⅳ：对应须家河组五段和须家河组六段，由下向上发育低位体系域、湖侵体系域和高位体系域。

低位体系域：由须家河组五段底部大段粗砂岩、中砂岩组成。①主要岩性：粗砂岩、中砂岩、泥岩。②颜色：浅灰色、灰黄色。③沉积构造：主要发育平行层理、槽状层理、交错层理。沉积相主要表现为河床相的边滩。

湖侵体系域：①主要岩性：细砂岩、粉砂岩、泥岩，局部见煤层。②颜色：灰黑色、深灰色。③沉积构造：主要见水平层理，低角度交错层理。沉积相主要表现为河漫相的岸后沼泽。

高位体系域：①主要岩性：中砂岩、细砂岩、泥岩。②颜色：浅灰色，灰黄色。③沉积构造：见交错层理。沉积相主要表现为河床相的边滩。

达县铁山实测剖面沉积相及层序地层分析柱状图见图3-3-24。

7.营21井层序及沉积相分析

营21井(图3-3-25)位于本区中部，位于川中赋煤带。总钻深为2672.13 m，揭露晚三叠世小塘子组和须家河组地层656.1 m。

层序界面：小塘子组底部和雷口坡组之间存在着一个侵蚀不整合面，将此界面作为层序Ⅰ的底界面。由于须家河组一段、三段和五段大段砂体发育，则初始湖泛面划在须家河组一段、三段和五段顶板。在须家河组没有石灰岩沉积，因此最大湖泛面的追踪相对比较困难，在营21井中，最大湖泛面主要以须家河组二段、四段和六段的厚层湖相泥岩的底板为标志，在测井上则表现为自然伽玛的相对高值区。通过以上研究，可以在营21井中共识别出四个三级层序，其中包括一个侵蚀不整合面、三个初始湖泛面和四个最大湖泛面。

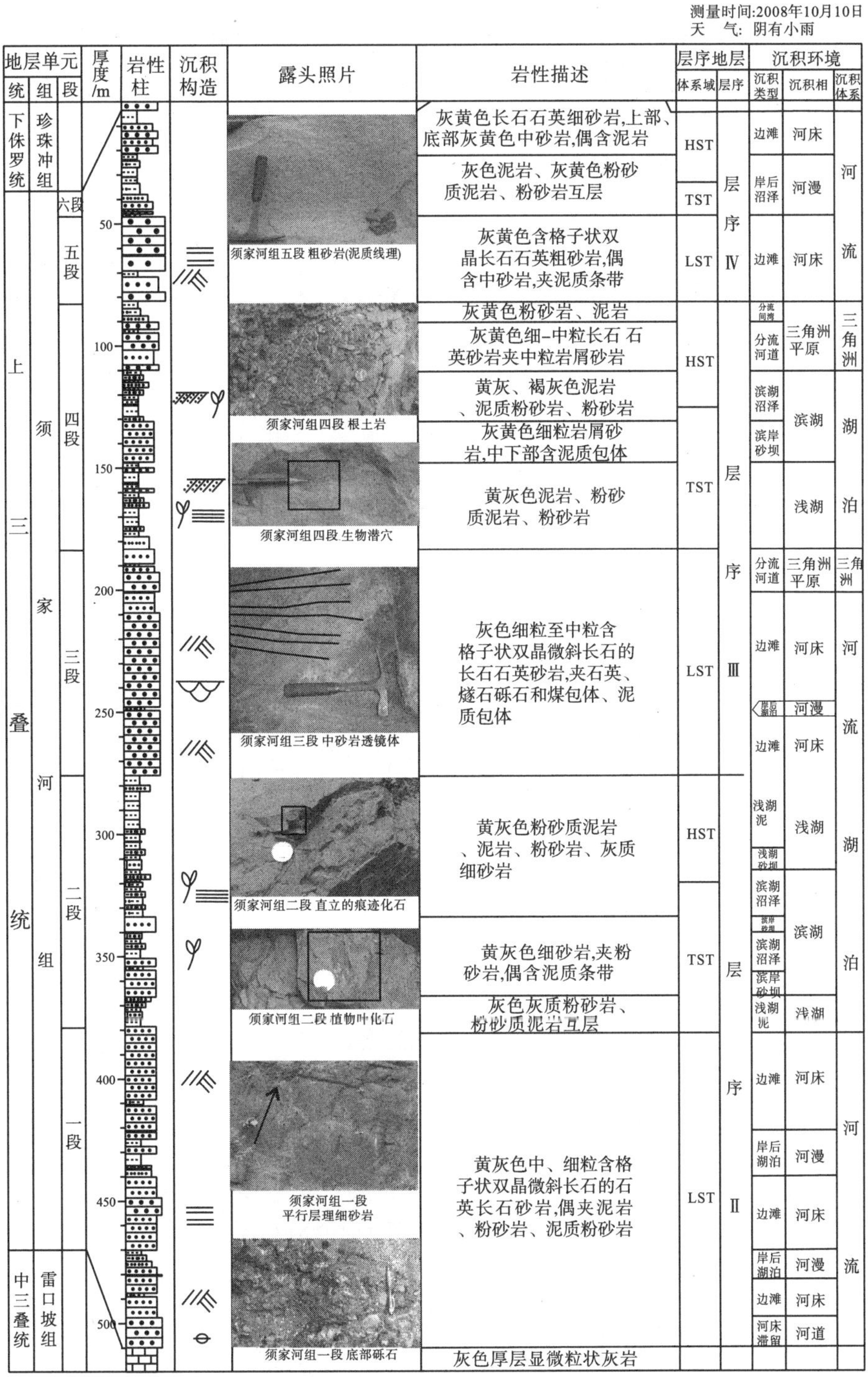

测量时间:2008年10月10日
天　气: 阴有小雨

地层单元			厚度/m	岩性柱	沉积构造	露头照片	岩性描述	层序地层		沉积环境		
统	组	段						体系域类型	层序	沉积类型	沉积相	沉积体系
下侏罗统	珍珠冲组	六段	50				灰黄色长石英细砂岩,上部、底部灰黄色中砂岩,偶含泥岩	HST	层序Ⅳ	边滩	河床	河流
						须家河组五段 粗砂岩(泥质线理)	灰色泥岩、灰黄色粉砂质泥岩、粉砂岩互层	TST		岸后沼泽	河漫	
		五段					灰黄色含格子状双晶长石英粗砂岩,偶含中砂岩,夹泥质条带	LST		边滩	河床	
上三叠统	须家河组	四段	100				灰黄色粉砂岩、泥岩	HST		分流间湾	三角洲平原	三角洲
							灰黄色细–中粒长石 石英砂岩夹中粒岩屑砂岩			分流河道	三角洲平原	
						须家河组四段 根土岩	黄灰、褐灰色泥岩、泥质粉砂岩、粉砂岩		层序Ⅲ	滨湖沼泽	滨湖	湖泊
			150				灰黄色细粒岩屑砂岩,中下部含泥质包体	TST		滨岸砂坝		
						须家河组四段 生物潜穴	黄灰色泥岩、粉砂质泥岩、粉砂岩			浅湖		
		三段	200				灰色细粒至中粒含格子状双晶微斜长石的长石石英砂岩,夹石英、燧石砾石和煤包体、泥质包体	LST		分流河道	三角洲平原	三角洲
			250			须家河组三段 中砂岩透镜体				边滩	河床	河流
										岸后沼泽	河漫	
										边滩	河床	
		二段	300			须家河组二段 直立的痕迹化石	黄灰色粉砂质泥岩、泥岩、粉砂岩、灰质细砂岩	HST		浅湖泥 浅湖砂坝	浅湖	湖泊
			350			须家河组二段 植物叶化石	黄灰色细砂岩,夹粉砂岩,偶含泥质条带	TST	层序	滨湖沼泽 滨湖沼泽 滨岸砂坝	滨湖	
							灰色灰质粉砂岩、粉砂质泥岩互层			浅湖泥	浅湖	
		一段	400			须家河组一段 平行层理细砂岩	黄灰色中、细粒含格子状双晶微斜长石的石英长石砂岩,偶夹泥岩、粉砂岩、泥质粉砂岩	LST	层序Ⅱ	边滩	河床	河流
			450							岸后湖泊	河漫	
										边滩	河床	
										岸后湖泊	河漫	
中三叠统	雷口坡组		500			须家河组一段 底部砾石	灰色厚层显微粒状灰岩			边滩	河床	
											河床滞留	

图 3-3-24　达竹矿区铁山晚三叠世含煤地层实测剖面沉积相及层序地层分析柱状图

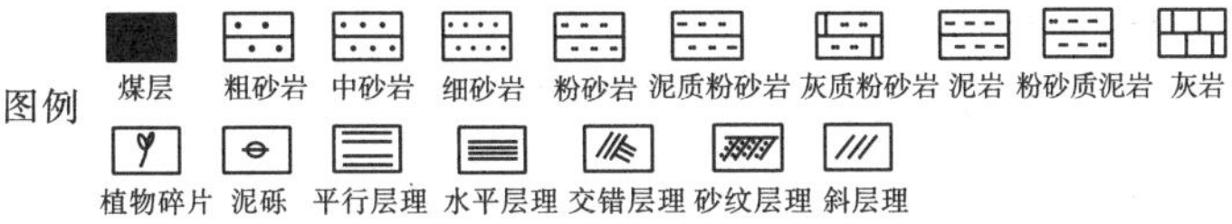

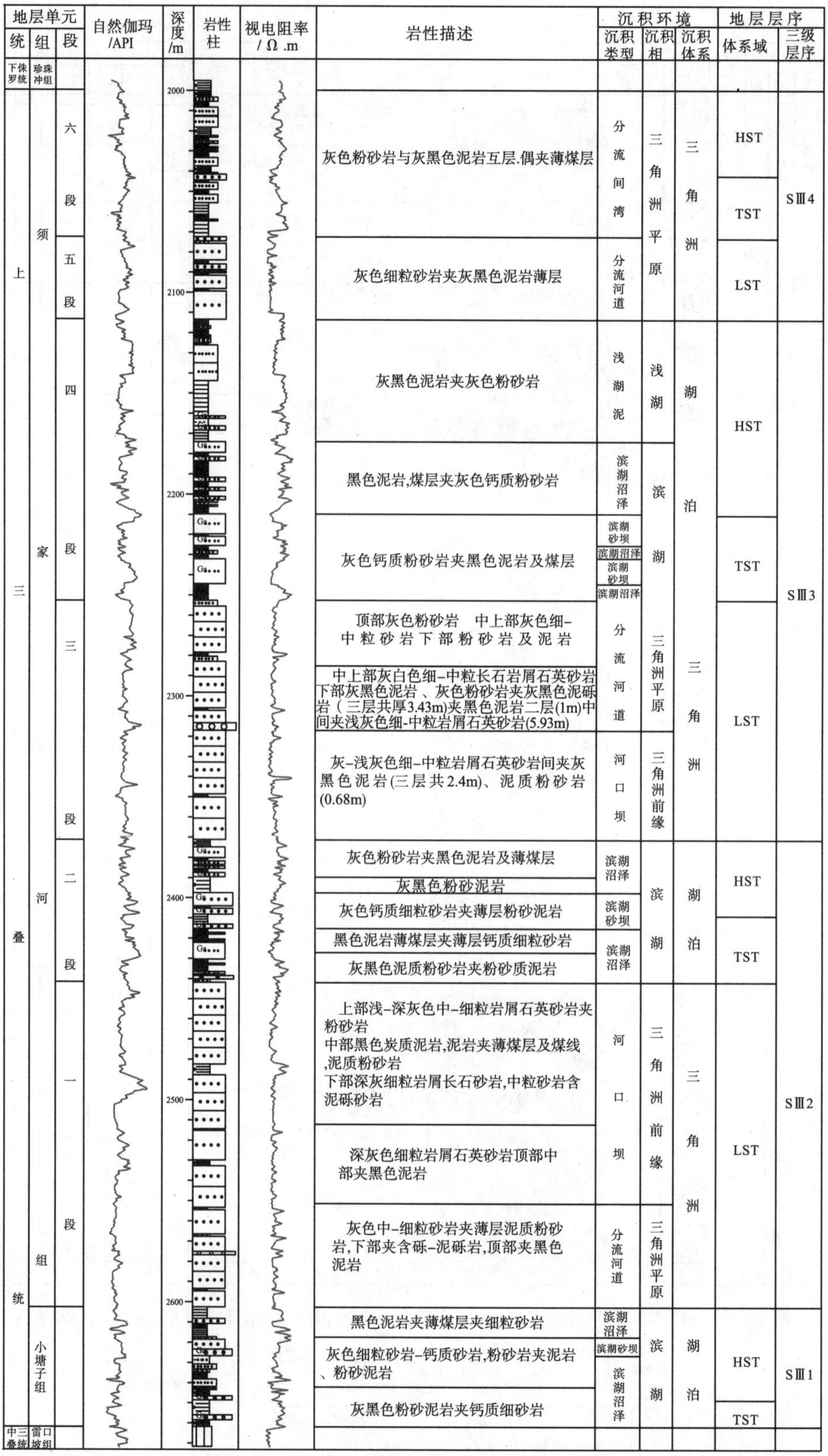

地层单元			自然伽玛/API	深度/m	岩性柱	视电阻率/Ω.m	岩性描述	沉积环境			地层层序	
统	组	段						沉积类型	沉积相	沉积体系	体系域	三级层序
下侏罗统	珍珠冲组			2000								
上三叠统	须家河组	六段					灰色粉砂岩与灰黑色泥岩互层.偶夹薄煤层	分流间湾	三角洲平原	三角洲	HST	SⅢ4
		五段		2100			灰色细粒砂岩夹灰黑色泥岩薄层	分流河道			TST / LST	
		四段					灰黑色泥岩夹灰色粉砂岩	浅湖泥	浅湖	湖泊	HST	SⅢ3
				2200			黑色泥岩,煤层夹灰色钙质粉砂岩	滨湖沼泽	滨湖		TST	
							灰色钙质粉砂岩夹黑色泥岩及煤层	滨湖砂坝 / 滨湖沼泽 / 滨湖砂坝 / 滨湖沼泽				
		三段					顶部灰色粉砂岩 中上部灰色细－中粒粉砂岩下部砂岩及泥岩	分流河道	三角洲平原	三角洲		
				2300			中上部灰白色细－中粒长石岩屑石英砂岩下部灰黑色泥岩、灰色粉砂岩夹灰黑色泥砾岩（三层共厚3.43m）夹黑色泥岩二层(1m)中间夹浅灰色细－中粒岩屑石英砂岩(5.93m)	分流河道			LST	
							灰－浅灰色细－中粒岩屑石英砂岩间夹灰黑色泥岩(三层共2.4m)、泥质粉砂岩(0.68m)	河口坝	三角洲前缘			
		二段		2400			灰色粉砂岩夹黑色泥岩及薄煤层	滨湖沼泽	滨湖	湖泊	HST	
							灰黑色粉砂泥岩	滨湖砂坝				
							灰色钙质细粒砂岩夹薄层粉砂岩				TST	
							黑色泥岩薄煤层夹薄层钙质细粒砂岩	滨湖沼泽				
							灰黑色泥质粉砂岩夹粉砂质泥岩					
							上部浅－深灰色中－细粒岩屑石英岩夹粉砂岩 中部黑色炭质泥岩,泥岩夹薄煤层及煤线,泥质粉砂岩 下部深灰细粒岩屑长石砂岩,中粒砂岩含泥砾砂岩	河口坝	三角洲前缘	三角洲	LST	SⅢ2
				2500			深灰色细粒岩屑石英砂岩顶部中部夹黑色泥岩					
		一段					灰色中－细粒砂岩夹薄层泥质粉砂岩,下部夹含砾－泥砾岩,顶部夹黑色泥岩	分流河道	三角洲平原			
				2600			黑色泥岩夹薄煤层夹细粒砂岩	滨湖沼泽	滨湖	湖泊	HST	SⅢ1
	小塘子组						灰色细粒砂岩－钙质砂岩,粉砂岩夹泥岩、粉砂泥岩	滨湖砂坝				
							灰黑色粉砂泥岩夹钙质细砂岩	滨湖沼泽			TST	
中三叠统	雷口坡组											

图 3-3-25　川中煤田营 21 井晚三叠世含煤地层沉积相及层序地层分析柱状图

层序Ⅰ：对应小塘子组，主要发育湖侵体系域和高位体系域。

湖侵体系域：①主要岩性：砂质泥岩、钙质中砂岩。②颜色：灰色、深灰色。③沉积构造：主要发育沙纹层理、水平层理。④测井：主要呈箱形。沉积相主要表现为滨湖相的滨湖沼泽。

高位体系域：①主要岩性：钙质中砂岩、细砂岩、粉砂岩、泥质粉砂岩、泥岩，顶部见薄煤层。②颜色：黑色、深灰色。③沉积构造：主要见水平层理、沙纹层理。④测井：呈倒圣诞树状。沉积相表现为由底到顶滨湖相的滨湖沼泽→滨湖砂坝→滨湖沼泽。

层序Ⅱ：对应须家河组一段和须家河组二段，由下向上发育低位体系域、湖侵体系域和高位体系域。

低位体系域：①主要岩性：泥砾岩、细砂岩、粉砂岩、泥岩、砂质泥岩。②颜色：灰色、灰黄色。③沉积构造：主要发育平行层理、小型交错层理、槽状层理。④测井：底部主要为圣诞树型，顶部主要为倒圣诞树型。沉积相主要发育底部的三角洲前缘相的河口坝向上过渡到三角洲平原相的分流河道的两个旋回，三角洲前缘以及三角洲平原发育程度大体相当。

湖侵体系域：①主要岩性：粉砂岩、泥质粉砂岩、钙质细砂岩、钙质粉砂岩、泥岩，局部夹煤层。②颜色：灰黑色、黑色。③沉积构造：主要见波状层理、沙纹层理。④测井：主要呈箱状。沉积相主要表现为滨湖相的滨湖沼泽到滨湖砂坝叠置序列。

高位体系域：①主要岩性：钙质细砂岩、钙质粉砂岩、砂质泥岩，局部见煤层。②颜色：深灰色、灰色。③沉积构造：见沙纹层理。④测井：呈钟形。沉积相主要表现为底部滨湖相的滨湖砂坝向上过渡到滨湖沼泽。

层序Ⅲ：对应须家河组三段和须家河组四段，由下向上发育低位体系域、湖侵体系域和高位体系域。

低位体系域：①主要岩性：细砂岩、粉砂岩、泥砾岩、泥岩。②颜色：浅灰色、灰黄色。③沉积构造：主要发育平行层理、槽状层理。④测井：底部主要为倒圣诞树型，顶部主要为圣诞树型。沉积相主要表现为由底部的三角洲前缘相的河口坝过渡到顶部三角洲平原相的分流河道，向上再重复此序列，总体以三角洲平原相为主。

湖侵体系域：①主要岩性：钙质粉砂岩、泥岩，局部见煤层。②颜色：黑色、灰色。③沉积构造：主要见沙纹层理。④测井：主要呈箱状。沉积相主要表现为滨湖相的滨湖沼泽、滨湖砂坝相互叠置。

高位体系域：①主要岩性：粉砂岩、钙质粉砂岩、泥岩，局部见煤层。②颜色：深灰色、黑色。③沉积构造：见水平层理、波状层理。④测井：呈钟形。沉积相主要表现为底部滨湖相的滨湖沼泽向上过渡到浅湖相的浅湖泥。

层序Ⅳ：对应须家河组五段和须家河组六段，由下向上发育低位体系域、湖侵体系域和高位体系域。

低位体系域：由须家河组五段大段细砂岩夹泥岩组成。①主要岩性：细砂岩、泥岩。②颜色：灰色、灰黑色。③沉积构造：主要发育平行层理、槽状层理。④测井：主要为松塔状。沉积相主要表现为三角洲平原相的分流河道。

湖侵体系域：①主要岩性：细砂岩、粉砂岩、泥岩，局部见煤层。②颜色：灰黑色、深灰色。③沉积构造：主要见水平层理，低角度交错层理。④测井：主要呈箱状。沉积相主要表现为三角洲平原相的分流间湾。

高位体系域：①主要岩性：粉砂岩、砂质泥岩，见煤层。②颜色：深灰色，灰黑色。③沉积构造：见水平层理、波状层理。④测井：呈箱状。沉积相主要表现为三角洲平原相的分流间湾。

8. 盐源矿区沉积相及层序地层分析

该矿区沉积相及层序地层分析综合柱状图（图3-3-26）主要包括三个钻孔，其中包括干塘9-3孔（白土田组八段、七段、六段和五段）、干塘4-1（白土田组四段、三段、二段和一段）以及梅家坪2-2（松桂组）。

层序界面：该综合柱状中共划分出四个层序，其中松桂组为层序Ⅰ，主要发育的是海陆交互相地层，为潮坪环境。整个白土田组砂岩发育，主要为辫状河及辫状河三角洲沉积，因此主要根据河流下切谷砂体底部河流冲刷面作为层序界面划分依据，共划分为三个层序，由下至上分别为层序Ⅱ、层序Ⅲ和层序Ⅳ。其中层序Ⅱ为白土田组一段、二段，层序Ⅲ为白土田组三段、四段及五段，层序Ⅳ为白土田组六段、七段及八段。分述如下：

层序Ⅰ：为松桂组，下伏地层未揭露，发育湖（海）侵体系域和高位体系域。

湖（海）体系域：①主要岩性：粉砂岩、细砂岩、泥质粉砂岩。②颜色：灰色、深灰色。③沉积构造：主要见水平层理、缓波状层理，薄层状，含植物碎片化石。沉积相主要表现为潮坪沉积。

高位体系域：①主要岩性：鲕粒灰岩、砂质灰岩、泥质灰岩、石灰岩、细砂岩、粉砂岩、泥岩、炭质泥岩、煤。②颜色：浅灰色、灰色、深灰色、黑色。③沉积构造：中厚层状，主要发育平行层理、水平层理，见泥质包体。沉积相主要表现碳酸盐岩局限台地沉积以及沼泽沉积。

层序Ⅱ：为白土田组一段、二段，由下向上发育低位体系域、湖（海）侵体系域和高位体系域。

低位体系域：①主要岩性：粗砂岩、中砂岩、细砂岩、粉砂岩。②颜色：浅灰色、灰色、深灰色。③沉积构造：主要发育交错层理、槽状层理、斜交层理、水平层理、平行层理、缓波状层理，见泥质包体及植物碎片化石。沉积相主要表现为辫状河河道及河漫滩沉积向上过渡为辫状河三角洲沉积。

湖（海）侵体系域：①主要岩性：粉砂岩、细砂岩、粗砂岩、中砂岩。②颜色：浅灰色、灰色、深灰色。③沉积构造：主要见交错层理、斜交层理、水平层理、平行层理、缓波状层理，见植物碎片化石。沉积相主要表现为辫状河三角洲平原的分流河道沉积以及分流间湾沉积。

高位体系域：①主要岩性：细砂岩、粉砂岩、中砂岩。②颜色：浅灰色、灰色。③沉积构造：见水平层理，植物枝干化石。沉积相主要表现为辫状河三角洲平原的分流间湾沉积。

层序Ⅲ：为白土田组三段、四段、五段，由下向上发育低位体系域、湖（海）侵体系域和高位体系域。

低位体系域：①主要岩性：粗砂岩。②颜色：浅灰色。③沉积构造：主要发育交错层理、平行层理。沉积相主要表现为辫状河河道沉积。

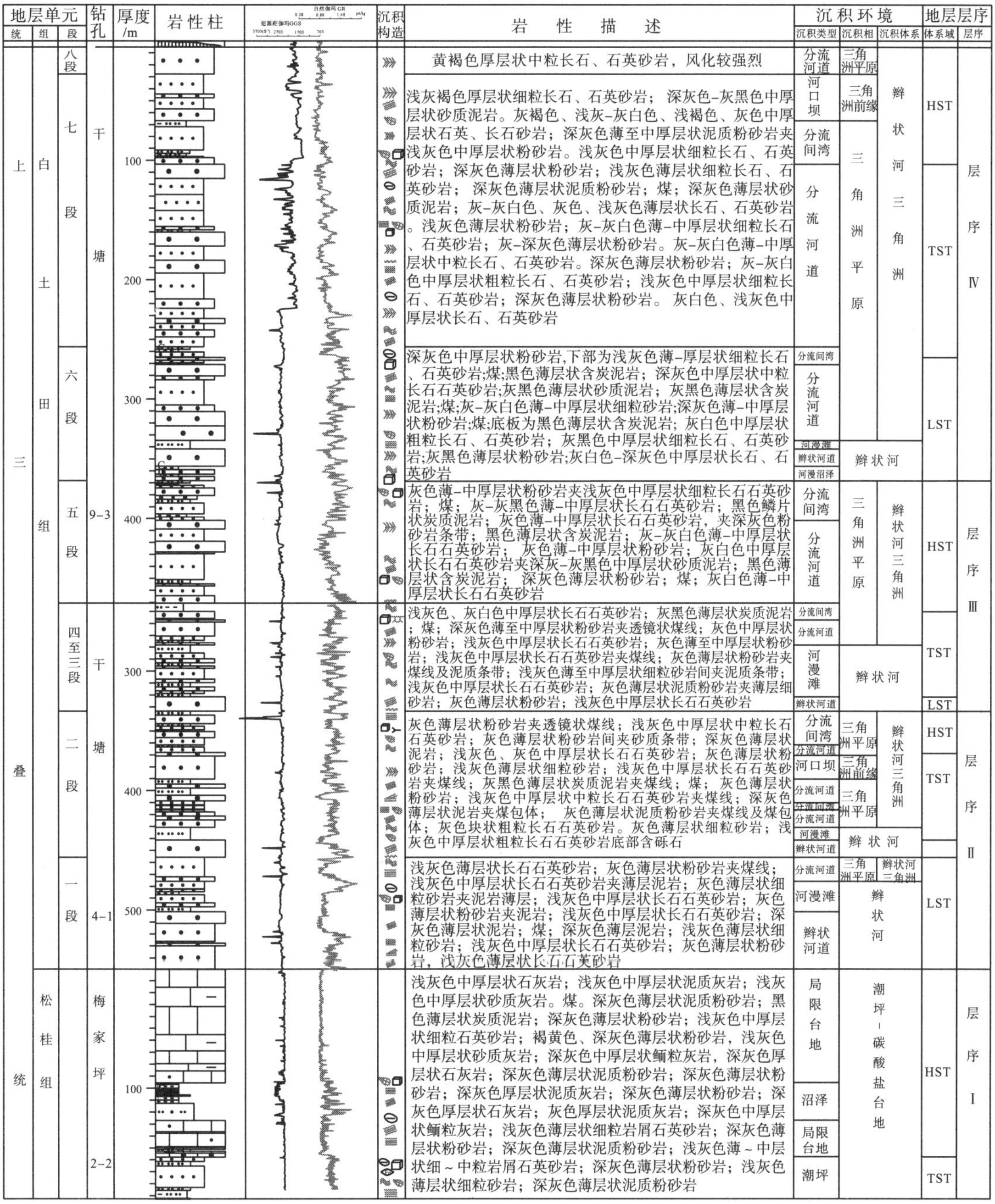

图 3-3-26　盐源矿区晚三叠世含煤地层沉积相及层序地层分析柱状图

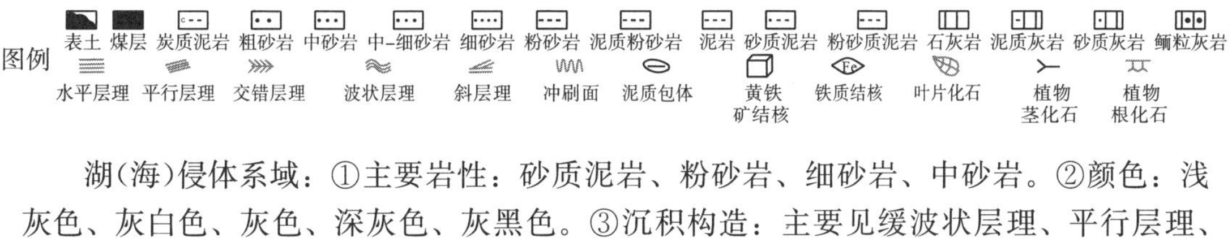

图例　表土　煤层　炭质泥岩　粗砂岩　中砂岩　中-细砂岩　细砂岩　粉砂岩　泥质粉砂岩　泥岩　砂质泥岩　粉砂质泥岩　石灰岩　泥质灰岩　砂质灰岩　鲕粒灰岩

水平层理　平行层理　交错层理　波状层理　斜层理　冲刷面　泥质包体　黄铁矿结核　铁质结核　叶片化石　植物茎化石　植物根化石

湖(海)侵体系域：①主要岩性：砂质泥岩、粉砂岩、细砂岩、中砂岩。②颜色：浅灰色、灰白色、灰色、深灰色、灰黑色。③沉积构造：主要见缓波状层理、平行层理、小型交错层理，见植物碎片化石。沉积相主要表现为辫状河河道沉积、河漫滩沉积和辫状河三角洲平原分流河道、分流间湾沉积。

高位体系域：①主要岩性：砂质泥岩、粉砂岩、细砂岩、中砂岩。②颜色：深灰色、灰黑色、灰色、灰白色、浅灰色。③沉积构造：主要见缓波状层理、平行层理、小型交错层理、微波状层理，见植物碎片化石。沉积相主要表现为辫状河三角洲平原的分流河道及分流间湾沉积。

层序Ⅳ：为白土田组六段、七段和八段，由下向上发育低位体系域、湖（海）侵体系域和高位体系域。

低位体系域：①主要岩性：粗砂岩、粉砂岩、中砂岩、细砂岩。②颜色：浅灰色、灰色、深灰色、灰白色、灰黑色。③沉积构造：主要发育交错层理、水平层理、缓波状层理、平行层理。沉积相主要表现为辫状河河道沉积和河漫滩沉积向上过渡为辫状河三角洲平原分流河道、分流间湾沉积。

湖（海）侵体系域：①主要岩性：细砂岩、粉砂岩、中砂岩、粗砂岩、泥质粉砂岩。②颜色：灰色、灰白色、灰褐色、深灰色、黄褐色。③沉积构造：主要见交错层理、水平层理、平行层理、缓波状层理，见泥质包体及植物碎片化石。沉积相主要表现为辫状河三角洲平原分流河道沉积。

高位体系域：①主要岩性：细砂岩、粉砂岩、中砂岩、泥质粉砂岩。②颜色：灰色、灰褐色、深灰色、黄褐色。③沉积构造：主要见交错层理、水平层理、平行层理、缓波状层理，见植物碎片化石。沉积相主要表现为辫状河三角洲平原分流间湾沉积过渡到三角洲前缘河口坝沉积，向上又过渡为三角洲平原分流河道沉积。

（四）四川盆地层序展布特征

为了控制盆地内各个部分的层序地层分布特征，说明层序地层在空间上的变化特征，我们在盆地内沿着西南—东北向（1条）和南—北向（2条）以及东—西向（1条）进行了连井剖面层序地层研究。各条剖面名称以及包含的钻井名称如下：

资威铁佛19-3号—万源庙沟剖面：乐威煤田铁佛19-3号孔、界3井ⅩⅥ、华蓥山煤田广安桂兴剖面、龙岗1井、华蓥山煤田宣汉七里峡剖面、万源庙沟剖面；

两河四号—广旺荣山剖面：川南煤田两河四号、乐威煤田铁佛19-3号孔、龙门山赋煤带安ⅩⅥ、孙家沟赵家坝井田Ⅱ号、广旺煤田荣山大梁上19号孔；

东—西方向连井剖面，即中46井—梁3井剖面：中46井、关基井、角45井、充深2井、广100井、梁3井；

南北方向连井剖面，即南江甘溪—汉6井剖面：南江甘溪、龙2井、文4井、关基井、川泉173、码3井、大参井、汉6井。

1.资威铁佛19-3号—万源庙沟连井剖面层序地层特征

资威铁佛19-3号—万源庙沟层序地层连井剖面包括的钻孔有：乐威煤田铁佛19-3号孔、界3井ⅩⅥ、华蓥山煤田广安桂兴剖面、龙岗1井、华蓥山煤田宣汉七里峡剖面、万源庙沟剖面。此剖面从川中乐威煤田，穿过川中地区到达华蓥山断裂一带，最后到大巴山前缘万源一带，为西南—东北向，贯穿整个四川盆地的东缘。

层序界面：小塘子组底部和雷口坡组之间存在着一个侵蚀不整合面，将此界面作为层序Ⅰ的底界面，由于须家河组一段、三段、五段大段砂体发育，则初始湖泛面划在须家河组一段、三段、五段顶板。须家河组没有石灰岩沉积，因此最大湖泛面的追踪相对比较困难，最大湖泛面的划分主要分布在小塘子组和须家河组二段、四段的厚层湖相泥岩的底板。通过以上研究，可以在资威铁佛19-3号孔、华蓥山煤田广安桂兴剖面、龙岗1井、宣汉七里峡剖面中共识别出四个三级层序，其中包括一个侵蚀不整合面、四个初始湖泛面和四个最大湖泛面。其他各孔大体与以上划分方法相同，但存在着一些特例：由于万源庙沟剖面小塘子组和须家河组五段、须家河组六段缺失，因此，在万源庙沟剖面层序Ⅰ及层序Ⅳ缺失。

在这条连井剖面中每个三级层序又可以分为三个体系域，其中低位体系域(LST)表现为以进积到加积为主的层序，湖(海)侵体系域(TST)表现为以退积为主的层序，而高位体系域(HST)表现为以加积到进积为主的层序。

(1)三级层序Ⅰ

主要对应小塘子组。在这条剖面上，除万源庙沟剖面缺失层序Ⅰ，其他孔均发育层序Ⅰ。其中厚度均不大，在界3井ⅩⅥ厚度最大，在广安桂兴剖面厚度最小，整体厚度从西南向东北降低。

低位体系域(LST)：低位体系域在整个的三级层序Ⅰ均没有发育。

湖(海)侵体系域(TST)：湖(海)侵体系域只在资威铁佛19-3号孔和宣汉七里峡剖面发育，且宣汉七里峡剖面发育少量。湖(海)侵体系域的厚度则由西向东、由南向北呈变薄的趋势，表明当时的湖(海)侵程度由西南向东北逐渐减弱。湖(海)侵体系域主要岩性特征是粉砂岩和泥岩、泥质粉砂岩等的互层。三级层序Ⅰ的湖(海)侵体系域整体的粒度分布差别不大。此段的沉积相主要表现为滨湖的滨湖沼泽相。

高位体系域(HST)：高位体系域除在缺失层序Ⅰ的万源庙沟剖面外，在其余各井均有不同程度的分布，尤以界3井ⅩⅥ的厚度最大。高位体系域岩性整体来讲仍然较细，但比湖(海)侵体系域粒度要粗，主要岩性包括细砂岩、粉砂岩、泥岩等。三级层序Ⅰ的高位体系域整体的粒度分布是东部宣汉七里峡剖面较粗，界3井ⅩⅥ和龙岗1井较细。此段的沉积相主要表现为滨浅湖的滨湖沼泽相、浅湖泥及浅湖砂坝相。

(2)三级层序Ⅱ

主要对应须家河组一段、须家河组二段。在这条剖面上，所有钻孔都钻穿了层序Ⅱ，该层序的沉积地层厚度由中部向两侧逐渐变薄。

低位体系域(LST)：低位体系域在三级层序Ⅱ均有分布，除资威铁佛19-3号孔及万源庙沟剖面厚度较小外，其余各孔均较厚。低位体系域主要岩性总体较粗，一般是砂体大部分发育的区域，主要岩性包括中砂岩、细砂岩、粉砂岩、泥质粉砂岩等。三级层序Ⅱ的低位体系域整体的粒度分布是界3井ⅩⅥ一带较粗，其余地区较细。此段的沉积相主要表现为由盆地中的曲流河边滩、泛滥平原向东过渡到三角洲平原的分流河道、陆上天然堤及三角洲前缘的河口坝，再向北过渡到大巴山前缘的辫状河道相，在万源庙沟剖面底部见河床底部滞留沉积。

湖(海)侵体系域(TST)：湖(海)侵体系域在三级层序Ⅱ均有分布，整体厚度变化不大，其中在盆地中龙岗1井厚度最大，表明当时湖(海)侵的程度由盆地中向盆地边缘逐渐减弱。湖(海)侵体系域的主要岩性特征是细砂岩和泥岩、泥质粉砂岩等的互层，三级层序Ⅱ的湖(海)侵体系域整体的粒度分布是西侧粒度较粗，向东粒度逐渐变细。此段的沉积相主要表现为由盆地边缘向盆地中，从河流相泛滥平原逐渐过渡到三角洲平原分流河道、分流间湾再逐渐过渡到浅湖砂坝和浅湖泥。

高位体系域(HST)：高位体系域在三级层序Ⅱ中除宣汉七里峡剖面外均有分布，厚度与湖(海)侵体系域分布趋势大体相同，整体厚度变化不大，在盆地中龙岗1井厚度最大。高位体系域岩性整体来讲仍然较细，但比湖(海)侵体系域粒度要粗，主要岩性包括细砂岩、粉砂岩、泥岩、粉砂质泥岩等。三级层序Ⅱ的高位体系域整体的粒度分布差别不大。此段的沉积相主要为河流相得泛滥平原和三角洲平原的分流间湾沉积以及湖相的浅湖泥沉积。

(3)三级层序Ⅲ

主要对应须家河组三段、须家河组四段。在这条剖面上，所有钻孔都钻穿了层序Ⅲ，该层序的沉积地层厚度大体相当。

低位体系域(LST)：低位体系域在三级层序Ⅲ均有分布，厚度分布整体变化不大。低位体系域岩性总体较粗，一般是砂体大部分发育的区域，主要岩性包括中砂岩、细砂岩、粉砂岩、泥质粉砂岩等。三级层序Ⅲ的低位体系域整体的粒度分布是在界3井ⅩⅥ及广安桂兴剖面一带较粗，向东逐渐变细。此段的沉积相主要表现为河流河床的边滩沉积，及三角洲平原的分流河道沉积，在西侧的资威铁佛19−3号钻孔发育三角洲前缘河口坝沉积。

湖(海)侵体系域(TST)：湖(海)侵体系域在三级层序Ⅲ中除界3井ⅩⅥ外均有分布，整体厚度变化不大。其中在盆地东缘厚度相对较大，表明当时湖(海)侵的程度由东向西逐渐减弱。湖(海)侵体系域主要岩性是细砂岩、泥岩和泥质粉砂岩等的互层，三级层序Ⅲ的湖(海)侵体系域整体的粒度分布是在西侧的资威铁佛19−3号钻孔及广安桂兴剖面较细。此段的沉积相主要表现为三角洲前缘的河口坝、远砂坝、三角洲平原的分流河道和分流间湾沉积。

高位体系域(HST)：高位体系域在三级层序Ⅲ均有分布，厚度由西向东、由南向北逐渐变薄，但整体厚度都不大。高位体系域主要岩性包括细砂岩、粉砂岩、泥岩、粉砂质泥岩等。三级层序Ⅲ的高位体系域整体的粒度分布是由西南侧向东北逐渐变细。此段的沉积相主要为三角洲平原分流间湾及浅湖的浅湖泥和浅湖砂坝沉积。

(4)三级层序Ⅳ

主要对应须家河组五段、须家河组六段。在这条剖面上，除万源庙沟剖面外，其余所有钻孔都钻穿了层序Ⅳ，该层序的沉积厚度变化较大，其中在资威铁佛19−3号孔及广安桂兴剖面厚度最大。

低位体系域(LST)：低位体系域在三级层序Ⅳ中除万源庙沟剖面外均有分布，厚度分布变化较大，其中在广安桂兴剖面处厚度最大，向两侧明显变薄。低位体系域岩性总体较粗，一般是砂体大部分发育的区域，主要岩性包括中砂岩、细砂岩、粉砂岩、泥质粉砂岩等。三级层序Ⅲ的低位体系域整体的粒度分布是广安桂兴剖面一带较粗，向两侧逐渐变细。此段的沉积相主要表现为在西南部发育三角洲前缘的河口坝沉积，向中部过渡到河流河床的边滩沉积，再向东北过渡到三角洲平原的分流河道沉积，其中在龙岗1井发育滨湖相的滨湖砂坝沉积。

湖(海)侵体系域(TST)：湖(海)侵体系域在三级层序Ⅳ中，只在资威铁佛19−3号孔、广安桂兴剖面以及宣汉七里峡剖面有发育，整体厚度不大。变化趋势主要是由西南向东北逐渐变薄又逐渐变厚，表明当时湖（海）侵的程度由两侧向中部逐渐减弱。湖（海）侵体系域主要岩性是细砂岩、泥岩和泥质粉砂岩等的互层，三级层序Ⅳ的湖（海）侵体系域整体的粒度分布是在东北侧的万源庙沟剖面较粗。此段的沉积相主要表现为由中部向两侧从河流的泛滥平原逐渐过渡到三角洲平原的分流间湾及三角洲前缘的河口坝沉积。

高位体系域（HST）：高位体系域在三级层序Ⅳ中，只在资威铁佛 19－3 号孔、广安桂兴剖面以及宣汉七里峡剖面有发育，整体厚度变化不大，且均发育较薄。高位体系域主要岩性包括细砂岩、粉砂岩、泥岩、粉砂质泥岩等。三级层序Ⅳ的高位体系域整体的粒度分布是由东北向西南逐渐变细。此段的沉积相主要为三角洲平原分流间湾及河流相的岸后湖泊沉积。

资威铁佛 19－3 号—万源庙沟沉积相及层序地层对比图见图 3-3-27。

2. 两河 4 号—广旺荣山连井剖面层序地层特征

两河 4 号—广旺荣山层序地层连井剖面包括的钻孔有：川南煤田两河 4 号、乐威煤田铁佛 19－3 号孔、龙门山赋煤带安ⅩⅥ、孙家沟赵家坝井田Ⅱ号孔、广旺煤田荣山大梁上 19 号孔。此剖面位于盆地中部，从南部的川南煤田两河地区穿过乐威煤田的资威铁佛 19－3 号孔，再向北穿过龙门山赋煤带的安ⅩⅥ号孔及孙家沟赵家坝井田Ⅱ号孔，最终达广旺矿区的荣山大梁上 19 号孔，即贯穿整四川盆地的南北向。

层序界面：小塘子组底部和雷口坡组之间存在着一个侵蚀不整合面，将此界面作为层序Ⅰ的底界面。由于须家河组一段、三段、五段大段砂体发育，则初始湖泛面划在须家河组一段、三段、五段顶板。在须家河组没有石灰岩沉积，因此最大湖泛面的追踪相对比较困难，最大湖泛面的划分主要分布在小塘子组和须家河组二段、四段、六段的厚层湖相泥岩的底板。通过以上研究，可以在川南煤田两河四号、乐威煤田铁佛 19－3 号孔、龙门山赋煤带安ⅩⅥ中共识别出四个三级层序，其中包括一个侵蚀不整合面、四个初始湖泛面和四个最大湖泛面。其他各孔大体与以上划分方法相同，但存在着一些特例：孙家沟赵家坝井田Ⅱ号孔及广旺矿区的荣山大梁上 19 号孔均未钻穿层序Ⅱ，故均缺失层序Ⅰ，且层序Ⅱ发育不全；而广旺矿区荣山大梁上 19 号孔层序Ⅳ被剥蚀，故缺失层序Ⅳ。其余各孔四个层序均发育。

在这条连井剖面中每个三级层序又可以分为三个体系域，其中低位体系域（LST）表现为以进积到加积为主的层序，湖（海）侵体系域（TST）表现为以退积为主的层序，而高位体系域（HST）表现为以加积到进积为主的层序。

（1）三级层序Ⅰ

主要对应小塘子组。在这条剖面上，孙家沟赵家坝井田Ⅱ号孔及广旺矿区的荣山大梁上 19 号孔没有揭露此层序，其他孔均有层序Ⅰ发育，厚度均不大。

低位体系域（LST）：低位体系域在整个的三级层序Ⅰ均没有发育。

湖（海）侵体系域（TST）：湖（海）侵体系域只在资威铁佛 19－3 号孔发育，厚度相对较大，表明当时的湖（海）侵程度在盆地中较强。湖（海）侵体系域主要岩性特征是粉砂岩和泥岩、泥质粉砂岩等的互层。三级层序Ⅰ的湖（海）侵体系域整体的粒度较粗。此段的沉积相主要表现为滨湖相的滨湖沼泽及滨湖砂坝沉积。

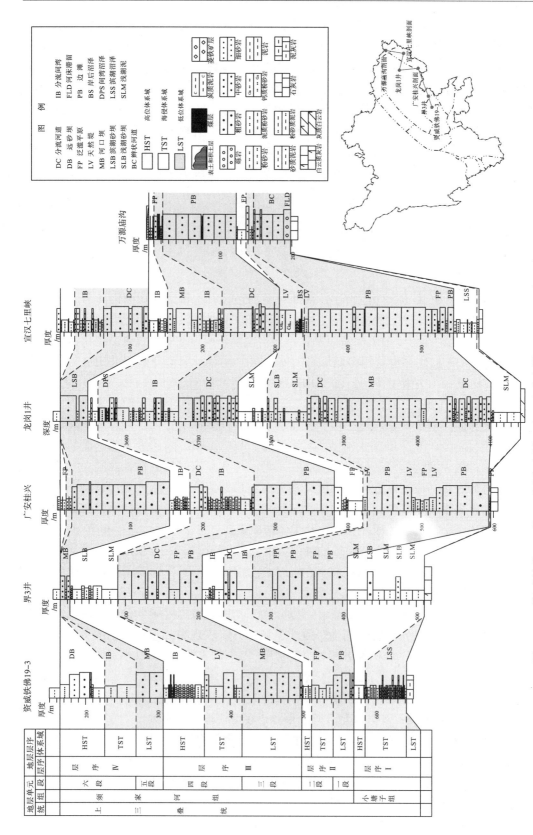

图3-3-27　资威铁佛19-3号—万源庙沟剖面晚三叠世含煤地层沉积相与层序地层连井对比图

高位体系域(HST)：高位体系域在川南煤田两河4号、乐威煤田铁佛19-3号孔、龙门山赋煤带安Ⅹ Ⅵ发育，厚度不大，总体厚度变化趋势由南向北逐渐变厚。高位体系域岩性整体来讲仍然较细，但比湖(海)侵体系域粒度要粗，主要岩性包括细砂岩、粉砂岩、泥岩等。三级层序Ⅰ的高位体系域整体的粒度分布是南部较粗，北部较细。此段的沉积相主要表现为滨湖的滨湖砂坝、滨湖沼泽以及浅湖相的浅湖泥沉积。

（2）三级层序Ⅱ

主要对应须家河组一段、须家河组二段。在这条剖面上，除孙家沟赵家坝井田Ⅱ号孔及广旺矿区的荣山大梁上19号孔没有钻穿此层序外，其余各孔都钻穿了层序Ⅱ。该层序的沉积地层厚度由在龙门山前陆的安Ⅹ Ⅵ孔最大，并向南北两侧变薄。

低位体系域(LST)：低位体系域在孙家沟赵家坝井田Ⅱ号孔未揭露，在广旺矿区的荣山大梁上19号孔未揭露完全，其他各孔均有分布，在川南煤田两河4号及龙门山赋煤带安Ⅹ Ⅵ厚度较大，资威铁佛19-3号孔厚度变薄，表明当时沉积物源由盆地边缘向盆地中汇集。低位体系域主要岩性总体较粗，一般是砂体大部分发育的区域，主要岩性包括中砂岩、细砂岩、粉砂岩、泥质粉砂岩等。三级层序Ⅱ的低位体系域整体的粒度分布是在南部川南煤田两河4号稍粗。此段的沉积相主要表现为盆地边缘的辫状河道沉积逐渐过渡为曲流河河床边滩沉积，再过渡为三角洲沉积体系的分流河道、河口坝沉积。

湖(海)侵体系域(TST)：湖(海)侵体系域在三级层序Ⅱ中，除孙家沟赵家坝井田Ⅱ号孔未揭露完全外其他各孔均有分布，厚度分布趋势大致由北向南逐渐变厚再逐渐变薄，但总体厚度变化不大。在龙门山前陆的安Ⅹ Ⅵ孔的厚度最大，表明当时湖(海)侵的程度由南向北亦呈现先逐渐增大再逐渐变小的趋势，龙门山前陆的安Ⅹ Ⅵ孔的湖(海)侵程度最大。湖(海)侵体系域的主要岩性特征是细砂岩和泥岩、泥质粉砂岩等的互层，三级层序Ⅱ的湖(海)侵体系域整体的粒度分布是北部广旺矿区大梁上19号孔粒度最粗，向南部粒度逐渐变细。此段的沉积相主要表现为由南向北，从河流相的泛滥平原沉积逐渐过渡到三角洲平原的分流间湾、滨浅湖砂坝及泥质沉积，再逐渐过渡为河流相的泛滥平原沉积及三角洲平原的分流间湾沉积。

高位体系域(HST)：高位体系域在三级层序Ⅱ各井中都有分布，厚度大体相当，均较薄。高位体系域岩性整体来讲仍然较细，但比湖(海)侵体系域粒度要粗，主要岩性包括细砂岩、粉砂岩、泥岩、粉砂质泥岩等。三级层序Ⅱ的高位体系域整体的粒度分布由南向北逐渐变细。此段的沉积相主要为由北向南，由三角洲平原的分流间湾逐渐过渡到滨浅湖湖沉积，在资威铁佛19-3号发育河流相的泛滥平原沉积。

（3）三级层序Ⅲ

主要对应须家河组三段、须家河组四段。层序Ⅲ在这条剖面上各孔均发育完全，除孙家沟赵家坝井田Ⅱ号孔及广旺矿区的荣山大梁上19号孔不发育高位体系域外，其余各孔各体系域均发育。该层序的沉积地层南部较厚，北部较薄，其中在龙门山安Ⅹ Ⅵ孔发育最厚。

低位体系域(LST)：低位体系域在三级层序Ⅲ均有分布，各孔厚度大体相当。低位体系域岩性总体较粗，一般是砂体大部分发育的区域，主要岩性包括砾岩、砂砾岩、中砂岩、细砂岩、粉砂岩、泥质粉砂岩等。三级层序Ⅲ的低位体系域整体的粒度分布是北部较粗，其中在广旺矿区大梁上19号孔及孙家沟周家坝井田Ⅱ号孔最粗，发育有砾岩。此段的沉积相主要表现为北部的辫状河道向南部逐渐过渡到曲流河边滩沉积，再逐渐过渡到三角洲平原分流河道、三角洲前缘河口坝、远砂坝沉积，其中在北部广旺矿区大梁上 19 号孔及孙家沟周家坝井田Ⅱ号孔发育有河床底部滞留沉积。

湖(海)侵体系域(TST)：湖(海)侵体系域在三级层序Ⅲ中各孔均有分布，整体厚度大体相当，且厚度不大，在龙门山前陆的安ⅩⅥ孔厚度最小，可见该时期在龙门山一带湖(海)侵程度最低。湖(海)侵体系域主要岩性是细砂岩、泥岩和泥质粉砂岩等的互层，三级层序Ⅲ的湖(海)侵体系域整体的粒度分布是在中部较细，往南北方向稍变粗。此段的沉积相主要表现为河流相的泛滥平原沉积，在川南煤田两河 4 号发育滨湖砂坝沉积。

高位体系域(HST)：高位体系域在三级层序Ⅲ中只在川南煤田两河四号、乐威煤田铁佛19-3 号孔、龙门山赋煤带安ⅩⅥ发育，厚度变化趋势由南向北明显变厚。高位体系域主要岩性包括细砂岩、粉砂岩、泥岩、粉砂质泥岩等。三级层序Ⅲ的高位体系域整体的粒度分布是由南向北逐渐变细。此段的沉积相主要为三角洲平原分流间湾逐渐过渡到滨浅湖湖沉积。

(4)三级层序Ⅳ

主要对应须家河组五段、须家河组六段。在这条剖面上，除广旺矿区大梁上 19 号孔外，其余钻孔都钻穿了层序Ⅳ，该层序的沉积厚度各孔发育大体相当。

低位体系域(LST)：低位体系域在三级层序Ⅳ中，除缺失层序Ⅳ的广旺矿区大梁上 19 号孔外，其余各孔均有分布，厚度不大且大体相当，其中在龙门山赋煤带安ⅩⅥ处厚度最大。低位体系域岩性总体较粗，一般是砂体大部分发育的区域，主要岩性包括中砂岩、细砂岩、粉砂岩、泥质粉砂岩等。三级层序Ⅲ的低位体系域整体的粒度分布是川南煤田两河 4 号一带较粗，向北侧变细。此段的沉积相主要表现为三角洲前缘河口坝沉积，其中在龙门山赋煤带安ⅩⅥ发育三角洲平原分流河道沉积，在川南煤田两河 4 号发育薄层的河流相边滩沉积。

湖(海)侵体系域(TST)：湖(海)侵体系域在三级层序Ⅳ中，除缺失层序Ⅳ的广旺矿区大梁上 19 号孔外，其余各孔均有分布。厚度分布大体相当，在资威铁佛 19-3 号孔稍厚，表明当时湖(海)侵的程度由盆地中向盆地边缘逐渐减弱。湖(海)侵体系域主要岩性是细砂岩、泥岩和泥质粉砂岩等的互层，三级层序Ⅳ的湖(海)侵体系域整体的粒度分布是在资威铁佛 19-3 号孔最细。此段的沉积相主要表现为由中部向两侧从河流的泛滥平原逐渐过渡到三角洲平原的分流间湾及三角洲前缘的河口坝沉积。

高位体系域(HST)：高位体系域在三级层序Ⅳ中，只在川南两河 4 号、资威铁佛 19-3 号孔以及龙门山赋煤带安ⅩⅥ有发育，整体厚度不大，且大体相当。高位体系域主要岩性包括细砂岩、粉砂岩、泥岩、粉砂质泥岩等。三级层序Ⅳ的高位体系域整体的粒度分布是由南向北逐渐变粗。此段的沉积相主要为河流相的泛滥平原、岸后湖泊沉积及三角洲前缘远砂坝沉积。

两河 4 号—广旺荣山沉积相及层序地层对比图见图 3-3-28。

3.中 46 井—梁 3 井连井剖面层序地层特征

中 46 井—梁 3 井层序地层连井剖面包括的钻井有中 46 井、关基井、角 45 井、充深2 井、广 100 井及梁 3 井。此剖面从龙门山前陆，穿过川中地区到达华蓥山断裂一带，即贯穿整个本区的东西向。

层序界面：本连井所有钻孔须家河组五段、六段缺失。小塘子组底部和雷口坡组之间存在着一个侵蚀不整合面，将此界面作为层序Ⅰ的底界面。由于须家河组一段、三段大段砂体发育，则初始湖泛面划在须家河组一段、三段顶板。在须家河组没有石灰岩沉

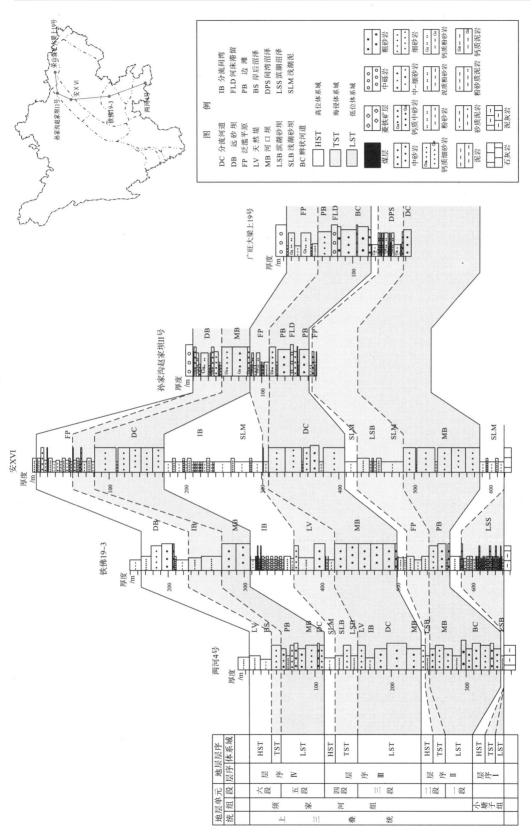

图3-3-28　川南两河4号—广旺大梁上19号孔晚三叠世含煤地层沉积相与层序地层连井对比图

积，因此最大湖泛面的追踪相对比较困难，最大湖泛面的划分主要分布在小塘子组和须家河组二段、四段的厚层湖相泥岩的底板。通过以上研究，可以在中 46 井、关基井、角 45 井、充深 2 井中共识别出三个三级层序，其中包括一个侵蚀不整合面、三个初始湖泛面和三个最大湖泛面。其他各井大体与以上划分方法相同，但存在着一些特例：在广 100 井小塘子组缺失，因此，在广 100 井层序Ⅰ缺失；在梁 3 井，小塘子组和须家河组一段、二段缺失，因此只发育层序Ⅲ。

在这条连井剖面中每个三级层序又可以分为三个体系域，其中低位体系域（LST）表现为以进积到加积为主的层序，湖侵体系域（TST）表现为以退积为主的层序，而高位体系域（HST）表现为以加积到进积为主的层序。

（1）三级层序Ⅰ

主要对应小塘子组。在这条剖面上，钻穿层序Ⅰ的钻井广 100 井、梁 3 井没有揭露此层序，其他井位均有层序Ⅰ发育。

低位体系域（LST）：低位体系域在整个的三级层序Ⅰ均没有发育。

湖侵体系域（TST）：湖侵体系只在中 46 井、关基井发育，湖侵体系的厚度则由西向东呈变薄的趋势，表明当时的湖侵程度由西向东逐渐减弱。湖侵体系主要岩性特征是粉砂岩和泥岩、泥质粉砂岩等的互层。三级层序Ⅰ的湖侵体系域整体的粒度分布差别不大。此段的沉积相主要表现为滨湖相的滨湖沼泽。

高位体系域（HST）：高位体系域除在广 100 井、梁 3 井外，在其余各井均有不同程度的分布，尤以中 46 井和关基井的厚度最大，总体厚度趋势由这两口井向东逐渐变薄。高位体系域岩性整体来讲仍然较细，但比湖侵体系域粒度要粗，主要岩性包括细砂岩、粉砂岩、泥岩等。三级层序Ⅰ的高位体系域整体的粒度分布是西部中 46 井和关基井较粗，角 45 井和充深 2 井较细。此段的沉积相主要表现为滨湖相的滨湖砂坝。

（2）三级层序Ⅱ

主要对应须家河组一段、二段。在这条剖面上，除梁 3 井，其余钻井都钻穿了层序Ⅱ，该层序的沉积地层厚度由西向东逐渐变薄。

低位体系域（LST）：低位体系域在三级层序Ⅱ均有分布，各井均较厚，分布西部较厚，中、东部较薄。低位体系域主要岩性总体较粗，一般是砂体大部分发育的区域，主要岩性包括中砂岩、细砂岩、粉砂岩、泥质粉砂岩等。三级层序Ⅱ的低位体系域整体的粒度分布是西部、东部较粗，中部地区较细。此段的沉积相主要表现为西部的辫状河心滩逐渐向中部过渡到曲流河的边滩、岸后湖泊再向东过渡到三角洲平原的分流河道、分流间湾、三角洲前缘的河口坝、远砂坝。

湖侵体系域（TST）：湖侵体系域在三级层序Ⅱ均有分布，由西部向东逐渐变薄，由充深 2 井向广 100 井有略微增厚的趋势，表明当时湖侵的程度由西向东逐渐减弱，而由充深 2 井向广 100 井则有湖侵程度略微增强的趋势。湖侵体系域的主要岩性特征是细砂岩和泥岩、泥质粉砂岩等的互层，三级层序Ⅱ的湖侵体系域整体的粒度分布是西侧粒度较粗，向东粒度逐渐变细。此段的沉积相主要表现为滨浅湖沉积，主要以滨湖砂坝和浅湖泥为主。

高位体系域（HST）：高位体系域在三级层序Ⅱ均有分布，厚度与湖侵体系分布趋势大体相同，也是大致由西侧向东逐渐变薄，在关基井的厚度最大。高位体系域岩性整体来讲仍然较细，但比湖侵体系域粒度要粗，主要岩性包括细砂岩、粉砂岩、泥岩、粉砂质泥岩等。三级层序Ⅱ的高位体系域整体的粒度分布是在关基井达到粒度最粗，向东、西两侧逐渐变细。此段的沉积相主要为滨湖相的滨湖砂坝。

（3）三级层序Ⅲ

主要对应须家河组三段、四段。在这条剖面上，除中46井，所有钻井都钻穿了层序Ⅲ，该层序的沉积地层厚度大体相当。

低位体系域（LST）：低位体系域在三级层序Ⅲ均有分布，厚度分布整体趋势是西侧、东侧较厚，中部较薄。低位体系域岩性总体较粗，一般是砂体大部分发育的区域，主要岩性包括中砂岩、细砂岩、粉砂岩、泥质粉砂岩等。三级层序Ⅲ的低位体系域整体的粒度分布是西侧关基井、角45井较粗，向东逐渐变细。此段的沉积相主要表现为河床相的边滩，在西侧的钻井底部见河床相的河床滞留沉积，在东部的梁3井则发育河漫相的岸后湖泊。

湖侵体系域（TST）：湖侵体系域在三级层序Ⅲ均有分布，整体厚度变化不大。湖侵体系域主要岩性是细砂岩、泥岩和泥质粉砂岩等的互层，三级层序Ⅲ的湖侵体系域整体的粒度分布是西侧的关基井粒度明显较粗，向东侧粒度逐渐变细。此段的沉积相主要表现为三角洲前缘相的河口坝、远砂坝、三角洲平原相的分流河道和滨湖相的滨湖沼泽。

高位体系域（HST）：高位体系域在三级层序Ⅲ均有分布，厚度由东、西两侧向中部逐渐变厚到充深2井略为减薄。高位体系域主要岩性包括细砂岩、粉砂岩、泥岩、粉砂质泥岩等。三级层序Ⅲ的高位体系域整体的粒度分布是由西侧向东逐渐变细。此段的沉积相主要为滨湖相的滨湖砂坝。

（4）三级层序Ⅳ

主要对应须家河组五段、须家河组六段。缺失。

中46井—梁3井沉积相及层序地层对比图见图3-3-29。

4.南江甘溪—汉6井连井剖面层序地层特征

南江甘溪—汉6井层序地层连井剖面包括的钻井有南江甘溪、龙2井、文4井、关基井、川泉173井、码3井、大参井和汉6井。此剖面位于龙门山前陆，从北部的南江甘溪穿过广旺矿区的龙2井以及川西各井到达川南汉6井，即贯穿整个本区的南北向。

层序界面：该连井所有钻孔须家河组五段和六段缺失。小塘子组底部和雷口坡组之间存在着一个侵蚀不整合面，将此界面作为层序Ⅰ的底界面。由于须家河组一段、三段大段砂体发育，则初始湖泛面划在须家河组一段、三段顶板。在须家河组没有石灰岩沉积，因此最大湖泛面的追踪相对比较困难，最大湖泛面的划分主要分布在小塘子组和须家河组二段、四段的厚层湖相泥岩的底板。通过以上研究，可以在关基井、码3井、大参井和汉6井中共识别出三个三级层序，其中包括一个侵蚀不整合面、三个初始湖泛面和三个最大湖泛面。其他各井大体与以上划分方法相同，但存在着一些特例：南江甘溪只有层序Ⅱ发育完全，缺失层序Ⅰ的湖侵体系域，以及层序Ⅲ的湖侵和高位体系域；龙2井则缺失层序Ⅰ以及层序Ⅲ的湖侵和高位体系域；文4井则只有层序Ⅲ发育完全，下部只发育层序Ⅱ的高位体系域；川泉173井缺失层序Ⅰ。

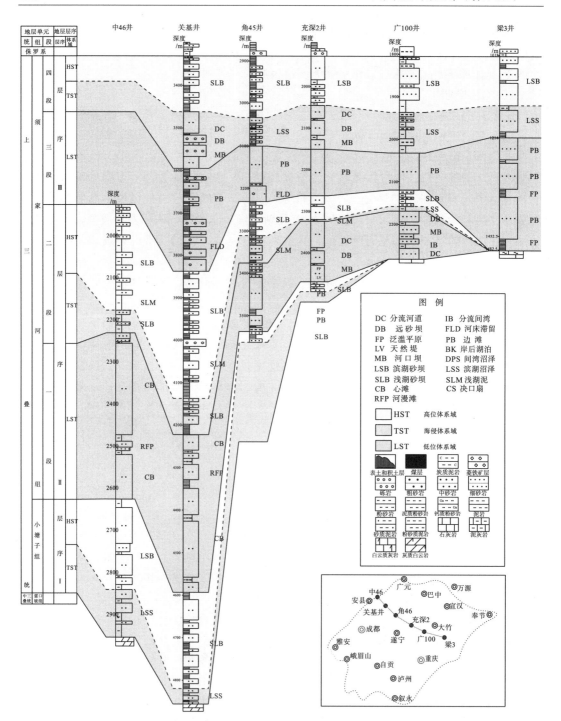

图 3-3-29　中 46 井—梁 3 井东—西向晚三叠世含煤地层沉积相与层序地层连井对比图

在这条连井剖面中每个三级层序又可以分为三个体系域，其中低位体系域（LST）表现为以进积到加积为主的层序，湖侵体系域（TST）表现为以退积为主的层序，而高位体系域（HST）表现为以加积到进积为主的层序。

（1）三级层序Ⅰ

主要对应小塘子组。在这条剖面上，龙2井、文4井以及川泉173井没有揭露此层序，其他井位均有层序Ⅰ发育。

低位体系域（LST）：低位体系域在整个的三级层序Ⅰ均没有发育。

湖侵体系域（TST）：湖侵体系域只在大参井、关基井发育，湖侵体系域的厚度则由西向东呈变薄的趋势，表明当时的湖侵程度由北向南逐渐减弱。湖侵体系域主要岩性特征是粉砂岩和泥岩、泥质粉砂岩等的互层。三级层序Ⅰ的湖侵体系域整体的粒度分布差别不大。此段的沉积相主要表现为三角洲前缘相的河口坝、远砂坝。

高位体系域（HST）：高位体系域除在龙2井、文4井和川泉173井外，其余各井均有不同程度的分布，总体厚度变化趋势由北向南逐渐变薄。高位体系域岩性整体来讲仍然较细，但比湖侵体系域粒度要粗，主要岩性包括细砂岩、粉砂岩、泥岩等。三级层序Ⅰ的高位体系域整体的粒度分布是北部较粗，南部较细。此段的沉积相主要表现为滨湖相的滨湖砂坝、滨湖沼泽以及三角洲前缘相的远砂坝。

（2）三级层序Ⅱ

主要对应须家河组一段和二段。在这条剖面上，每个钻井都钻穿了层序Ⅱ，但文4井底部的低位体系域和湖侵体系域缺失。该层序的沉积地层厚度由中部向南、北两侧逐渐变薄。

低位体系域（LST）：低位体系域除在文4井外，在三级层序Ⅱ其它各孔均有分布，在关基井最厚，其余各井厚度大体相同。低位体系域主要岩性总体较粗，一般是砂体大部分发育的区域，主要岩性包括中砂岩、细砂岩、粉砂岩、泥质粉砂岩等。三级层序Ⅱ的低位体系域整体的粒度分布是在龙2井最粗，其余各井大体相同。此段的沉积相主要表现为北部的滨湖相的滨湖砂坝逐渐向中部过渡到辫状河的心滩再向南过渡到曲流河的边滩。

湖侵体系域（TST）：湖侵体系域在三级层序Ⅱ中，除文4井外其他各井均有分布，厚度分布趋势大致由北侧向南侧先逐渐变厚再逐渐变薄，在关基井的厚度最大，表明当时湖侵的程度由北向南亦呈现先逐渐增大再逐渐变小的趋势，关基井的湖侵程度最大。湖侵体系域的主要岩性特征是细砂岩和泥岩、泥质粉砂岩等的互层，三级层序Ⅱ的湖侵体系域整体的粒度分布是南、北两侧粒度较粗，向中部粒度逐渐变细。此段的沉积相主要表现为北部的三角洲前缘相的河口坝向南逐渐过渡到三角洲平原相的分流间湾再过渡到堤岸相的天然堤。

高位体系域（HST）：高位体系域在三级层序Ⅱ各井中均有分布，厚度分布趋势大致在关基井和川泉173井最厚，向南、北两侧逐渐变薄。高位体系域岩性整体来讲仍然较细，但比湖侵体系域粒度要粗，主要岩性包括细砂岩、粉砂岩、泥岩、粉砂质泥岩等。三级层序Ⅱ的高位体系域整体的粒度分布由北向南逐渐变细。此段的沉积相主要为北部的三角洲平原相的分流河道向南逐渐过渡到辫状河的河道相再逐渐过渡到曲流河的堤岸相和河漫相。

（3）三级层序Ⅲ

主要对应须家河组三段和四段。在这条剖面上，除南江甘溪和龙2井缺失湖侵体系域和高位体系域，其余各井各体系域均发育完全，该层序的沉积地层厚度由中部向南北两侧逐渐变薄，尤以北侧最薄。

低位体系域（LST）：低位体系域在三级层序Ⅲ均有分布，厚度分布整体趋势是中部厚，在川泉173井达到最厚，向南、北两侧逐渐变薄。低位体系域岩性总体较粗，一般是砂体大部分发育的区域，主要岩性包括砾岩、砂砾岩、中砂岩、细砂岩、粉砂岩、泥质粉砂岩等。三级层序Ⅲ的低位体系域整体的粒度分布是北侧较粗，向南逐渐变细。此段的沉积相主要表现为北部的扇三角洲、冲积扇向南逐渐过渡到曲流河的边滩再过渡到滨浅湖的滨湖砂坝、滨湖沼泽和浅湖砂坝。

湖侵体系域（TST）：湖侵体系在三级层序Ⅲ中除南江甘溪和龙2井外，其余各井均有分布，整体厚度值变化不大，在码3井达到最大，可见当时码3井的湖侵程度最大。湖侵体系域主要岩性是细砂岩、泥岩和泥质粉砂岩等的互层，三级层序Ⅲ的湖侵体系域整体的粒度分布是关基井及以北粒度明显较粗，向南侧粒度逐渐变细。此段的沉积相主要表现为三角洲平原相的分流河道和三角洲前缘相的河口坝、远砂坝。

高位体系域（HST）：高位体系在三级层序Ⅲ中除南江甘溪和龙2井外，其余各井均有分布，厚度由北向南逐渐变厚。高位体系域主要岩性包括细砂岩、粉砂岩、泥岩、粉砂质泥岩等。三级层序Ⅲ的高位体系域整体的粒度分布是由北向南逐渐变细。此段的沉积相主要为滨浅湖相的滨湖砂坝、滨湖沼泽以及浅湖相的砂坝。

（4）三级层序Ⅳ

主要对应须家河组五段、须家河组六段。缺失。

南江甘溪—汉6井沉积相及层序地层对比图见图3-3-30。

（五）厚煤层在层序地层格架中的分布规律

（1）厚煤层在层序地层格架中的位置

煤层的形成是植物碎屑供给充足、稳定，泥炭持续堆积的结果。在这个过程中，由湖平面上升提供的可容空间是最重要的因素之一。如果湖平面上升过快，可容空间增长速率过高，会导致泥炭被淹没，不能形成持续堆积；反之，如果湖平面上升过慢，不能为泥炭堆积提供足够的可容空间，就可能造成泥炭暴露风化，也不能形成持续堆积。因此，只有当可容空间的整体增长速率和泥炭堆积速率相当或稍快时，泥炭才能持续堆积。

基于陆相环境的研究表明，在最大湖泛面处可以形成稳定分布的厚煤层。这是因为，在陆相盆地中，泥炭堆积速率较快，往往大于基准面上升的速率，在这种情况下，初始湖泛面时期，由于基准面上升速率较慢，难以给泥炭的持续堆积提供足够大的可容空间，故不能形成广泛分布的厚煤层。只有在湖侵体系域晚期或高位体系域早期，即最大湖泛面附近，相对较快的湖平面上升速率为泥炭堆积提供持续增加的可容空间，从而在最大湖泛面处形成较厚的煤层。

Bohacs（1997）指出，低位体系域最不利于成煤。在低位体系域沉积期间，较小的可容空间变化速率垂向上产生的可容空间迅速被充满，以单调上升的趋势形成最孤立、连续性最差的煤层。

（2）四川盆地地区可采煤层在层序地层格架中的分布

本区晚三叠世受龙门山山地、大巴山山地、江南山地和康滇山地的影响，沉积了一套以砂泥岩为主的碎屑岩。低位体系域大体为冲积扇或河道砂岩沉积，没有形成适合泥炭发育的环境，也没有可供泥炭堆积的可容空间，几乎不成煤或夹薄煤层；湖侵体系域主要为滨岸沼泽和分流间湾环境成煤，但由于陆源碎屑供给比较充足，经常破坏煤形成的还原环境，因而煤层比较薄、不连续；高位体系域早期具有较高的可容空间增加速率与泥炭堆积速率，因此最有利于成煤。具体见表3-3-4。

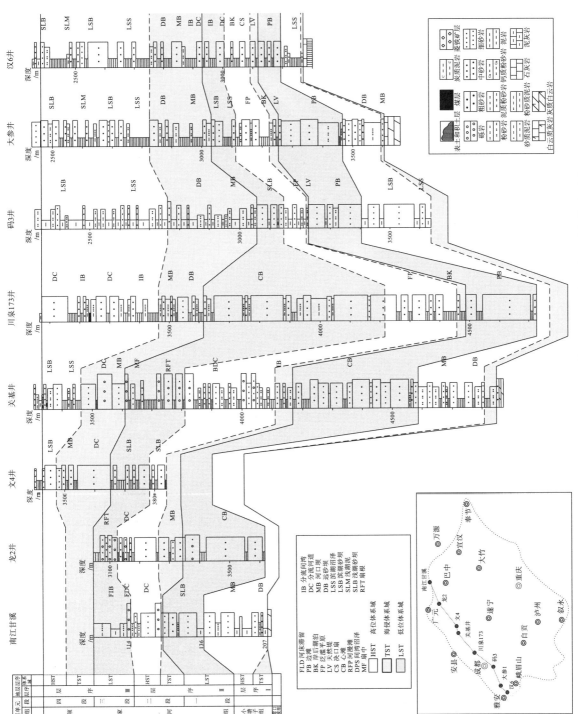

图3-3-30 南江甘溪—汉6井北东-南西向晚三叠世含煤地层沉积相与层序地层连井对比图

表 3-3-4　四川盆地晚三叠世层序格架下煤层厚度分布表

煤田矿区		龙门山煤田	川南煤田	广旺煤田	乐威煤田	华蓥山煤田	川中煤田	盐源矿区			宝鼎矿区		
钻孔		大邑神仙桥煤矿ZK171号	筠连塘坝矿段	荣山大梁上19号孔	资威铁佛19-3号	宣汉七里峡	龙岗1井	钻孔	干塘9-3号	梅家坪2-2号	钻孔	太平矿区	37-1号
组	层序	煤层厚度/m	煤层厚度/m	煤层厚度/m	煤层厚度/m	煤层厚度/m	煤层厚度/m	组	煤层厚度/m	煤层厚度/m	组	煤层厚度/m	煤层厚度/m
须家河组	IV	0.00	0.00	/	0.03	1.99	0.00	白土田组	11.08	/	宝顶组	0.70	/
须家河组	III	1.43	0.26	0.00	1.58	1.43	8.00						
须家河组	II		0.00	3.04	2.10	0.21	0.00						
小塘子组	I	/	0.00	/	2.48	0.70	0.00	松桂组	/	5.30	大荞地组	/	44.03

第四节　岩相古地理格局

一、晚二叠世

岩相古地理的研究，主要是在单孔柱状和沉积断面详细沉积相分析的基础上，统计出各种能反映沉积环境的参数，最终编制出岩相古地理图。单因素分析综合作图法使岩相古地理研究及编图有了定量依据。

晚二叠世四川大部分地区属于华南板块，只有西部甘孜—稻城以西位于华南板块和藏滇板块之间的活动带，处于板块拉张边缘(图 3-4-1)。华南板块区域，以龙门山—康滇古陆为界，界线以西为构造活动的区域，主要发育陆缘盆地、洋盆、边缘盆地等，由于该时期构造活动频繁，且覆水较深，不具备成煤的基本条件，研究程度较低；界线以东为稳定的扬子克拉通盆地，著名的四川盆地即位于此处。该时期由于康滇古陆作为扬子克拉通盆地的边界，接受剥蚀，为东部沉积区主要的物源区，加之康滇古陆东缘，地势较平缓，构造较为稳定，覆水不深，植被繁盛，为有利的聚煤地区，也是本次研究的重心。

前面章节已经论述，四川晚二叠世含煤岩系主要分布在康滇古陆东部斜坡，其西部岩性以碎屑岩为主，石灰岩标志层不太发育，在海陆过渡地区石灰岩标志层发育，在东部海相环境因石灰岩标志层合并而失去其标志作用。区内有煤田钻孔控制及露头分布，地层和层序划分与对比相对较为清楚，为区内建立较为精细层序地层格架提供了基础，为古地理图的绘制提供了合适的绘图单元，为聚煤规律的研究提供了有利条件，不仅适合于精细沉积环境研究和沉积模式分析，而且有利于各种古地理参数的统计，比较适合用岩比法进行岩相古地理作图(张鹏飞等，1997)。本次岩相古地理图的作图单元为三级层序，不仅可以反映沉积时期的古地理面貌及其演化，而且还可用以预测沉积矿床(特别是煤系、煤层)的形成和分布。

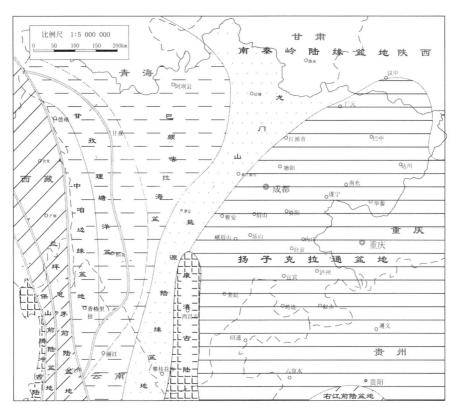

图 3-4-1　四川省晚二叠世构造格架及盆地展布图

(据马永生等。2009)

左兀 古陆　　土土土 古隆起　　≡≡≡ 克拉通盆地　　— — 陆缘盆地　　⋯⋯ 边缘海盆地

前陆盆地　　板块拉张带　　板块拉张(后期)　　板块结合带　　盆地边缘

(一)岩相古地理图的绘制

本次岩相古地理研究中需要绘制的单因素等值线图件及其地质意义如表 3-4-1 所示。

表 3-4-1　各种古地理参数统计方法及其地质意义

序号	参数	统计方法	等值线图意义
1	地层厚度	地层总厚度	反映区域沉降幅度、沉降中心位置、沉积物质供给、隆起和凹陷及盆地轮廓
2	砂岩厚度	砂岩(粗砂岩、中砂岩、细砂岩)总厚度	反映三角洲砂体的分布范围
3	泥岩厚度	泥质岩类(粉砂岩、泥岩、黏土岩)厚度	指示潮坪、潟湖发育区
4	石灰岩厚度	灰岩类(石灰岩、硅质灰岩、泥灰岩)总厚度	指示海侵范围
5	煤层厚度	煤层	指示煤层发育区
6	砂岩/泥岩比	砂岩厚度/泥岩厚度比值	反映主要岩相分布特征及古地理，是划分相带和相区的主要依据

单因素分析、多因素综合分析法绘制岩相古地理图，具体步骤如下：

(1)首先对区内关键的单井剖面沉积相分析和连井剖面沉积相进行详细分析。

(2)其次单因素资料的统计、分析和选择。本次尽可能多地收集有效的钻孔资料，既考虑到钻孔的代表性，又考虑其分布密度，经过筛选可利用的钻孔100余个。

(3)再次绘制各种单因素等值线图。分别统计各层序的地层总厚度、砂泥比、灰岩厚度、泥岩厚度、煤层厚度等资料，绘制各种等值线图，综合研究该区的古地理特征。

(4)最后单因素综合分析并绘制古地理图。主要依据灰岩厚度、砂泥比等值线图，同时结合单井柱状、连井剖面沉积相图，勾勒出本省含煤岩系沉积期岩相古地理图，并划分了主要相带和相区。

(二)晚二叠世岩相古地理演化

四川东区晚二叠世地层可以划分为2个三级层序，即层序Ⅰ和层序Ⅱ，每个层序都由低水位体系域、海侵体系域和高水位体系域组成。本区康滇古陆—龙门山一线西部资料缺乏，该界线东部煤矿较多，基础资料相对较丰富，为本次研究的重心，也是单因素作图主要的区域范围；西部地区本次主要参考了最新的研究资料成果(2009，马永生)。晚二叠世四川康滇古陆—龙门山东部区域宏观古地理分布，西南部为陆地、东北部为海洋，海水自东北向西南侵入，海陆过渡环境较为发育，为该时期主要的聚煤区域。

1.层序Ⅰ岩相古地理分析

对层序Ⅰ岩相古地理的分析，首先我们分析各种单因素反应的地质古环境意义，再分析其综合效果，以复原该时期的古环境，绘制相应的岩相古地理图。

层序Ⅰ沉积地层厚度我们可以看出(图3-4-2)，由于西部的康滇古陆为本区的主要物源区，地层厚度整体上表现为西薄东厚的趋势，地层厚度2.63~162.19 m(据统计的钻孔资料)。宏观上可以看出，东西方向上，地层由西向东逐渐变厚；南北方向上，宜宾—叙永一线为黔北—川南隆起区，沉积地层厚度较薄，此线以北和以南地区沉积地层逐渐变厚。沉积地层厚度的变化，宏观上反映了该时期该地区的大地构造格局，为古地理分析提供宏观指导作用。该时期主要的沉降中心位于四川省东北部与重庆市交界处的大竹、梁平和开江地区；其次为遂宁沉降中心；此外，赤水、筠连、叙永南部为小的沉降中心。该时期沉降中心大致位于北东向构造线上，黔北—川南隆起带北侧的沉降中心与川东裂陷带位置基本相当，反映了构造对沉积的控制作用。雅安—峨眉山—乐山—自贡地区沉积地层较薄，反映了该地区地势相对较高。该时期沉降中心相对较集中，反映了该时期构造活动局部活跃整体稳定的特点。

层序Ⅰ煤层厚度等值线图(图3-4-3)可以看出，该时期煤层总厚度0~16 m，主要的富煤中心位于南充和綦江、合川等地区，煤层总厚度一般5~16 m；次一级的富煤中心位于古蔺大村地区，煤层总厚度一般5~9 m。与地层厚度等值线图对比我们可以发现，这些聚煤中心也大都是该时期的沉降中心，但不是沉积厚度最大的地区，反映了在适宜聚煤的大环境下，沉降中心往往为聚煤中心，说明了该时期成煤物质供应较为充足，能为泥炭堆积持续提供空间的场所，利于聚煤作用长时间的进行。

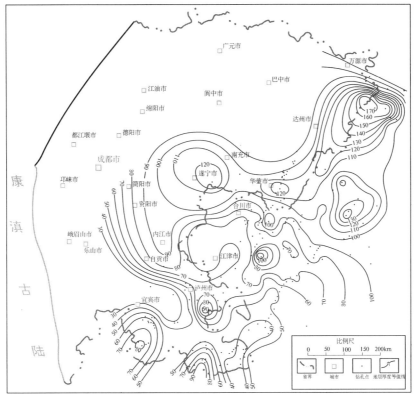

图 3-4-2　四川东部晚二叠世层序Ⅰ地层厚度等值线图

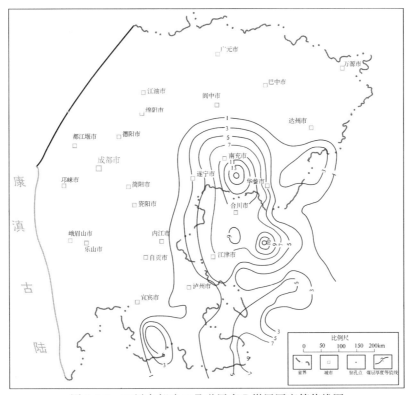

图 3-4-3　四川东部晚二叠世层序Ⅰ煤层厚度等值线图

　　层序Ⅰ砂泥岩比值等值线图(图3-4-4)可以看出,本区主要的砂体富集带位于宜宾—叙永—古蔺一线,大致沿黔北—川南隆起带分布,此外华蓥山地区也有大量的砂体分布。宜宾—叙永—古蔺一线砂泥比值较高,可达2.0以上,局部可达4.34,反映了该地区河道较发育,河道沿着黔北—川南隆起带两侧斜坡向南、向北两侧向地势低洼处流动,古河流大致为自西向东流动。华蓥山地区砂泥比值较高,且其展布方向垂直海侵方向,为潮坪障壁砂坝沉积。泸州—綦江—重庆一线位于川东裂陷带构造线上,水体较深,主要为深水泥质沉积,几乎没有砂岩沉积,砂泥比近乎为零,该裂陷带两侧,砂泥比逐渐增高。自贡—泸州—内江等地区砂泥比值也较低,反映了较低能量的水动力条件。

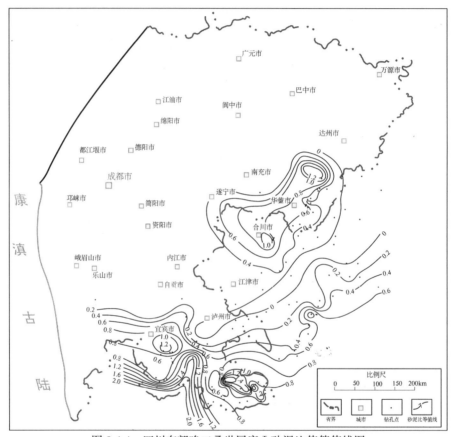

图3-4-4　四川东部晚二叠世层序Ⅰ砂泥比值等值线图

　　层序Ⅰ灰岩厚度等值线图(图3-4-5)可以看出,灰岩呈现出自西南向东北方向明显加厚的趋势,该时期灰岩厚度0~121 m。灰岩主要分布在南充—华蓥—重庆一线的东北部,该线西南部地区,几乎不发育灰岩,仅在局部地区零星的发育一些薄层灰岩。在这一区域,能够周期性的受到海水影响,但海水的影响程度又不是很强,整体处于海相向陆相过渡地带,为成煤提供了有利条件,有利于大范围、大强度聚煤作用的发生,但是是否真正能够发生聚煤作用,还需要综合考虑其他因素的影响。在达州、巴中地区,灰岩厚度最大,可达90 m以上。灰岩厚度分布反映了海陆分布的宏观格局,为进一步恢复古环境提供了大的框架格局;灰岩发育情况指明了海水入侵的方向,宏观上为海水自东向西入侵,从全省角度分析为自东北向西南入侵。

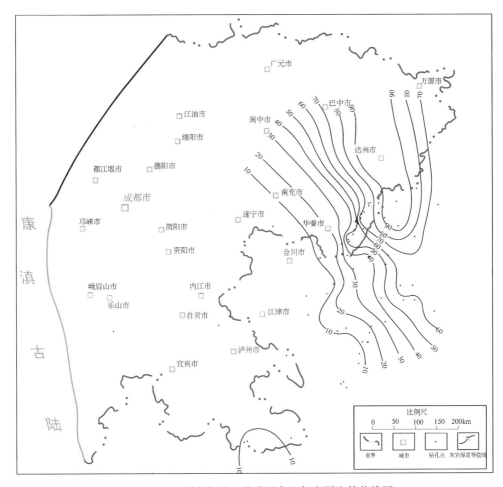

图 3-4-5　四川东部晚二叠世层序Ⅰ灰岩厚度等值线图

层序Ⅰ时代±相当于晚二叠世早期的吴家坪阶早中期，在岩石地层上包括宣威组一段和二段下部/龙潭组一段及二段下部/吴家坪组一段及二段下部。该时期由于海西期（东吴）运动的影响，相对早中二叠世而言，普遍呈现海退，一些地区褶皱隆升成为山地或平原，康滇地区由于峨眉山玄武岩的喷溢堆积，其外围反映为以陆相为主的宣威组分布，逐渐向外变为海陆交替相为主的龙潭组分布，以及以海相为主的吴家坪组分布。

康滇古陆—龙门山一线以西（图 3-4-6），为构造活动相对活跃地区，主要的古地理单元为盐源陆缘盆地、巴颜喀啦海盆以及滨岸环境，主要为玄武岩、碳酸盐岩和深海沉积，四川西部与藏滇板块交界处，板块不断拉伸，活动性强，发育甘孜—理塘洋盆和板块边缘盆地等古地理单元。

康滇古陆—龙门山一线以东（图 3-4-6），为稳定的扬子克拉通盆地，构造较稳定，加之康滇古陆东北部斜坡地势平缓，自西南向东北由陆相环境到过渡相环境再到海相环境，相带变化明显。从康滇古陆东缘到眉山—自贡—泸州一线以西，主要为冲积平原环境，冲积扇三角洲主要发育在黔北—川南隆起带西部的宜宾—筠连等地区；向东北到德阳—盐亭—南充一线以西，主要为潮坪—三角洲环境，三角洲主要发育在黔北—川南隆起带东部的叙永—古蔺地区，中北部地处于川中低隆起区，地势平缓覆水较浅，主要发育潮坪环境；再往东北为碳酸盐环境，发育多套薄层碳酸盐岩；在江油—阆中—巴中—华蓥地区发育碳酸盐台地，发育厚层碳酸盐岩，在碳酸盐台地靠近碳酸盐潮坪一侧，发育一个障壁砂坝；在广元—旺苍—通江—达州地区为深海盆地环境，发育硅质灰岩、硅质岩互层夹泥晶灰岩及页岩等深水环境沉积岩石组合。

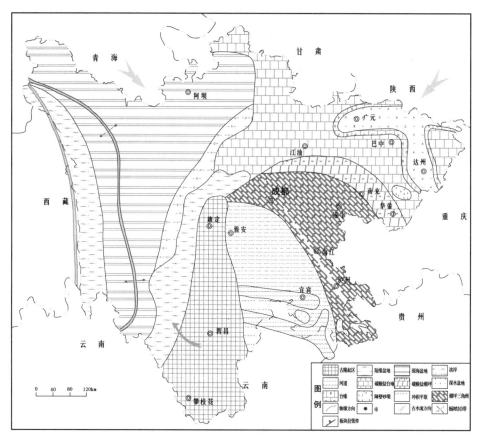

图 3-4-6   四川省晚二叠世层序 I 岩相古地理图

该层序直接沉积在中二叠世茅口组石灰岩风化壳上。在茅口阶晚期，研究区发生整体坳陷沉降，海水从西北、东北部漫侵本区，在古风化壳上开始了晚二叠世吴家坪阶沉积。在无玄武岩分布地区广泛发生 C_{25} 聚煤作用，在 C_{25} 聚煤中期，发生了规模不大的溪口海侵，沉积了华蓥山地区的溪口灰岩、古叙地区的黑色鱼鳞泥岩、古宋一带 C_{25}^{-1} 顶板灰岩，这层灰岩代表了区域海侵正式开始，进入了海侵体系域沉积时期。在 C_{25} 煤沉积之后，本区地壳发生凹陷沉降，发生了规模较大的观音桥海侵，沉积了一套分布范围较广的观音桥灰岩（即小铁板 B_2 标志层）。在缓慢海侵过程中沉积了厚度较大的 C_{24} 煤，之后再次发生快速海侵并沉积了大坪子灰岩（即华蓥山溪口一带小铁板上分层），紧接着大规模海退沉积了"下砂锅土" C_{23}^{-1} 煤，再次海侵结束了筠连—芙蓉等地玄武岩山地遭受剥失提供碎屑物质的历史从而接受沉积，沉积了较厚的 C_{23} 煤及其他一些薄煤层，之后的温水—良村海侵为本时期最大规模的海侵，沉积了厚度大、分布面积广的温水灰岩（即 B_3^F 标志层）和良村灰岩（即 B_3^L 标志层），这次海侵代表了本层序进入最大海泛期，良村灰岩为最大海泛期的沉积产物。与之相对应，有利的聚煤带也随着海水不断入侵逐渐由东北向西南迁移。此后，本区发生广泛的海退，沉积了 C_{17-20} 厚煤层。随着古蔺三角洲不断向海推进，海岸线也不断向东退却，形成了宽广而平坦的海陆过渡带。在高水位体系域的末期，沉积了 C_{16} 煤层，据古叙矿区资料，该煤层硫分平均含量为 0.40%，为该时期硫含量最低的煤层，反映了陆相沉积起主导作用，即该时期海退达到最大，该煤层沉积的结束代表了层序Ⅰ沉积的结束。该时期聚煤作用，在低水位体系域主要发生在东北部的华蓥山和东南部的古蔺—叙永地区，海侵体系域时期聚煤带向南迁移，聚煤作用主要发生在东南部的古蔺—叙永地区，高水位体系域时期，聚煤作用仍主要发生在东南部的古蔺—叙永地区，芙蓉—筠连及其西部地区在该体系域始终没有发生明显的聚煤作用。

2. 层序Ⅱ岩相古地理分析

层序Ⅱ地层厚度等值线图（图 3-4-7）可见，该时期地层厚度 5～327 m，沉积地层厚度明显大于层序Ⅰ沉积的地层厚度。地层厚度分布整体上表现为西薄东厚、南薄北厚的特点。川南地区宜宾—筠连—叙永一线位于黔北—川南隆起带，地层沉积厚度最小，该隆起带向南北两侧地层逐渐变厚。成都—遂宁—内江—简阳等地区位于川中低地隆起区，地势相对平坦，地层厚度变化较小。该时期主要的沉降中心位于巴中—达州、泸州北部、珙县、重庆市区和中东部地区，沉积地层厚度可达 200 m 以上。其次为峨眉山市南部的一个相对独立的沉降中心，地层厚度在 100 m 以上。筠连南部和叙永南部也为较小的沉降中心。整体来看，该时期沉降中心轴线仍为北东方向，与川东裂陷带位置大致相符，沉降中心相对集中反映了构造活动相对较弱。

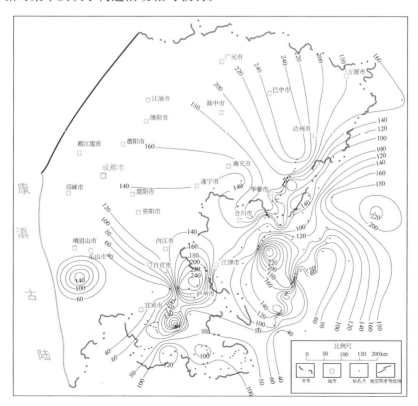

图 3-4-7　四川省东部晚二叠世层序Ⅱ地层厚度等值线图

　　层序Ⅱ煤层厚度等值线图(图 3-4-8)可以看出，本层序煤层厚度 0~17.1 m，与层序Ⅰ沉积的煤层总厚度大致相当。从图中明显的可以看出，该时期成煤带明显的向西部迁移，层序Ⅱ在南充—重庆市区的主要的富煤中心，已经缩小为重庆市区较小的聚煤中心。该时期主要的聚煤中心迁移到宜宾—筠连—叙永—古蔺一带，反映了随着海水由东北向西南入侵，聚煤带也实现了向西、向南大幅度的迁移，说明了聚煤作用与古地理变迁的同步性。

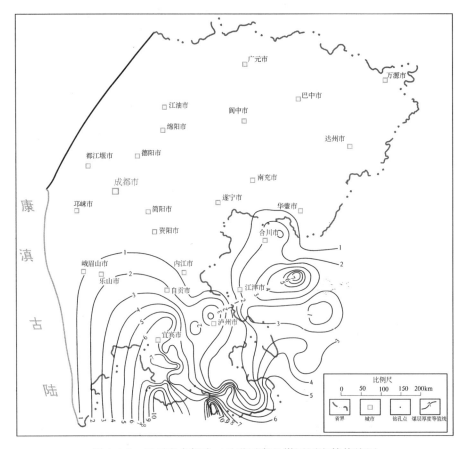

图 3-4-8　四川省东部晚二叠世层序Ⅱ煤层厚度等值线图

　　层序Ⅱ砂泥岩比值等值线图(图 3-4-9)可以看出，本区主要的砂体富集带位于峨眉山—宜宾—叙永—古蔺一线，大致沿黔北—川南隆起带分布，为冲积扇、三角洲发育地区。与层序Ⅰ相比，该时期砂泥岩比值明显降低。峨眉山—宜宾—叙永—古蔺一线砂泥比值较高，可达 1.0 以上，反映了该地区河道较发育，河流沿着黔北—川南隆起带两侧斜坡向南、向北两侧向地势低洼处流动，古河流大致为自西向东流动。此外，华蓥山地区也有大量的砂体分布，该地区砂泥比值仍较高，但相比层序Ⅰ已经明显降低，分析为障壁砂坝沉积。泸州—綦江—重庆一线位于川东裂陷带构造线上，水体较深，主要为深水泥质沉积，几乎没有砂岩沉积，砂泥比近乎为零，该裂陷带两侧，砂泥比逐渐增高。

图 3-4-9　四川省东部晚二叠世层序Ⅱ砂泥岩比值等值线图

层序Ⅱ灰岩厚度等值线图(图 3-4-10)可以看出，该时期灰岩厚度在 0~322 m，无论是厚度还是分布范围明显大于层序Ⅰ时期。灰岩厚度展布整体仍表现为出自西南向东北明显加厚的趋势，黔北—川南隆起带灰岩厚度明显较薄。该时期灰岩分布几乎延伸到康滇古陆—龙门山以东的整个川东地区，在自贡—泸州—叙永—筠连一线西部灰岩厚度较薄，该线以东灰岩厚度较大。东北部的巴中—达州地区灰岩厚度相对较小，原因是该地区发育裂陷海槽，水体较深，主要发育硅质岩、硅质灰岩、硅质泥岩等组成的大隆组地层。该时期周期性的海水影响的范围较广，强烈的海水的影响程度不利于成煤，使得有利的成煤带，大幅度向西南部迁移。灰岩厚度及分布范围反映了该时期海相环境占主导因素，过渡相环境范围较小，陆相环境更是微乎其微，控制了宏观的古地理分布格局。

层序Ⅱ整体上继承了层序Ⅰ的古地理格局，但是由于海水的不断入侵，宏观海陆格局发生了一定变化，海相环境范围明显变大、陆相范围逐渐缩小。

在康滇古陆—龙门山一线西侧(图 3-4-11)，松潘—陇南—汉中—绵阳地区发育开阔碳酸盐台地，在康定—丽江地区发育盐源陆缘盆地，松潘—丽江一带发育陆棚—次深海，盐源陆缘盆地和康滇古陆之间发育滨海—陆棚，色达—甘孜—马尔康地区发育巴颜喀拉海盆，甘孜西部到稻城地区发育甘孜—理塘洋盆，德格—巴塘—香格里拉地区发育中咱边缘盆地。

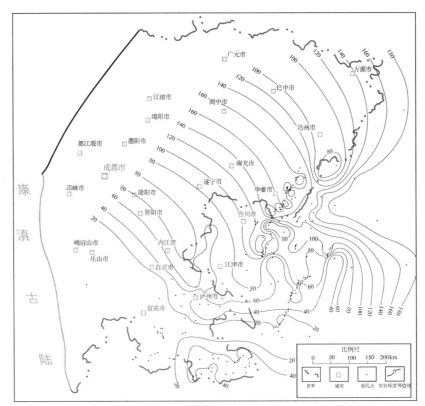

图 3-4-10　四川省东部晚二叠世层序Ⅱ灰岩厚度等值线图

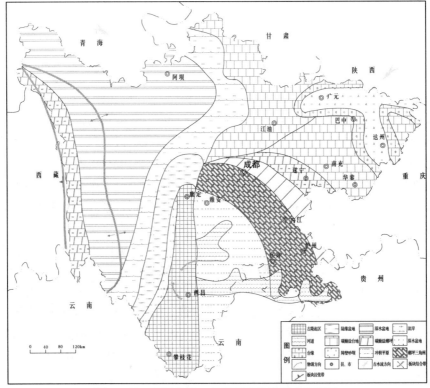

图 3-4-11　四川省晚二叠世层序Ⅱ岩相古地理图

在康滇古陆—龙门山一线东侧（图 3-4-11）自西南向东北方向，沉积环境依次为陆相—海陆过渡相—海相，相带规律性变化。海侵作用不断加强，冲积平原逐渐向西退却，大致分布在雅安—乐山—宜宾一线以西，该地区河流作用较强，河道砂体较发育；向东北到成都—简阳—内江—泸州一线，主要发育潮坪，南部古蔺三角洲主体迁移到西部筠连地区；再往东北依次为碎屑泥质潮下和碳酸盐潮坪；在德阳—南充—华蓥地区发育局限台地，再往东依次发育开阔台地，在广元—旺苍—巴中—达州地区发育广旺海槽和开江—梁平海槽。

层序 II 在层序 I C_{16} 煤层顶部接受沉积，特别是在冲积扇、三角洲发育的地区，广泛发育厚层河道砂岩，与下伏煤层为冲刷接触或者明显接触，反映了较大的沉积间断。经过短暂的低水位期沉积，海侵作用再次发生，缓慢海侵过程中沉积了 C_{15}、C_{14} 煤层，海侵程度达到较大时沉积了梨园坝灰岩（即习水东 $C_{13}{}^{-1}$ 顶板习水图书一带为潮下砂泥岩含腕足类动物化石），之后发生多次海侵海退，依次沉积了张狮坝灰岩（C_{12} 煤层顶板古蔺大村一带为潮下砂泥岩含丰富的腕足类动物化石）、仙源灰岩（C_{11} 煤层顶板古蔺大村一带为潮下砂泥岩含丰富的腕足类动物化石）之后，大规模的海退形成广袤的滨岸沼泽环境东达南桐、华蓥山姚家岩，西布筠连—芙蓉聚积了川南最重要的 C_{7-10} 煤组、石宝灰岩（筠连 C_7 顶板含海相动物化石泥岩）的沉积代表着该时期海侵程度达到最大。此时华蓥山—古蔺—叙永地区由于覆水较深，聚煤作用停止，泥炭堆积被碳酸盐岩沉积取代，而聚煤带过渡到了筠连—芙蓉等地区。至此，海侵体系域沉积结束，转入高水位体系域沉积，聚煤带也完成大幅度的向西南部迁移。在高水位体系域中的次级海进海退旋回中，筠连—芙蓉等地区依此沉积了 C_6 煤层、洛表灰岩（B_6 标志层）、C_5 煤层、龙头灰岩（B_7 标志层）、C_{3-4} 煤层、大水沟灰岩（B_8 标志层）、C_{1-2} 煤层。C_1 煤层沉积的结束，层序 II 沉积逐渐接近尾声。

在该层序的低水位体系域，全区几乎不发生聚煤作用。海侵体系域早中期在古叙地区沉积煤层，海侵体系域晚期在古叙、芙蓉、筠连地区沉积煤层。到了高水位体系域，古叙地区成煤作用结束，成煤带完全迁移到芙蓉、筠连地区。该时期成煤带在纵向上和横向上都发生了较大的迁移，自东北向西南，成煤带位置逐渐向西南方向迁移，垂向上煤层层位逐渐提升，体现了成煤带随古地理格局变迁而变迁的一致性。

3. 晚二叠世古地理演化

晋宁期形成的扬子地块，在加里东期及海西早中期主要受东南侧加里东、海西褶皱带及太平洋板块的影响，扬子地块的构造和沉积边界主要呈北东向。

石炭纪时中朝—塔里木板块与华南—东南亚板块已沿秦岭—昆仑山系的东段相接，并开始形成统一的华夏古陆；两板块间的完全拼接、挤压可延至三叠纪。其中扬子地块西段主要是在海西期与中朝地块拼接。这时特提斯古洋板块由原来向扬子地块俯冲转向北西俯冲，扬子地块也向北西漂移与中朝地块拼接，致使整个应力场变为北西向挤压，在研究区形成了一系列当时呈北西向（现在呈南北向）的张性断裂及裂谷带，以及与这一应力场有关的断裂，隆起及坳陷。

这一时期活动的断裂带有攀西裂谷带，鲜水河断裂带，龙门山断裂带，长寿—遵义断裂带，峨眉山—大凉山断裂带，都不同程度地活动，部分还有玄武岩喷溢。其余断裂活动不明显。

本区内的隆起和坳陷也在变化，迁移。其中寒武纪初形成的成都隆起，至中二叠世末中心已迁至泸州北侧三十余千米处，至以后的印支期又再向南迁至泸州。晚二叠世这一隆起变平并与黔中隆起连成一片，这一格局为川东、川南、黔北及滇东北地区的含煤沉积提供了良好的构造基础条件。

东吴运动使扬子准地台西段绝大多数地区成陆，龙门山西侧的马尔康隆升成陆，大巴山北部的华北陆在晚二叠世长期出露海面。米仓山、大巴山及武陵山地区东吴运动后也曾遭受较长时期的剥蚀。其间的广大地区也一度上升剥蚀程度不一。仅川东、鄂西及遵义以南地区，还存在中二叠世遗留下来的残余海湾。

峨眉山玄武岩沿攀西裂谷及其东侧断裂的喷溢，在前述康滇岛及附近地区堆积形成了玄武岩山地。此后，康滇地轴继续隆升，玄武岩山地的中轴部分遭受剥蚀，并成为本区的物源区。

前述陆地之间的地区，包括康滇地轴以东的地区，玄武岩喷发以后，逐步下沉，并接受沉积。因此，晚二叠世除康滇岛及其东部海域边缘区有以玄武岩屑为主体的陆源碎屑含煤沉积外，其余地区主要是碳盐盐沉积（仅底部有少量陆源火山碎屑岩及煤层），致使富煤区主要集中在康滇岛东侧的近海陆源碎屑沉积带上。

由此形成了晚二叠世古地理格局，如图 3-4-12，在康滇古陆—龙门山一线西侧，松

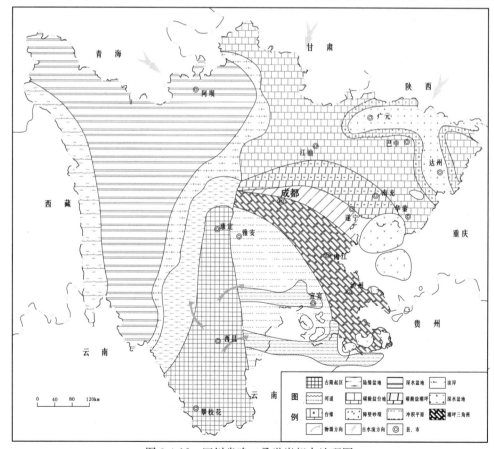

图 3-4-12 四川省晚二叠世岩相古地理图

潘—陇南—汉中—绵阳地区发育开阔碳酸盐台地，在康定—丽江地区发育盐源陆缘盆地，松潘—丽江一带发育陆棚—次深海，盐源陆缘盆地和康滇古陆之间发育滨海—陆棚，色达—甘孜—马尔康地区发育巴颜喀拉海盆，甘孜西部到稻城地区发育甘孜—理塘洋盆，德格—巴塘—香格里拉地区发育中咱边缘盆地。

在康滇古陆—龙门山一线东侧，自西南向东北方向，沉积环境依次为陆相—海陆过渡相—海相，相带规律性变化。冲积平原大致分布在邛崃—彭州—南溪一线以西，该地区河流作用较强，河道砂体较发育，并有多处沼泽，发育可开采的煤层；向东北到郫县—新都—安岳一线，主要发育潮坪三角洲，南部三角洲主体从古蔺（层序Ⅰ）迁移到西部筠连（层序Ⅱ）地区；再往东北依次为碎屑泥质潮下和碳酸盐潮坪；在德阳—南充—华蓥地区发育局限台地，再往东依次发育开阔台地，在广元—旺苍—巴中—达州地区发育广旺海槽和开江—梁平海槽。

二、晚三叠世

（一）岩相古地理分析方法和原则

本书岩相古地理研究主要采用冯增昭教授（2004）倡导的单因素分析多因素综合作图法，其研究步骤如下：

首先，通过露头和岩心的沉积相分析，并结合前人研究成果，建立本区沉积相模式。平面上通过绘制各种岩类的分布，获得全区的骨架相，与单井剖面相和连井剖面相分析相结合，从点到线再到面，从盆地区边缘到盆地区内部展开整个盆地区的沉积相横向变化。

其次，针对盆地内的所有有效钻井资料和盆地周缘的露头资料，进行各种岩石类型、地层厚度、岩性厚度比值等定量资料的统计，作出各种参数的等值线图，各项参数的等值线图代表了不同的地质意义（表3-4-2）。

表3-4-2　四川盆地晚二叠世古地理参数统计方法及意义

序号	参数	统计方法	等值线图意义
1	地层厚度	地层总厚度	反映区域沉降幅度、沉积物质供给、隆起和凹陷及盆地轮廓
2	砂砾岩厚度	砂岩（粗砂岩、中砂岩、细砂岩）总厚度	反映冲积砂体及三角洲砂体的分布范围及可能的储集层分布
3	煤层厚度	煤层总厚度	反映泥炭沼泽发育地区
4	泥岩厚度	泥质岩类（粉砂质泥岩、泥岩、灰质泥岩）总厚度	指示沉积中心以及三角洲分流间湾发育区
5	砂岩/泥岩比	砂岩厚度/泥岩厚度比值	反映主要岩相分布特征及古地理，是划分相带和相区的主要依据

最后，分析区域沉积环境和沉积相带的平面变化规律，区分沉积区和剥蚀区，勾绘平面图中不同相区的界线，指出物源区的方向，从而进行岩相古地理学综合图件的编制。

本书岩相古地理研究根据上述步骤，在单剖面沉积相分析和连井剖面沉积相分析的基础上，综合讨论沉积相的平面分布，同时彼此相互对照，最终得出较合理的岩相古地理图。具体步骤如下：

首先，资料统计、分析、选择。本书尽可能多地收集钻孔资料，共收集钻孔 65 个，经过筛选可利用的钻孔共为 40 个(图 3-4-13)。

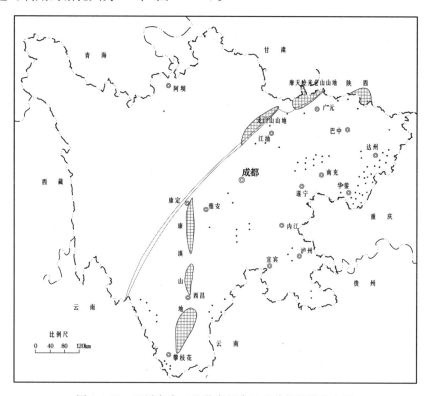

图 3-4-13　四川省晚三叠世岩相古地理分析钻孔分布图

第二步，绘制各种参数平面图。分别统计各层序地层总厚度、砂泥比、砂砾岩百分比、泥岩百分比、煤层厚度等资料，绘制各种等值线图，综合研究该区的古地理特征。以上各项参数的等值线图代表着不同的地质意义。

最后，综合分析并绘制古地理图。主要依据砂泥比等值线图，同时结合单井柱状、连井剖面沉积相图，勾勒出四川盆地含煤岩系沉积期岩相古地理图，并划分了主要相带和相区。

(二)四川盆地晚三叠世岩相古地理分析

通过对四川盆地晚三叠世钻孔地层厚度、泥岩厚度、砂砾岩厚度、煤层厚度以及砂泥比的分析统计，在砂泥比等值线图的基础上，参考各种等值线图，通过综合地质分析，恢复了盆地区晚三叠世含煤岩系的岩相古地理面貌，总结了含煤岩系的古地理演化过程及特征，为盆地区聚煤作用分析奠定了基础。

晚三叠世划分为四个层序：层序Ⅰ、Ⅱ、Ⅲ和Ⅳ，每个层序都由低位、湖侵和高位三个体系域组成。本节以层序为单位进行岩相古地理分析，由于龙门山断裂以西缺乏资料，故以龙门山断裂以东的四川盆地地区为主要研究对象。

1. 层序Ⅰ岩相古地理分析

层序Ⅰ的地层对应于小塘子组，在整个四川盆地广泛分布，主要岩性为较细的砂泥岩互层。发育的沉积相单元主要为河流相的泛滥平原沉积、三角洲平原分流间湾和三角洲前缘河口坝、远砂坝以及湖泊相的滨浅湖沉积，层序Ⅰ时期煤层发育也分布较广，但不稳定且连续性不好。

层序Ⅰ的地层厚度 15~55 m，平均 35 m，地层厚度最大值在四川盆地龙门山前陆以及华蓥山断裂附近，最大可达 70 m，最小值出现在本区的中部，最小值为 10 m，平面上表现为地层自四川盆地中部向东、西逐渐加厚，说明沉积中心在龙门山前陆和华蓥山断裂一带，具体特征见图 3-4-14。

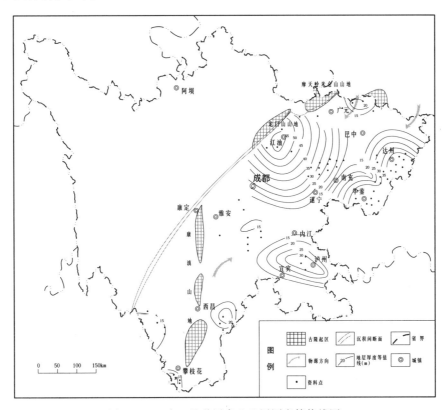

图 3-4-14　晚三叠世层序Ⅰ地层厚度等值线图

层序Ⅰ的砂岩厚度 10~45 m，平均 30 m，地层厚度最大值在四川盆地龙门山前陆以及华蓥山断裂附近，最大可达 50 m，最小值出现在区内的中部南充—自贡一线，最小值为 5~10 m，平面上表现为砂岩厚度自盆地区外缘向中部逐渐变薄，说明河道由盆地边缘向中部延伸，逐渐尖灭，具体特征见图 3-4-15。

层序Ⅰ的砂泥比值较低，变化 0~1，平均 0.5，最大值出现在龙门山前陆、摩天岭—米仓山附近，应为河流冲积平原沉积。砂泥比值从古陆向盆地中部逐渐降低。最小值出现在南充、自贡等四川盆地中部，南部地区，其值在 0.5 以下。平面上表现为盆地中部砂泥比值较低。古陆周围砂泥比值较高，具体特征见图 3-4-16。

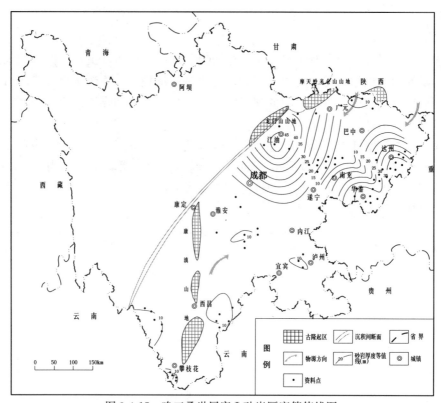

图 3-4-15 晚三叠世层序Ⅰ砂岩厚度等值线图

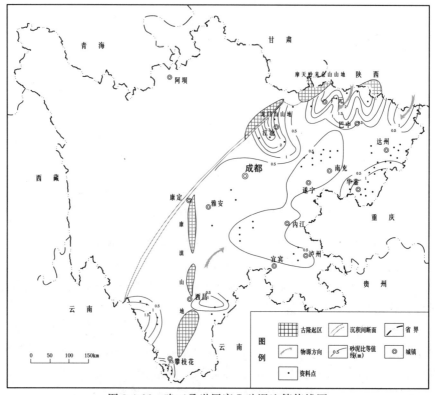

图 3-4-16 晚三叠世层序Ⅰ砂泥比等值线图

以砂泥比值等值线为基础，结合地层厚度等值线及砂岩厚度等值线图，恢复了四川晚三叠世层序Ⅰ沉积期的岩相古地理面貌。古地理单元有古陆、河流冲积平原、湖滨三角洲、滨浅湖以及边缘海泥质复理石建造等。其中把砂泥比值为1以上的地区定为河流冲积平原沉积，砂泥比值在0.5到1之间的地区定为湖滨三角洲沉积，砂泥比小于0.5的定为滨浅湖沉积。根据上述分析，并结合各方面资料，本次研究认为当时主要物源来自东北部的大巴山古陆、北部的米仓山—摩天岭古陆以及西部的康滇古陆。盆缘的川滇山地、摩天岭、米仓山山地限制了河流冲积平原的西部及北部边界。盆缘山地的隆升，盆地中西部同沉积断裂和压实作用促进了川西同沉积坳陷的形成与发展。河流冲积平原主要分布在盆地区周缘物源输入较充分的地区，盆地中部逐渐过渡到湖滨三角洲，在南充—自贡一线则发育了滨浅湖沉积，具体特征见图3-4-17。

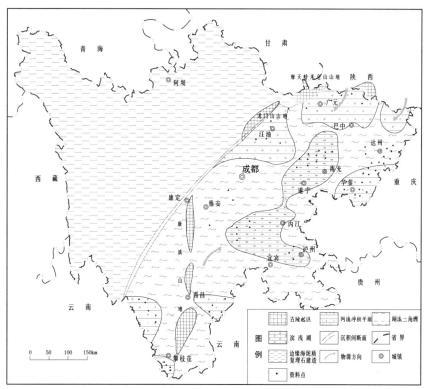

图 3-4-17　晚三叠世层序Ⅰ岩相古地理图

2.层序Ⅱ岩相古地理分析

层序Ⅱ的地层对应于须家河组一段和须家河组二段，在整个四川盆地广泛分布，主要岩性下部为较粗粒的大段砂岩，上部为较细的砂泥岩互层。发育的沉积相单元主要为河流相的曲流河边滩和泛滥平原沉积，盆地边缘部分地区发育辫状河道沉积，盆地中以三角洲沉积为主，也发育有湖泊相的滨浅湖沉积。层序Ⅱ的湖（海）侵体系域及高位体系域是本区主要的聚煤时期，煤层厚度较大，分布较广。

层序Ⅱ的地层厚度170~250 m，平均210 m左右，地层厚度最大值在龙门山前陆，最大可达270 m，本时期地层厚度分布较为均匀，但平面上仍表现为地层由龙门山前陆向东逐渐变薄，说明沉积中心在盆地区的西部，具体特征见图3-4-18。

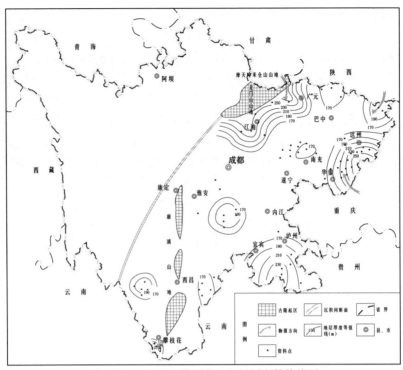

图 3-4-18　晚三叠世层序 II 地层厚度等值线图

层序 II 的砂岩厚度 30~150 m，平均 90 m，地层厚度最大值在四川盆地龙门山前陆以及华蓥山断裂附近，最大可达 150 m，最小值出现在盆地区的中部南充—自贡一线，最小值为 20~30 m，平面上表现为砂岩厚度自盆地区外缘向中部逐渐变薄，说明河道由盆地边缘向中部延伸，逐渐尖灭，具体特征见图 3-4-19。

层序 II 的砂泥比值较高，变化 0~2，平均 1，最大值出现在龙门山前陆、摩天岭—米仓山附近，应为河流冲积平原沉积。砂泥比值从古陆向盆地中部逐渐降低。最小值出现在南充、自贡等四川盆地中部，南部地区，其值在 0.5 以下。平面上表现为盆地中部砂泥比值较低，古陆周围砂泥比值较高，具体特征见图 3-4-20。

以砂泥比值等值线为基础，结合地层厚度等值线及砂岩厚度等值线图，恢复了四川晚三叠世层序 II 沉积期的岩相古地理面貌。古地理单元有古陆、河流冲积平原、湖滨三角洲、滨浅湖以及边缘海泥质复理石建造等。其中把砂泥比值为 1 以上的地区定为河流冲积平原沉积，砂泥比值在 0.5 到 1 之间的地区定为湖滨三角洲沉积，砂泥比小于 0.5 的定为滨浅湖沉积。根据上述分析，并结合各方面资料，本次研究认为当时主要物源来自西北部的龙门山、米仓山—摩天岭古陆以及东北部的大巴山古陆。川西河流冲积平原为介于龙门山以东和简阳一线以西之间的川西地区，须家河组一段期后，九顶山岛向北扩大增生，并与龙门山、摩天岭山地连接，形成完整的龙门山山地，盆地西南的川滇山地则表现为沉降，因此，在盆地西北、西部、西南形成山前河流冲积平原，川中滨浅湖的主体应是南充湖，岩石组合区呈环带状、椭圆形北东向展布，沉积相带明显，广安一线以东的湖滨地带，由于湖滨沿岸流的作用，形成了一个不连续的北东向展布的湖滨砂坝带，南充湖的南部资阳、内江一带，由綦江河携带入湖的碎屑物质经湖流改造形成湖心砂坝，从而把南充湖分为南北两个浅湖区，北为南充浅湖区，南为自贡浅湖区。具体特征见图 3-4-21。

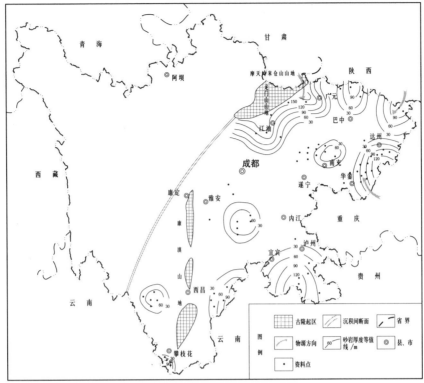

图 3-4-19　晚三叠世层序Ⅱ砂岩厚度等值线图

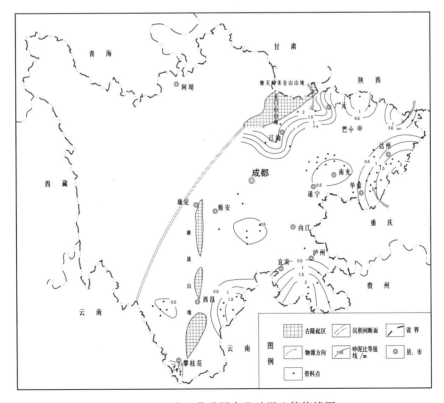

图 3-4-20　晚三叠世层序Ⅱ砂泥比等值线图

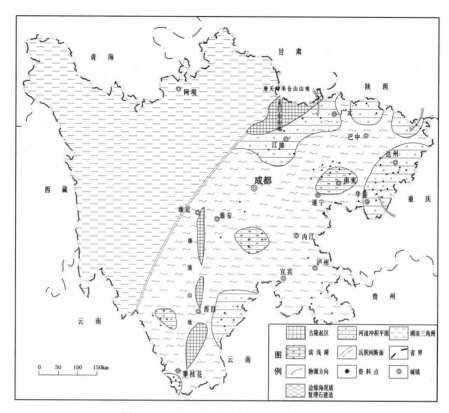

图 3-4-21　晚三叠世层序Ⅱ岩相古地理图

3. 层序Ⅲ岩相古地理分析

层序Ⅲ对应须家河组三段和须家河组四段，在整个四川盆地广泛分布，主要岩性为下部较粗粒的大段砂岩，上部为较细的砂泥岩互层。发育的沉积相单元主要为河流相的曲流河边滩和泛滥平原沉积，盆地边缘部分地区发育辫状河道沉积，盆地中以三角洲沉积以及湖泊相的滨浅湖沉积为主。层序Ⅲ的湖（海）侵体系域及高位体系域是本区主要的聚煤时期，煤层厚度较大，分布较广。

层序Ⅲ的地层厚度 50~400 m，平均 210 m，地层厚度最大值在龙门山前陆附近，最大可达 400 m，最小值出现在盆地区的东南部泸州一带，平面上表现为地层自盆地中部向盆缘逐渐增厚，说明沉积中心在盆地区的东、西部，具体特征见图 3-4-22。

层序Ⅲ的砂岩厚度 50~250 m，平均 150 m，砂岩厚度最大值在四川盆地龙门山前陆以及大巴山前陆附近，最大可达 250 m，最小值出现在盆地区的中部南充—自贡一线，最小值为 50 m，平面上表现为砂岩厚度自盆地区外缘向中部逐渐变薄，具体特征见图 3-4-23。

层序Ⅲ的砂泥比值比层序Ⅱ和层序Ⅰ的砂泥比值都高，变化范围为 0.5~2.5，平均1.5，最大值仅出现在盆地区龙门山前陆和米仓山、大巴山前陆，指示川西北联扇平原的存在。砂泥比值从古陆由西北方向向东南方向逐渐降低。最小值出现在南充、资阳以南等川南地区，砂泥比值为 0.5。平面上表现为沉积区的南部砂泥比值较低。古陆周围砂泥比值较高，具体特征见图 3-4-24。

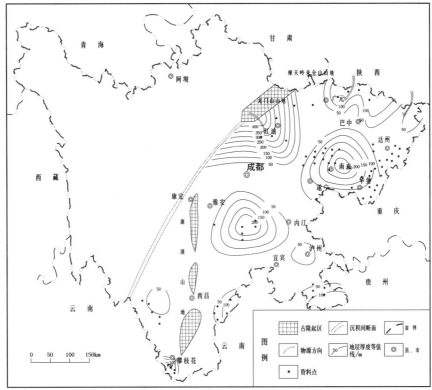

图 3-4-22　晚三叠世层序Ⅲ地层厚度等值线图

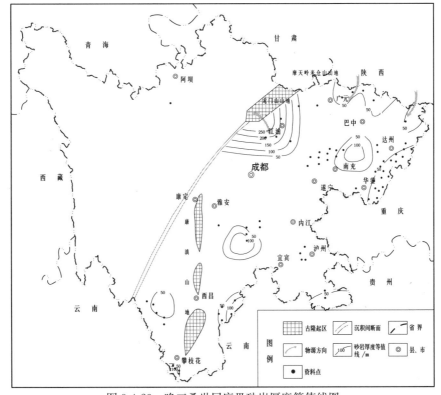

图 3-4-23　晚三叠世层序Ⅲ砂岩厚度等值线图

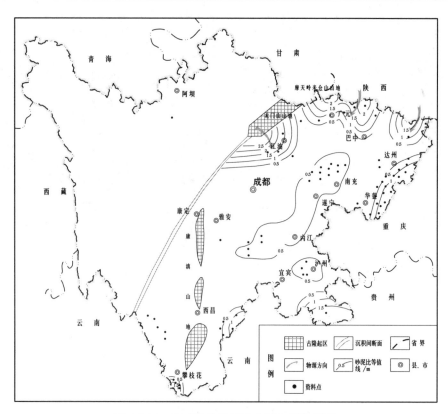

图 3-4-24　晚三叠世层序Ⅲ砂泥比等值线图

以砂泥比值等值线为基础，结合地层厚度等值线及砂岩厚度等值线图，恢复了四川晚三叠世层序Ⅲ沉积期的岩相古地理面貌。古地理单元有古陆、冲积扇、河流冲积平原、湖滨三角洲、滨浅湖以及边缘海泥质复理石建造等。其中把砂泥比值为 2 以上的地区定为冲积扇，砂泥比值在 1 到 2 之间的地区定为河流冲积平原沉积，砂泥比值在 0.5 到 1 之间的地区定为湖滨三角洲沉积，砂泥比小于 0.5 的定为滨浅湖沉积。根据上述分析，并结合各方面资料，本次研究认为当时主要物源来自东北部的大巴山古陆。川东冲积平原主要发源于大巴山山地，河流在山地前缘带为辫状河，在冲积平原内侧为曲流河，由于四川盆地西北面龙门山断裂回返隆起并褶皱成山，盆地北部米仓山、大巴山山地上升加快，使山地地势陡峻，在其前缘地带主要发育粗碎屑砂砾岩和一些相互叠置的冲积扇、形成了川西北联扇平原，川中部南充—内江一带和泸州则主要以滨浅湖发育为主，具体特征见图 3-4-25。

4. 层序Ⅳ岩相古地理分析

层序Ⅳ对应须家河组五段和须家河组六段，在整个四川盆地广泛分布，但在北部龙门山前陆及广旺矿区一带被剥蚀。主要岩性下部为较粗粒的大段砂岩，上部为较细的砂泥岩互层。发育的沉积相单元主要为河流相的曲流河边滩和泛滥平原沉积，盆地边缘部分地区发育辫状河道沉积，盆地中主要为三角洲沉积以及湖泊相的滨浅湖沉积。层序Ⅳ煤层发育不佳，厚度小且分布不广。

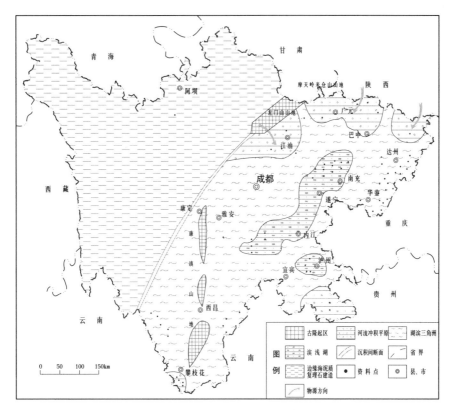

图 3-4-25 晚三叠世层序Ⅲ岩相古地理图

层序Ⅳ的地层厚度 20～160 m，平均 90 m 左右，地层厚度最大值在川西，最大可达 160 m，川西北在层序Ⅳ时期为剥蚀区，沉积中心主要在盆地区的东部，从层序Ⅰ到层序Ⅳ沉积中心在四川盆地东部、西部反复迁移，具体沉积特征见图 3-4-26。

层序Ⅳ的砂岩厚度 15～100 m，平均 60 m，砂岩厚度最大值在川西以及华蓥山断裂附近，最大可达 100 m，最小值出现在盆地区的中部南充—自贡一线，最小值为 25 m，平面上表现为砂岩厚度自盆地区外缘向中部逐渐变薄，具体特征见图 3-4-27。

层序Ⅳ的砂泥比值为 0～1.5，平均 0.75，最大值出现在川西以及川东的华蓥山附近，应为河流冲积平原沉积。砂泥比值从古陆向盆地中部逐渐降低。最小值出现在南充、雅安等四川盆地中部、南部地区，其值在 0.5 以下。平面上表现为盆地中部砂泥比值较低，古陆周围砂泥比值较高，具体特征见图 3-4-28。

以砂泥比值等值线为基础，结合地层厚度等值线及砂岩厚度等值线图，恢复了四川晚三叠世层序Ⅳ沉积期的岩相古地理面貌。古地理单元有古陆、河流冲积平原、湖滨三角洲、滨浅湖以及边缘海泥质复理石建造等。其中把砂泥比值为 1 以上的地区定为河流冲积平原沉积，砂泥比值在 0.5 到 1 之间的地区定为湖滨三角洲沉积，砂泥比小于 0.5 的定为滨浅湖沉积。根据上述分析，并结合各方面资料，本次研究认为当时主要物源来自西北部的龙门山以及东北部的大巴山古陆。在龙门山和摩天岭—米仓山前缘主要发育曲流河沉积，其中以邛崃、大邑地区最明显，而简阳—仪陇—通江一带为浅湖分布区，资威矿区和东北缘的达县地区为湖滨三角洲分布区，具体特征见图 3-4-29。

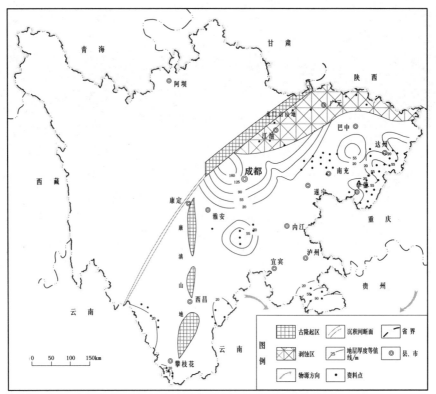

图 3-4-26　晚三叠世层序Ⅳ地层厚度等值线图

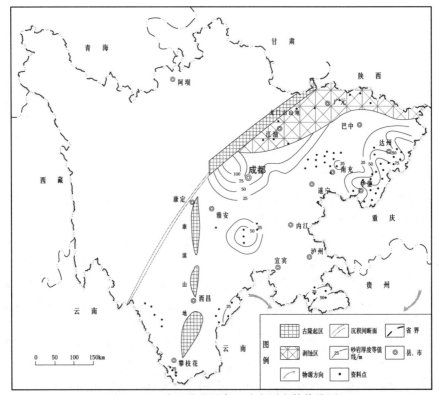

图 3-4-27　晚三叠世层序Ⅳ砂岩厚度等值线图

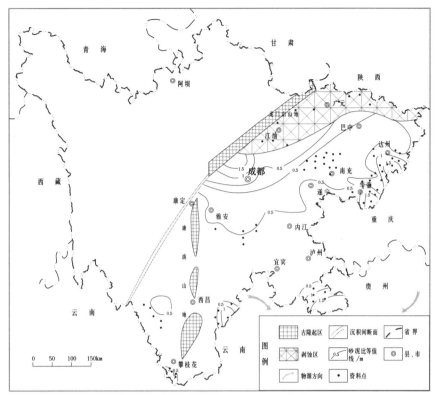

图 3-4-28　晚三叠世层序Ⅳ砂泥比等值线图

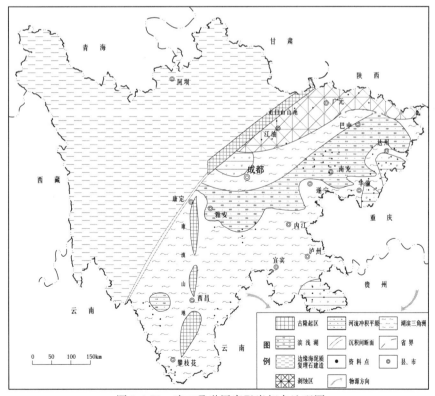

图 3-4-29　晚三叠世层序Ⅳ岩相古地理图

5.晚三叠世岩相古地理分析

四川省整个晚三叠世由于资料所限，四个层序均完全发育的钻孔较少，分布也不均匀。川西北龙门山及广旺矿区一带在层序Ⅳ时期为剥蚀区。整个晚三叠世岩相古地理，是在分层序的岩相古地理分析的基础上，根据资料情况，定性加定量进行的综合分析。

整个晚三叠世地层厚度在300～>2700 m，盆地总体呈现出由东南向西北增厚，变化较大。地层厚度最大值在龙门山一带，最大可达3000 m。盆地四周的沉积厚度较大，沉积中心主要位于盆地边缘的龙门山山地、米仓山山地及大巴山山地沿线一带，整个沉积格局相较于各个层序来讲变化不大。具体沉积特征见图3-4-30。

以砂泥比值等值线为基础，结合地层厚度等值线图，并综合四个层序古地理单元分析，恢复了四川省整个晚三叠世沉积期的岩相古地理面貌。古地理单元有古陆、河流冲积平原、湖滨三角洲、滨浅湖以及边缘海泥质复理石建造等。其中把砂泥比值为1以上的地区定为河流冲积平原沉积，砂泥比值在0.5到1之间的地区定为湖滨三角洲沉积，砂泥比小于0.5的定为滨浅湖沉积。根据上述分析，并结合各方面资料，本次研究认为当时主要物源来自西北部的龙门山山地以及东北部的大巴山山地。在龙门山和摩天岭—米仓山前缘及大巴山前缘主要发育河流冲积平原沉积，其中以广元—江油一带最明显，而遂宁—南充等盆地中部一带为浅湖分布区，资威矿区和东北缘的达县地区等盆地大部为湖滨三角洲分布区，具体特征见图3-4-31。

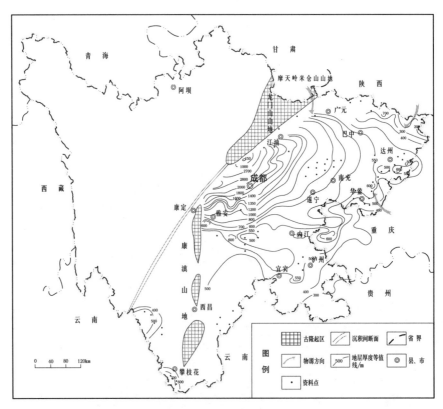

图3-4-30 晚三叠世地层厚度等值线图

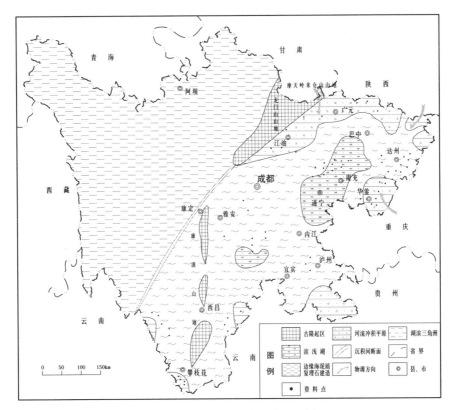

图 3-4-31 晚三叠世岩相古地理图

(三)晚三叠世岩相古地理演化及其对煤层的控制作用

晚三叠世层序Ⅰ沉积期，盆地东北缘大巴山山地与东南缘江南山地的抬升，促使河流沉积体系发育，在东南高西北低的平缓倾斜的残积平原地貌条件下，堆积了陆源碎屑物质，形成川东冲积平原。这一时期虽然有煤沉积，但煤质较差，资源量较小。

晚三叠世层序Ⅱ沉积期，受印支运动影响，盆缘山地上升速度加快，以河流沉积体系为主的川东冲积平原向西扩大至垫江；此时期湖泊沉积体系形成的湖积平原向西扩大了范围，此时期聚煤作用相对较弱，煤炭资源量较小。

晚三叠世层序Ⅲ沉积期，随着龙门山进一步的回返褶皱和盆缘山地的演化抬升，川西演化为以河流沉积体系为主的联扇平原；盆地中部的湖积平原范围进一步扩大，湖泊沉积体系发展到成熟期，其特点是湖泊面积大，相带齐全，湖滨三角洲发育；湖积平原东部的川东冲积平原上河流发育的成熟度高，规模大，流程长，曲流河发育，并直接伸向湖泊沉积，形成受河流控制为主的湖滨三角洲成为四川盆地主要工业煤层的聚集区域。

晚三叠世层序Ⅳ沉积期，由于大巴山古陆的进一步抬升，川东冲积平原进一步向西伸展，并与川南冲积平原连成一片；而盆地北缘由于受晚印支运动影响，不仅摩天岭、米仓山古陆进一步抬升，而且使川北广大地区也跟着抬升，遭受剥蚀，致使盆地北部缺失层序Ⅳ的地层；湖积平原北部的沉积相带保存不全，形成晚三叠世晚期沉积相带分布的极不对称，湖泊沉积的环状相带分布远不如层序Ⅲ，湖滨三角洲沉积仍在其东北部及南部较为发育，并成为煤层主要的聚集区域，形成达县聚煤中心。

第四章　含煤地层聚煤规律及控制因素

晚二叠世、晚三叠世是四川两个最重要的聚煤时期，所形成的煤炭资源量占全省煤炭资源量总和的90%以上；本章主要总结晚二叠世、晚三叠世聚煤规律及控制因素。此外，中二叠世、早侏罗世、新近纪及第四纪是四川次要的聚煤时期，所形成的煤炭资源量不足全省煤炭资源量总和的10%，本次简单介绍有关研究成果。

第一节　中二叠世

中二叠世古地势轮廓控制煤系的形成及聚煤带的展布。总的古地形是上扬子区地势较高，四周边缘较低，并经历长期风化剥蚀。煤系基底为石炭—寒武纪地层。川中一带受古构造控制的高地势是以寒武系为核心缓宽隆起，较新地层依次分布于翼部。煤系基底为石炭纪地层，则反映聚煤前期为坳陷区，且地势较低，如江油—青川，大巴山前缘、川东及川东南发育着继承性坳陷带。中二叠世初，广泛而迅速的海侵，使广大地区分别接受了沉积，并在隆起外缘与坳陷带间形成滨海过渡带，总体方向呈北东或东西展布。中二叠世栖霞期之初含煤较好部位就在这一过渡带中形成，主要分布于米易松林、安基，西昌干田里，马边毛坪，江油松林咀、五花洞，青川楼子，宣汉自由乡等地。

中二叠世栖霞期之初是在长期剥蚀，快速海侵条件下形成的。基于成煤环境演变迅速，成煤期极其短暂，同时受古构造、古环境制约，此时陆源碎屑供应不够充分，故形成的煤系薄，分布零星。局部含可采煤仅一层，其中可采地段逾 5 km 者不多，煤资源有限，仅可供地方小型开采。

第二节　晚二叠世

一、晚二叠世煤层特征

四川省晚二叠世聚煤区域主要分布在康滇古陆—龙门山一线东部盆地的边缘斜坡带上。晚二叠世发育煤层层数较多，统一编号的有 30 余层，自上而下依次为 C_1 煤层到 C_{25} 煤层，其中 C_{25-} ~ C_7 煤层主要分布在华蓥山—古蔺—叙永等地区，C_{12-13} ~ C_1 煤层主要分布在珙长—芙蓉—筠连等地区。

四川东部晚二叠世含煤地层可以划分为 2 个三级层序，每个层序的含煤性不尽相同。

1.层序Ⅰ煤层沉积特征

如图 4-2-1 层序Ⅰ时期，早期煤层分布在无玄武岩地区，沉积环境主要为潟湖、潮坪、碎屑岩泥质潮下带及碳酸盐潮坪沉积环境，煤层主要发育在潟湖、潮坪沼泽环境，该期发育了 C_{25} 煤层(常见分叉现象)。C_{25} 煤层位于硫铁矿层(即 B_1 标志层)之上，该煤层在四川东部广泛分布，是层位最稳定的的可采煤层，该煤层主要可采地带分布在古叙、华蓥山、筠连—芙蓉东部、达竹地区，另在绵竹—北川—广元一带亦有薄煤层分布。

层序Ⅰ中后期煤层分布范围较广，从东北部华蓥山地区到东南部古蔺—叙永地区均有煤层发育，煤层厚度较大，在 0~16 m，其中以南充—华蓥—重庆—遂宁一带煤层最厚，煤层厚度在 5~16 m；古蔺东部地区次之，煤层厚度在 5~9 m。海侵体系域华蓥山地区主要发育碳酸盐沉积及煤线，古蔺—叙永地区煤层主要发育在海侵体系域晚期，发育了 C_{24}~C_{21} 煤层。高水位体系域，华蓥山地区主要为碳酸盐沉积，仅南部发育煤层，古蔺—叙永地区煤层主要发生在高水位体系域早期，发育了主要煤层 C_{17-20}。芙蓉和筠连地区在层序Ⅰ沉积时期几乎不发育煤层。

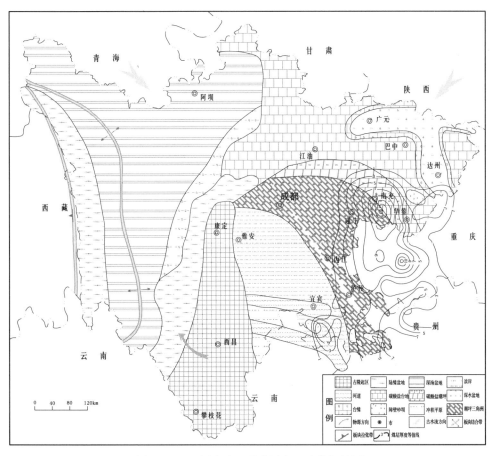

图 4-2-1 四川省晚二叠世层序Ⅰ聚煤规律图

2.层序Ⅱ煤层沉积特征

层序Ⅱ发育煤层能力与层序Ⅰ基本相当，成煤带整体向西有所迁移。该时期华蓥山地区已不发生聚煤作用，古叙、筠连、芙蓉地区在低水位期均没有煤层发育。在海侵体系域期古叙地区发育了 $C_{15} \sim C_7$ 煤层；西部的筠连、芙蓉地区在海侵体系域中晚期发育 $C_{13} \sim C_7$ 煤层，反映了聚煤带的向西迁移。高水位体系域古叙地区成煤作用终止，在筠连和芙蓉地区沉积了 $C_6 \sim C_1$ 煤层（图 4-2-2）。

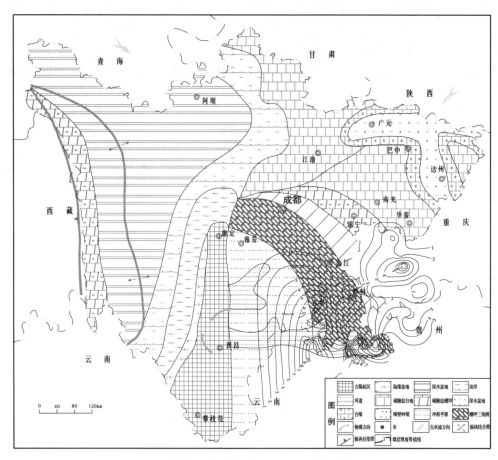

图 4-2-2　四川省晚二叠世层序 II 聚煤规律图

3.晚二叠世富煤带

纵观整个晚二叠世，在四川东部地区主要形成了两个富煤带（图 4-2-3）。

华蓥山—重庆富煤带，主体部分在东经 $105°30' \sim 107°00'$，北纬 $31°00'$ 以南地区，呈一不规则带状南延进入重庆和贵州境内。该富煤带主要为龙潭早期和中期成煤，共含煤 7 层，以 C_{25}、C_{24}、C_{17-20}、C_{12-13} 为可采煤层，其中 C_{25} 为大区域稳定可采的中厚煤层。富煤带内有南北两个富煤中心。北为南充—合川富煤中心，其范围在南充以南，遂宁、广安到重庆合川之间，中心区内煤厚达 10 m 以上。南为省外的江津—习水富煤中心，其范围大致在重庆以南，重庆江津到贵州习水之间，可采煤层总厚均在 10 m 以上。

川南富煤带，大致在宜宾以南东经 $104°$ 以东至东经 $105°$ 以西地区，向南进入云南境内，该富煤带主要为龙潭晚期及长兴期成煤，共含煤 13 层，5 层可采。该富煤带之主体部分在云南境内，四川只跨及其北部，富煤中心在珙县、筠连地区。

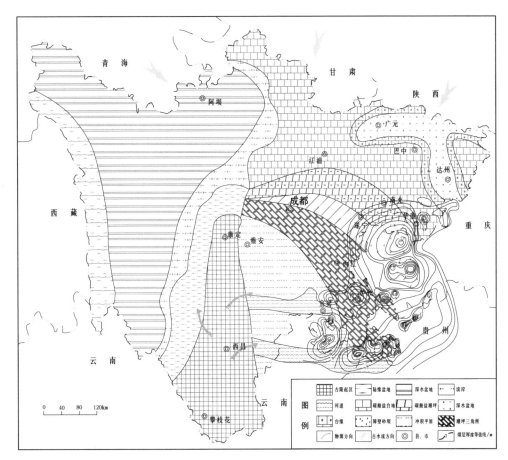

图 4-2-3 四川省晚二叠世聚煤规律图

二、聚煤作用控制因素分析

1.古气候和古植物

古气候和古植物是控制聚煤作用的主导因素之一。根据前人研究资料，四川省在晚二叠世应为温暖潮湿的热带雨林气候。气候条件有利于植物的大量繁殖。该时期在冲积平原和海陆过渡相地区陆源物质供应充足，水文条件适宜，为高等植物生长提供了有利条件。在适当的沉积环境，乔木、灌木和草本植物竞相繁衍，形成了多种多样的植物群落，为成煤作用提供了物质基础。

2.古地理类型

聚煤作用发生的古地理条件是要求有常年积水的洼地。四川省晚二叠世沉积相类型发育较丰富，成煤作用多发生在构造活动相对较弱，气候湿润、地势低平、覆水不深的环境。因此，四川省晚二叠世有利的聚煤区域大致为康滇古陆—龙门山以东，扬子克拉通盆地的中—南部，利于成煤的沉积相带主要为冲积平原、潮坪—三角洲、碎屑泥质潮坪以及碳酸盐潮坪。

3. 古构造作用

四川省晚二叠世构造分区明确，以康滇古陆和龙门山为界，东部为稳定的扬子克拉通盆地，西部为活动性强的陆缘盆地、边缘盆地及海盆、洋盆环境。在扬子克拉通盆地内，包含次级较稳定的黔北—川南隆起带(东西向)、川中低隆起区和构造相对活跃的川东裂陷带(北东向)。在适宜成煤的环境中，富煤带多发生在构造沉降速率与泥炭堆积速率近于平衡的地区。

三、主要的聚煤作用类型

晚二叠世四川省有利的聚煤环境为潮坪—三角洲相带和冲积平原相带，分别对应着两种不同类型的聚煤作用。

1. 潮坪—三角洲型聚煤作用

潮坪—三角洲平原成煤是本区晚二叠世最主要的成煤类型。该环境发育的煤层，具有层数多、厚度大、分布广、稳定性好的特点。这种聚煤作用沉积速率高，煤层厚度大，并常有较厚的砂岩层。煤层受海侵作用影响明显，在受海水影响但又不太强烈的地区，有利于聚煤作用发生；同时，由于成煤质料供应较充分，构造沉降速率相对较快的地区利于成煤，而较稳定的地区不利于成煤。随着海水不断向陆地入侵，成煤带也逐渐向陆迁移。该环境下发育的煤层，灰分含量变化较大，硫含量一般较高。

2. 冲积平原型聚煤作用

在冲积扇体系的分布范围内，有利于成煤的部位主要有扇间洼地、中扇朵叶体间洼地、扇尾地带和扇前缘外侧与河、湖、海环境的过渡地带。扇间洼地由于地势低洼及缺少碎屑物的充分供应，并易于汇水，因而往往形成有利于成煤泥炭沼泽持续发育的场所，可以形成较厚的煤层，但侧向连续性差。在扇中朵叶体间的洼地上，有利于成煤；当活动的扇叶迁移而改变位置后，废弃的扇朵叶体上，可以出现不甚持久的成煤条件，并形成薄煤层；扇叶的形态是控制煤层分布的重要因素，最厚的煤层都位于扇朵叶体之间。砂质远端扇的扇尾地带，河道沉积边侧的洪泛沉积上，可在洪水的间隔期发育大量的植被，如果间隔时间较长，在条件有利时也能形成薄煤及可采煤层，这是由于地下水的溢出往往为成煤提供了条件；扇尾地带的外侧，成为与其他沉积体系相接触的过渡带，常成为最有利的成煤场所。

第三节　晚三叠世

一、晚三叠世煤层特征

1.层序Ⅰ沉积期聚煤特征

层序Ⅰ的地层对应于小塘子组，在整个四川盆地广泛分布，主要岩性为较细的砂泥岩互层。发育的沉积相单元主要为河流相的泛滥平原沉积、三角洲平原分流间湾和三角洲前缘河口坝、远砂坝以及湖泊相的滨浅湖沉积(图 4-3-1)。四川东部层序Ⅰ的煤层厚度变化在 0～0.5 m，平均 0.25 m，煤层主要形成于三角洲平原以及滨浅湖沼泽环境，四川东部在层序Ⅰ期没有明显的聚煤中心。分布较广，但煤层分布不稳定，常形成个别井田或局部可采煤层。

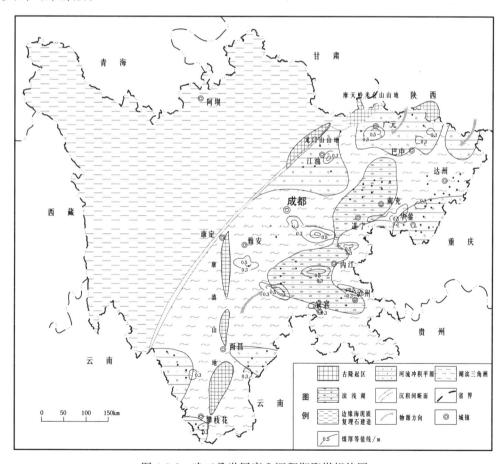

图 4-3-1　晚三叠世层序Ⅰ沉积期聚煤规律图

2.层序Ⅱ沉积期聚煤特征

层序Ⅱ的地层对应于须家河组一段和须家河组二段,在整个四川盆地广泛分布,主要岩性为下部的较粗粒的大段砂岩,上部为较细的砂泥岩互层。发育的沉积相单元主要为河流相的曲流河边滩和泛滥平原沉积,盆地边缘部分地区发育辫状河道沉积,盆地中以三角洲沉积以为主,也发育有湖泊相的滨浅湖沉积。层序Ⅱ的湖(海)侵体系域及高位体系域是本区主要的聚煤时期,煤层厚度较大,分布较广(图4-3-2)。

层序Ⅱ的煤层厚度变化为0.3~5 m,平均厚2.6 m,煤层主要形成于三角洲平原和河流冲积平原的河漫沼泽环境中。

盆地区聚煤中心位于乐威煤田和广旺煤田,其中乐威煤田的嘉阳、凤来、沫江、龙池等矿段以及广旺煤田的广元矿区煤炭资源量较大,其次为雅荥煤田和龙门山煤田。平面上煤层总厚度表现为四川盆地中部以及龙门山前缘一带煤层最厚。

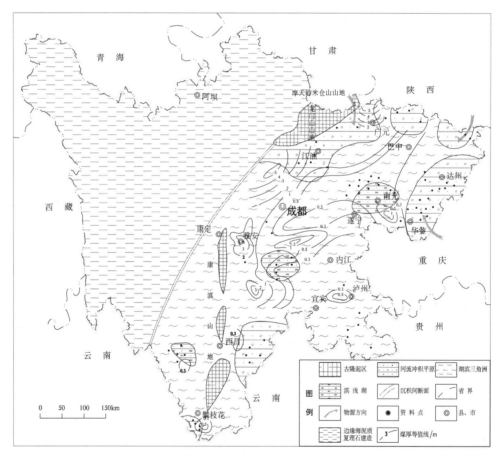

图4-3-2 晚三叠世层序Ⅱ沉积期聚煤规律图

3.层序Ⅲ沉积期聚煤特征

层序Ⅲ对应须家河组三段和须家河组四段,在整个四川盆地广泛分布,主要岩性为下部较粗粒的大段砂岩,上部为较细的砂泥岩互层。发育的沉积相单元主要为河流相的曲流河边滩和泛滥平原沉积，盆地边缘部分地区发育辫状河道沉积，盆地中以三角洲沉积以及湖泊相的滨浅湖沉积为主。层序Ⅲ的湖（海）侵体系域及高位体系域是本区主要的聚煤时期，煤层厚度较大，分布较广（图4-3-3）。

　　层序Ⅲ的煤层厚度变化在0.3～2 m，平均1.2 m，煤层主要形成于三角洲平原环境，除此之外，在滨浅湖的沼泽中也有局部可采煤层。

　　四川东部聚煤中心主要位于华蓥山煤田和攀枝花盆地，其次为广旺矿区西段东部，此外，在乐威煤田东部也发育局部可采煤层。平面上煤层总厚度表现为四川盆地中部、攀枝花盆地以及华蓥山断裂一带煤层最厚，北部次之，南部最薄。

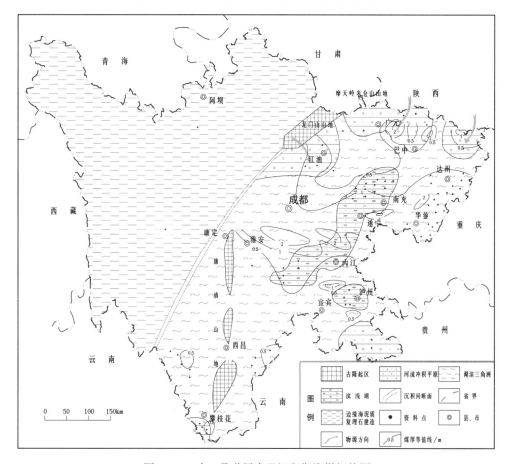

图 4-3-3　晚三叠世层序Ⅲ沉积期聚煤规律图

4. 层序Ⅳ沉积期聚煤特征

　　层序Ⅳ对应须家河组五段和须家河组六段，在整个四川盆地广泛分布，但在北部龙门山前陆及广旺矿区一带被剥蚀。主要岩性为下部的较粗粒的大段砂岩，上部为较细的砂泥岩互层。发育的沉积相单元主要为河流相的曲流河边滩和泛滥平原沉积，盆地边缘部分地区发育辫状河道沉积，盆地中主要为三角洲沉积以及湖泊相的滨浅湖沉积（图4-3-4）。

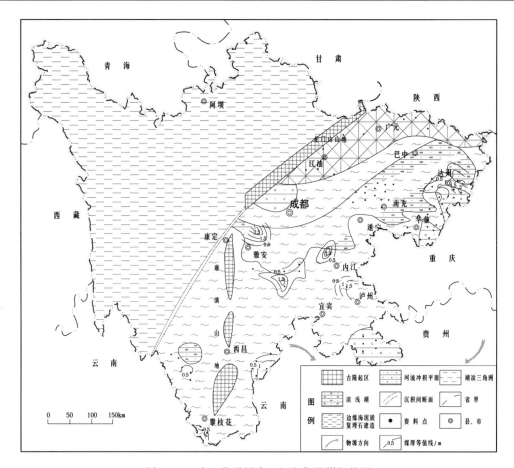

图 4-3-4　晚三叠世层序Ⅳ沉积期聚煤规律图

　　层序Ⅳ煤层发育不佳，厚度小且分布不广。层序Ⅳ的煤层厚度变化在 0~2 m，平均 1 m，煤层主要形成于三角洲平原环境。盆地区发育一个聚煤中心，即华蓥山煤田北段。此外，在雅荥煤田西北的芦山、邛崃地区也常含有局部可采煤层，平面上煤层厚度表现为四川盆地外缘煤层最厚，盆地内较薄。

5. 晚三叠世聚煤特征

　　本区整个晚三叠世的煤层厚度变化在 1~10 m，在各层序的分布不一，主要在层序Ⅱ和层序Ⅲ中发育较好。煤层主要形成于三角洲平原分流间湾环境，滨湖沼泽也可形成局部可采煤层，在河流相的岸后湖泊及沼泽中也有发育煤线（图 4-3-5）。

　　四川东部聚煤中心主要位于盆地中部乐威煤田，以及华蓥山煤田。此外，在川西龙门山前一带，形成了总厚度十米以上的煤层，攀枝花煤田也形成有较好的可采煤层。

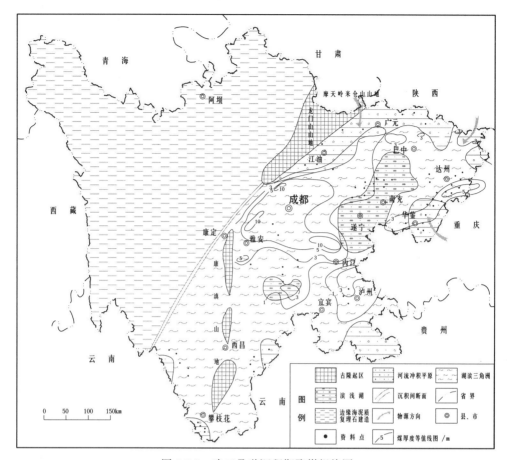

图 4-3-5　晚三叠世沉积期聚煤规律图

二、聚煤作用控制因素分析

1. 成煤期古气候

四川盆地晚三叠世含煤地层繁衍的真蕨类和苏铁类均是生长于热带、亚热带气候条件下的植物。对植物化石叶相研究表明，该植物群以中级叶最多，与现代热带雨林研究结果一致。泥岩和砂岩胶结物中的黏土矿物，在一定程度上可以反映成煤的气候条件。研究表明，四川盆地须家河组中砂岩的胶结物以高岭石、水云母和方解石为主，含煤地层中的泥岩和煤层夹矸的黏土矿物多呈伊利石—高岭石和蒙脱石—高岭石组合，黏土矿物的组合特点也反映了当时气候是炎热潮湿的。

2. 古地理类型

含煤地层的岩石组合，可直接反映成煤古地理环境的好坏，一般砂泥比值在 $2\sim8$ 较有利于成煤，砂泥岩比值大于 8 反映出沉积粒度较粗的冲积平原，砂泥岩比值小于 2 反映为沉积粒度较细的深水沉积，它们均不利于成煤。含煤地层厚度一般在 $400\sim700$ m，含煤层段地层厚度在 $60\sim120$ m 比较有利于成煤，大于特别是小于该厚度则不利于成煤，成煤较好的沉积环境是湖滨三角洲和上三角洲平原，其次为曲流河的岸后湖泊和冲积扇联扇平原。成煤较好的沉积体系是湖泊沉积体系和三角洲沉积体系，其次为河流沉积体系。

3.古构造因素

晚三叠世上扬子地块的西北缘一系列彼此平行的北东向为主的大型隆起和坳陷，控制了聚煤盆地的分布和演化。盆地坳陷由西向东逐渐扩大，由浅海盆地、近海盆地而演化内陆盆地。含煤地层厚度和岩石组合及沉积古地理，由西向东发生有规律的迁移，成煤作用也沿此方向发生迁移，含煤层位逐渐抬高，含煤性发生有规律变化，因此须家河组二段聚煤主要发育在盆地西部，须家河组四段、六段聚煤盆地东部比西部更发育。

三、晚三叠世含煤地层聚煤环境分析

1.河流冲积平原成煤环境

四川盆地须家河期河流占主导地位，在曲流河道两侧边缘发育岸后沼泽和泛滥盆地沼泽。岸后沼泽在天然堤外侧平行河道展布，这类岸后沼泽（包括淤平的浅湖和因水位上升而沼泽化的决口扇前缘沼泽），进一步扩张成为一个很大的沼泽，就形成泛滥盆地沼泽，是最重要的聚煤场所。生成的可采煤层分布范围较大，长或宽一般几千米至 20 km 以上。这类沼泽一般覆水状况不够稳定，洪水期与枯水期水位变化较大。洪水期时带入较多的黏土、粉砂造成泥炭堆积中断，使煤层出现夹矸，结构复杂，煤的灰分增高。

2.三角洲平原成煤环境

本区的三角洲相主要属于海退沉积过程中以河流为主的三角洲沉积，沼泽和泥炭沼泽沉积广泛分布于三角洲平原的分流河道间的分流间湾地区。因此，煤层在河道间低洼处较厚，且平行于河道方向煤层连续性较好，形成的可采煤层长或宽仅有数千米，煤厚数厘米至 1 m 多，结构复杂。本区较厚并分布较广的煤层主要形成于三角洲平原的分流间湾环境。

3.滨湖沼泽成煤环境

滨湖沼泽一般覆水较为稳定，属中、低位泥炭沼泽，比洪泛盆地泥炭沼泽成煤质量好，一般这种环境下生成的煤层结构较简单、厚度较稳定、分布面积较广、煤质较佳。该类型的煤层主要发育于小塘子组地层及须家河早期地层。

第四节　早侏罗世

四川省早侏罗世含煤地层主要为西部的甲秀组和东部的白田坝组、自流井组。

川西北地区甲秀组是晚三叠世末的印支造山带形成后，经历剥蚀夷平的基础上出现的河流相沉积，古河道沿白龙江复背斜的轴部呈近东西向展布，河流相标志明显。在古河道基础上发展形成的河泛沼泽，该相出现于甲秀组沉积的中—晚期阶段，是煤岩主沉积期。河泛沼泽为该区煤岩沉积、积聚提供了古地理环境，温暖潮湿的气候为成煤植物生成创造了条件。因而该区内煤层的赋存以及富煤带分布常与古河流的展布相关，呈条带状。同时由于成煤环境的局限性、适宜古植物生长时段的短暂性、大地构造运动的间隙性等因素制约煤层厚度较小，稳定程度低。

东部白田坝组属滨湖沼泽相含煤建造。主要分布在米仓山—大巴山赋煤带之万源矿区和广旺矿区，古地理环境为冲积平原，发育一系列冲积扇群。由于受古地貌和古构造的影响，湖滨沼泽分布范围窄，成煤环境演变迅速，成煤期短暂，因而所含煤层具有厚度薄、连续性差、煤层结构复杂等特点。一般含煤 0~4 层，总厚 0~3 m，局部可采 1层，厚 0.4~2.19 m，多呈扁豆状、透镜状产出。可采地段见于广旺煤田西段的宝轮院、旺苍、唐家河、黄家沟等地，可采长度一般小于 5000 m。从区域上分析，秦岭以南的广大地区，这个时期的成煤条件有限，表现为煤层厚度小、稳定程度差，常呈似层状、串珠状等。

第五节　新近纪

含煤沉积主要集中分布于四川西部新生代构造活动带，已发现聚煤盆地计有 10 个，其中以阿坝、盐源及昌台 3 个煤盆地在省内较为驰名，以上述煤盆地资料为基础，简论聚煤条件及其规律。

一、古构造

由于喜马拉雅期构造运动影响，四川省西部深大断裂再度活动，造成地壳结构失去平衡，在地壳虚弱部位产生褶皱、断裂，此时次一级区域性断裂亦开始活跃，形成了区内的断陷型盆地及坳陷型盆地，为聚煤提供了沉积场所。

断陷盆地是由断裂活动形成、发展起来的断裂构成盆地一侧边界，为控盆同沉积构造，因此称单断裂似箕状盆地，如阿坝、昌台煤盆地。断裂直接控制了含煤地层的沉积空间，制约了煤盆地展布方向、形状、规模及古地理基本特征。新近纪中新世和上新世含煤地层分别不整合于三叠系地层之上，继承性差，反映喜山期断裂活动具阶段性和迁移性。根据中新世地层分布于西，上新世地层分布于东的特点，似有向东迁移之势。

同沉积断裂活动，控制了煤盆地，制约了含煤地层厚度和聚煤作用。断裂的同沉积活动，反映在盆地各部位沉降幅度不一，断裂一侧沉积厚度最大，远离断裂渐小。沉积中心位于断裂附近，含煤地层厚度大，层序发育较完整，无疑是同沉积断裂控制了沉积环境和聚煤部位。上述特征在昌台煤盆地表现较为典型。此外，该煤盆地早期同沉积断裂活动强烈，伴有小规模基性岩浆喷溢。

煤盆地具有煤层层数多，但厚度薄的特点，表明控盆断裂活动频繁，沉积环境不够稳定，泥炭沼泽不能长期持续的发育，因而未能形成厚煤层。

　　盐源煤盆地位于扬子准地台西缘之盐源丽江台缘褶皱带北段，是一个东西向展布的坳陷型盆地。坳陷的形成与区域构造活动密切相关，以升降运动为主，长期持续的活动使区内处于下沉，因而沉积了新近纪上新世含煤地层。盆地基底起伏剧烈是古构造一大特点，据地面物探资料解释，反映出基底有北东及北西向坳陷和隆起，这一特征在合哨、梅雨井田至卫城一带以北尤为明显。盆地沉积中心分布于卫城一带。此外，盆地基底断裂较发育，分布于盆地南部边缘及附近，断裂近东西向展布，对含煤岩系沉积特征并无影响。

　　含煤地层尤其是西部地槽区，具有"三段式"结构，表明控盆同沉积构造或区域构造活动有阶段性：具"强—弱—强"跳跃式的特点，中期相对较稳定，是聚煤有利时期。上述特点决定了煤盆地形成、发展、衰亡的总趋势。

　　聚煤期后构造活动不甚强烈，据煤盆地含煤地层褶皱变形弱，断裂不发育等特征，可见期后构造活动对含煤地层破坏及煤质影响不大。

二、岩相古地理

　　新近纪聚煤古地理环境皆属内陆山间盆地型。以阿坝煤盆地为例，沉积盆地由于受西南边界同沉积断裂及北东若尔盖中间地块南部边界断裂掀斜制约，形成了北西—南东向带状盆地，基底总体向南西倾斜，陆源碎屑主要来自北东。盆地含煤层数多，总厚度大，储量丰富，为四川省新近纪上新世成煤期最大聚煤盆地。

　　盆地水平方向沉积相展布：盆缘北东一带为山麓相，湖泊相分布于盆地南西部，二者呈相互消长关系。泥炭沼泽发育在湖滨或山麓前缘地下水溢出带。山麓相以冲洪积物组成，呈冲洪积扇群分布于盆地边缘。盆地内湖泊相区发育，岩性以细碎屑岩和黏土岩为主，偶夹泥灰岩薄层，水平层理和微波层理发育，有时见薄壳腹足类化石。聚煤有利古地理环境为湖滨地带，含煤性及煤层稳定性较好，但有时在冲洪积扇体间可出现较好聚煤环境，如 ZK3 钻孔即是一例；在扇前缘发生短暂聚煤作用，沉积环境不稳定，含煤性差，煤层极不稳定。

　　煤盆地的演化具有较明显的阶段性，盆地形成初期控盆同沉积构造活动强烈，下降盘沉降幅度大，冲积洪积环境发育，大量粗碎屑物直倾泻盆地，为凹凸不平的基底起了填平补齐作用。中期，断裂构造活动相对减弱，盆地内冲积相和湖泊相环境发育，二者相互交替出现，是聚煤作用的极盛期。盆地发展到晚期，构造活动较为强烈，冲积环境再度发育，形成了巨厚的阿坝组上段砾岩，进而结束了盆地沉积。

　　盐源、昌台等煤盆地古地理特征与阿坝煤盆地类同，在此未加赘述。

三、古气候和古植物

　　古近纪，四川处于我国干旱气候带，不具备聚煤的气候条件，沉积了含膏盐的红色建造。

　　新近纪，四川总体属潮湿气候带，但与西北干燥气候带毗邻。因此，中新世古气候不仅具有在时间上由古近纪干燥气候向潮湿气候演变的烙印，在空间上也受两个气候带的影响,气候波动较大。反映在含煤地层中出现多层紫红、砖红、紫灰色地层夹层,这在昌台煤盆地尤为典型。据采自含煤段煤层或煤线的少量孢粉分析成果表明,植物景观以针叶林为主,向针阔混交林演变,气候由严寒转向较暖。联系上覆及下伏地层中,特别是上覆层($N_{1-2}c^4$)厚 $92\sim>256$ m,出现紫红色泥炭、粉砂岩、砾岩的事实,表明昌台煤盆地聚煤期为一个较完整潮湿气候旋回,而后期干燥气候结束本区聚煤作用。

上新世,古气候总体较为稳定,无大的波动。据阿坝煤盆地系统的孢粉分析,草木植物大量出现,耐寒的冷杉、云杉含量较多,草木植物由下而上增多,木本植物相反。总体反映古植物为针阔混交林草原景观,植物群出现垂直分带,其古气候由暖较湿向凉干转化的趋势。盐源煤盆地古植物孢粉为松—水龙骨科组合,早期以水龙骨科为主,晚期以松科为主,此外,尚有栎、栗、枇木、凤尾蕨、铁杉等,古植被景观为常绿阔叶及落叶混交林,山地较冷见针叶林,反映气候为亚热带—暖温带,气候演变与阿坝煤盆地类同。

四、聚煤规律

新近纪聚煤规律,是受古构造、古地理及古气候制约的。古气候控制新近纪褐煤时间分布,聚煤作用受控于古构造及古地理环境。古近纪,沉积盆地分布广泛,有着良好的古构造及古地理条件,但因四川处于干旱气候带,无含煤地层沉积。新近纪,潮湿气候带移至四川,中新世,受喜山运动第一幕的影响,部分断裂重新活动,在下降盘形成了沉积盆地,沉积了含煤地层,如昌台煤盆地。但因断裂复活范围局限,导致聚煤作用的空间仅限于甘孜—白玉一带。上新世,由于构造活动向东迁移,聚煤作用亦随之向东转移,构造活动范围较中新世扩大,聚煤作用也有所增强,分布较为广泛。

综上所述,四川省新近纪聚煤作用的时空规律可以归纳为:聚煤作用开始于新近纪中新世,上新世较强;随时间推移,在空间上由西向东迁移的趋势,但仍局限于西部新生代构造活动带。

煤盆地聚煤作用,受古构造及古地理环境控制十分明显。在垂直剖面上,中部聚煤作用最强;在平面上,煤层尤其是富煤带常分布于中部或靠近同沉积断裂带的部位。

第六节　第四系

一、泥炭赋存规律

川西北若尔盖高原的泥炭在空间分布和赋存方式上表现出下述规律性:

(1)本区西南侧为马尔康北西向构造带,东南侧为龙门山北东向构造带,两者在红原南部汇接,形成红原弧形构造,而北侧则有东西向秦岭构造带封闭,北和东北侧山前存在深大断裂。在这一构造格局控制下,本区第四纪地壳运动表现出南部沿弧形构造翘起,北部依山前大断裂沉陷的格局。第四系厚度在南侧的黑河、白河上游及加曲流域仅数米至数十米,向北至黑河、白河中游及黄河两岸增至 $200\sim250$ m,更北至哈丘湖和错拉坚湖区可达 860 m 以上,为本区第四纪沉降中心。在地貌上,黑河、白河上游为浅切割低山区,为山地沟谷型泥炭成矿带(南部成矿带)。黑河、白河中游和黄河两岸为冲积平原发育区,其间分布大量残丘和宽谷,泥炭层赋存于平阔的古河道宽谷和沉溺型宽谷中,形成十分独特的泥炭地类型。沿现代河流两岸则发育阶地泥炭地和河漫滩泥炭地,它们共同组成本区中部成矿带。东北部的哈丘、错拉坚湖群地带属于广阔的湖沼平原,泥炭大面积连续地覆盖地面,著名的热尔大坝泥炭地不仅是本区、亦是全国面积最大的泥炭地。

(2)受古水文网演化控制,古河道宽谷泥炭富集,并形成重要矿床。许多宽谷规模十分巨大,且两端皆不封闭,与一般宽谷迥然不同,这种独特的宽谷实质是黄河的古河道,在更新世古黄河曾大幅度摆荡于沉降环境的若尔盖高原区。这些大型宽谷为沼泽发育和泥炭沉积提供了良好的赋存条件,形成众多大型泥炭矿床。例如日干乔—喀哈尔乔复合宽谷泥炭地,南北总长 57 km 泥炭储量为 10.65 亿 m³,是目前已探明的全国储量最大的单个矿体。

(3)受区内气候分异的影响,偏干的阿坝盆地泥炭较少,而偏湿的若尔盖地区泥炭丰富。阿坝地区的降水量居中,但年均温高出红原和若尔盖 3 倍多,蒸发量亦居首位,而相对湿度却最小。反映综合气候因子的湿润度明显偏低,而湿润度状况对泥炭地的发育特别重要。因此,尽管阿坝盆谷地中亦有不少平坦宽谷,具备泥炭地大面积发育的地貌条件,但实际上泥炭地却少得多,这显然是气候因素限制了泥炭地的广泛发育。

(4)大中型河流泄水能力强,在河床两侧形成"疏干带",分割了泥炭地分布。黄河及黑河、白河的中下游段等因河床切入阶地,使两岸一定宽度的潜水位有规律的下降,不能补给地表。因而限制了两岸一定宽度内泥炭地的发育,称之"疏干带",此带与河流下切呈正相关。据野外观察所见,黄河及其支流黑河、白河水系近期都有侵蚀力增强的趋势,许多泥炭地的自然疏干与此密切相关。

(5)全新世泥炭层属裸露型,矿层稳定,边界与现代沼泽基本吻合据本区所取得的18 个 ¹⁴C 数据分析,泥炭最早发育于距今 12751±175a 的全新世早期,并连续至近代,绝大多数为单层矿体,直裸地表。除部分泥炭地因沼泽退化停止生长外,大多数泥炭地因沼泽仍在强烈发育而继续生长,泥炭矿床的边界与沼泽边界相一致。

(6)综合本区大量第四系钻孔资料,发现在本区中、北部地区早更新世中期至晚更新世晚期的地层中,地下埋藏泥炭都有分布,并形成重要矿床。南部山区更新世泥炭仅偶有发现,零星分布。可见,更新世埋藏泥炭的分布规律与全新世裸露泥炭的分布是一致的,为两套各具不同赋存特点的泥炭资源。更新世泥炭具有埋深幅度大、层多而水平走向不够稳定的特征。

二、泥炭地成矿类型

因为青藏高原是地球上一个独特的泥炭地分布区,而若尔盖高原的泥炭地发育又具有典型性,所以该区泥炭地分类系统的建立有重要的探讨价值。以泥炭地发育的地貌类型原则,建立了泥炭地分类系统和成矿类型(表 4-6-1)。

表 4-6-1　若尔盖高原泥炭地(矿)类型划分

类	型(亚类)	典型举例
沼湖平原泥炭地(矿)	沼湖平原型	哈丘—错拉坚湖群洼地泥炭地
冲积平原泥炭地(矿)	冲洪积扇缘型	阿西牧场冲洪积扇缘泥炭地
	河流阶地型	唐克牧场泥炭地
	河漫滩型	求吉南洼泥炭地、达水曲中游
	古河道宽谷型	朗曲—也尔莫乔泥炭地
	沉溺宽谷型	纳勒乔泥炭地
	断陷宽谷型	日干乔泥炭地
山地沟谷泥炭地(矿)	坡积裙型	才布柯谷泥炭地
	河源浅谷型	嘎尼台泥炭地
古冰川宽谷泥炭地(矿)	古冰川槽谷型	色亚曲河源谷地泥炭地
	古冰水冲积扇型	日增玛冰水扇泥炭地
	古冰碛台地型	尕当松多泥炭地

第五章 煤盆地构造演化和煤田构造

第一节 煤田构造格局

一、大地构造位置及背景

四川位于古亚洲构造域、特提斯构造域及滨太平洋构造域三者的交接复合部位。在漫长的地质历史时期内，四川的地质发展始终受到三大构造域的明显制约和影响，由于板块的离合、碰撞，以及后期改造，使得四川的地质构造变得异常复杂。呈北东向展布的龙门山—小金河断裂将四川分为东西两部分。东部的上扬子古板块基底具双层结构，下构造层由距今 2950~1700Ma 康定群等深变质岩群组成结晶基底，上构造层为由距今 1700~850Ma 的会理群等变质岩组成褶皱基底（四川省区域地质志，1991）。上扬子古板块在震旦纪末从南半球低纬度的澳大利亚板块分离出来，至泥盆纪时到达赤道附近，直到晚二叠世时仍在赤道附近徘徊。由于处在热带气候区，为晚古生代聚煤提供了有利的气候条件，西部的特提斯构造域在晚三叠世以前长期为海水淹没，且活动性较强，仅见有零星的褶皱基底分布。

二、赋煤构造单元划分

本书以地球动力学和煤田地质理论为指导，对赋煤单元与大地构造单元划分进行综合研究，其划分着重反映构造作用对煤系赋存的控制作用。在同一赋煤构造分区内，煤系具有一致的聚煤规律（即同一成煤盆地或盆地群），经历了大致相同的构造—热演化进程，一般以区域性构造线或煤系沉积（剥蚀）边界圈定范围（程爱国，曹代勇等，2010）。本次潜力评价根据四川后期构造的变形特点和煤系的聚集特征、赋存状况以及所处区域的地质特征等多方面因素，将四川省赋煤构造划分为 9 个二级赋煤构造带（图 5-1-1），即：川南—黔北赋煤构造带、华蓥山赋煤构造带、米苍山—大巴山赋煤构造带、龙门山赋煤构造带、川中赋煤构造带、大凉山—攀枝花赋煤构造带、盐源赋煤构造带、巴颜喀拉赋煤构造带、西秦岭赋煤构造带。此划分既不同于大地构造单元划分，也与赋煤单元的划分有所区别，它侧重于煤田构造的分区分带性及其对煤系赋存的控制作用，现将各赋煤带对煤系和煤层保存的控制作用介绍如下：

（一）川南—黔北赋煤构造带

川南—黔北赋煤构造带范围为马边、沐川、屏山、宜宾、赤水一线以南，西界至峨边金阳大断裂，向南、向东延入云南和贵州，包括南广、筠连、芙蓉、古叙四大矿区。
构造变形以北西西向和近东西向为主，并伴有北东向构造穿插其间。本带西部构造变形
以北东向褶皱及北西、南东向构造复合形成的"人"字形紧密褶皱为主，如南广矿区的
五指山背斜、贾村背斜和来复背斜，断层稀少，卷入变形的最新地层为区内广布的中新
生代红层，最老为古生代寒武系，出露含煤地层主要为晚三叠世须家河组，晚二叠世宣
威组仅在南部有所出露，煤系地层主要以背斜形式保存，背斜隆起使含煤地层埋深变浅，
利于开采，对煤系地层的破坏因素主要为断层的切割断失，此外背斜隆起剥蚀。

　　东部的筠连、芙蓉、古叙矿区构造变形卷入的地层自中生代白垩系、侏罗系至古生
代寒武系均有，出露含煤地层主要为晚二叠世龙潭组、宣威组，晚三叠世须家河组仅见
零星可采点，不具工业价值，含煤地层主要以向斜、背斜或复式背斜形式保存，对煤层
的破坏因素主要为背斜的隆起剥蚀及断层切割断失，本区背斜核部含煤地层一般遭受剥
蚀殆尽，出露较老地层。

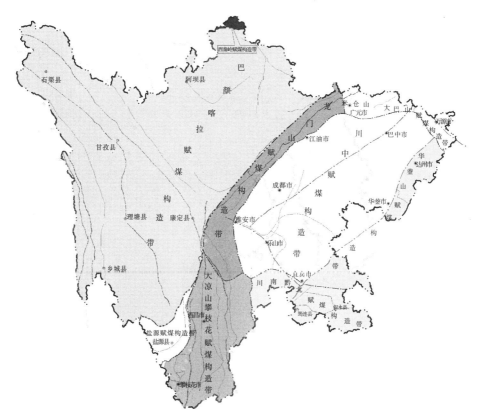

图 5-1-1　四川省赋煤构造区划图

（二）华蓥山赋煤构造带

　　华蓥山赋煤构造带西界为华蓥山基底断裂，东界为齐耀山断裂，北达大巴山推覆构
造带前缘，南至宜宾、江安、赤水一线。该区以北北东向构造为主，但两端多呈弧形弯
曲。北端受北西西向大巴山台缘褶带的约束而发生联合，形成北东东向的万县弧；南端
受川黔南北向构造带的复合，形成近南北向的弧形构造（重庆弧）。该带背斜狭窄成山，

向斜开阔成谷，构成典型的隔挡式褶皱。背斜北西翼较陡，南东翼较缓，轴面多有扭曲。当褶皱受到南东方向挤压时，褶皱构造由东向西推移。当遇到川中地块遏制时，在其交接部位受力最大，因而形成区内褶皱幅度最高、褶皱最紧密、断裂最发育的华蓥山复式背斜。断层东倾、向西逆冲，组成叠瓦状构造。南部构造迹线向南西方向延伸并呈帚状撒开分布，主要褶皱有青山岭、螺观山、古佛山、黄瓜山等构造。背斜核部出露地层多为三叠系。各背斜陡翼往往有平行或近于平行背斜轴的逆断层，局部破坏严重者使煤层失去开采价值。

卷入褶皱变形的最新地层为侏罗系，本带主要出露含煤地层为晚三叠世须家河组及晚二叠世龙潭组，其中须家河组含煤地层为四川晚三叠世最主要的含煤地层，以紧密背斜的两翼及相对宽缓的向斜形式赋存，如华蓥山复式背斜、铜锣峡背斜、峨眉山背斜、明月峡背斜、达县向斜等，其中背斜相对紧密高陡，向斜宽缓，形成川东独特的隔挡式构造。对含煤岩系的破坏作用主要为构造隆起剥蚀为主，断层切割影响次之。

(三)米苍山—大巴山赋煤构造带

米苍山—大巴山赋煤构造带范围包括米仓山—大巴山推覆构造带四川部分，南界至广元红岩镇、旺苍张华镇、南江沙河镇一线以北，以及万源竹峪镇至宣汉土黄镇一线以东。该带西段属米仓山推覆构造带前缘，主体部分位于陕西省境内。该带构造变形以近东西向及北北西向的压扭性断裂及褶皱为特征，断裂活动有自南往北增强的特点。该带出露含煤地层主要为晚三叠世须家河组及晚二叠世吴家坪组，多以向斜形式保存，背斜则多保存在两翼。东段为大巴山北西—南东向弧形推覆构造带，构造变形以向南弧形突出的压扭性断裂及紧密线状褶皱为特征，由南东往北西卷入的地层依次有中生代侏罗系、三叠系，古生界的二叠系、志留系、奥陶系和寒武系。含煤地层主要为三叠系须家河组，次为侏罗系白田坝组，晚二叠世吴家坪组仅具零星可采的煤层，中二叠统的梁山组在本带东南部的宣汉自由乡一带可采。煤系地层主要以向斜或背斜形式赋存。构造带内对煤系地层的破坏作用主要为断层切割及背斜隆起剥蚀。

(四)龙门山赋煤构造带

龙门山赋煤构造带北界为龙门山北东向构造与米仓山近东西向推覆构造复合带一线，西界为青川—茂汶断裂带，东界为江油灌县大断裂，南达甘洛斯足、吉米一带。该带构造变形主体为北东向的龙门山推覆构造带，由一系列倾向北西的逆冲叠瓦状断裂组成，间夹线状或倒转褶皱，出露含煤地层为上二叠统及上三叠统，煤系地层多以向斜或单斜形式保存，局部赋存于逆掩推覆构造体之下，对煤的破坏作用以断层切割为主，次为背斜隆起剥蚀。

(五)川中赋煤构造带

川中赋煤构造带范围为：北界为米仓山—大巴山前缘地带广元红岩镇、旺苍张华镇、南江沙河镇及万源竹峪镇一线，东界为华蓥山基底断裂带，南界至峨眉—宜宾基底断裂带，西界为江油灌县大断裂。该带简阳、乐至、安岳一线以北为四川盆地主体部分，该线以北发育浅层低缓褶皱，卷入地层主要为盆地内广布的中新生代红层。南段主要构造有三组，南段东部以近东西向的隆起及北东—北北东向的断裂为主，伴有近南北向的断裂，南段西部则以北北东断裂为主，断裂向南偏转为北北西向。川中赋煤带仅南部隆起区(乐威煤田、蒲江等)有晚三叠世含煤地层出露，中北部含煤地层深埋地腹，仅有少量石油钻孔揭露。对含煤岩系的破坏作用主要为背斜隆起剥蚀，次为断层分割破坏，总体而言，本带南部背斜隆起使煤层埋深变浅，有利于煤层的开发利用。

(六)大凉山—攀枝花赋煤构造带

大凉山—攀枝花赋煤构造带西界为金河—箐河深断裂带、东界为峨边—金阳大断裂带为界，其范围包括整个康滇前陆逆冲带及叙永—筠连叠加褶皱带西部的一部分，呈南北向展布，向南延入云南，向北影响涉及丹巴，其最大特征是前震旦纪结晶基底裸露。其中心地带由基底和盖层组成，基底具双型三层结构，主构造线呈近南北向，其延展方向受南北向断裂带所控制，由沉积岩组成的盖层分布于隆起带两翼，且层序多不完整，岩浆活动期次多，规模较大。盖层构造以南北向较宽缓褶皱和断裂为主，定型于喜马拉雅期。

康滇逆冲带古生代多处于隆起状态，除灯影期和阳新期海侵可能被淹没外，其它各时期均为物源区。中生代时期，在西部洋盆封闭隆起过程中，康滇地块中的南北向、北西向、北东向的断裂重新剧烈活动，并分割成大小不一的块体，有的上升成地垒，有的下陷为地堑。下陷区沉积了三叠系上统的煤层及侏罗系、白垩系、古近系、新近系的红层。含煤地层有中二叠统梁山组、上二叠统宣威组、上三叠统白果湾组和上新统昔格达组，以梁山组和白果湾组(大荞地组及宝顶组)较为重要，具有一定经济价值。本带煤系地层多以向斜或背斜形式保存，对煤层的破坏作用主要为断层切割破坏，次为背斜隆起剥蚀。

(七)盐源赋煤构造带

盐源赋煤构造带范围为整个盐源—丽江逆冲带四川部分。西界为小金河断裂带，东界为箐河—金河断裂带。构造变形总体上为一向南东突出的弧形推覆构造。由巨厚的三叠纪沉积—蒸发岩系构成主体，东缘古生界成叠瓦状逆冲岩片，由西向东推覆叠置于康滇前陆隆起带之上。东南缘构造线以北北东向为主，为向南东突出的帚状构造；西北部为盐源盆地，构造线由北北西转为东西向。两者之间是由新近系盐源组和第四系堆积阶地组成的新生代凹陷。

该带下古生界以近陆源粗碎屑沉积为主，上古生界至三叠系以碳酸盐沉积为主，华力西期东侧断裂带有基性岩浆活动。三叠系之后地层普遍缺失，古近系、新近系厚度较大，以断陷盆地红色碎屑岩为主。喜山期有煌斑岩脉贯入。该区长期处于缓慢沉降环境，因此盖层发育齐全，总厚达16500 m。本带出露含煤地层为上二叠统黑泥哨组，上三叠统松桂组、白土田组和新近纪盐源组。煤系地层多以向斜形式得以保存，对煤系地层的破坏因素主要为断层切割断失，次为背斜隆起剥蚀。

(八)巴颜喀拉赋煤构造带

巴颜喀拉赋煤构造带范围为青川—茂汶大断裂、小金河断裂带以西地区，包括巴颜喀拉地块和三江弧盆系。该带构造变形强烈，以断裂为主，发育有鲜水河、甘孜—理塘、德来—定曲及金沙江等深大断裂，夹于其间的褶皱受断裂带的控制。西部深大断裂的走向以北西向为主，向南逐渐偏转为近南北向，南部受龙门山推覆构造带的影响，发育北东向断裂构造。两组不同方向构造之间的复合部位，由于受两组构造的共同作用而产生向南突出的弧形褶皱及断裂。

本带早石炭世大塘期、晚二叠世发生聚煤作用，但强度低，含煤性差。晚三叠世聚煤作用较弱，仅含煤线或薄煤层，尚不具工业价值。新近纪的褐煤和北部若尔盖盆地泥炭具有一定的经济价值。

(九)西秦岭赋煤构造带

西秦岭赋煤构造带位于四川北缘，玛沁—略阳断裂带以北，属秦岭弧盆系的南秦岭裂谷带(南部)和东昆仑弧盆系的玛多—玛沁增生楔(北部)，省内仅出露很少一部分。由下古生界组成的沉积盖层厚度巨大，变质变形作用强烈，劈理、片理、千枚理普遍可见。构造变形以东西向紧密线形褶皱及断裂为主，南侧边缘断裂带有多种动力变质构造岩。其后转入稳定发展阶段。随南秦岭印支运动兴起，本区褶皱隆升开始陆壳改造阶段，形成内陆山间断陷盆地，并伴有火山喷溢及次火山岩穿刺。燕山—喜山期承继了前期构造活动。

本带含煤地层为下泥盆统普通沟组、下侏罗统甲秀组和新近系昌台组，主要为前者，但含煤性也较差，经济价值不大，晚二叠世和晚三叠世均没有发生聚煤作用。煤系地层以向斜或单斜形式保存，对煤层的破坏作用主要为断层切割破坏，次为隆升剥蚀。

三、煤炭资源赋存区划及主要煤田构造特征

(一)煤炭资源赋存区划

以第三次全国煤炭预测资源区划为基础，进一步突出煤炭资源赋存规律，并与成矿区(带)划相结合，划分为赋煤区、赋煤带(相当于煤盆地群)、煤田(或煤盆地)、矿区、勘查区(井田)等级别。

赋煤区的划分是根据主要含煤地质时代的成煤大地构造格局和煤系赋存大地构造格局划分的Ⅰ级单元，与一级大地构造单元范围相当，也可跨越一级构造单元。赋煤带是在赋煤区范围内，按主要煤系聚煤特征、地质和煤系赋存特征划分的Ⅱ级单元，赋煤带是聚煤盆地或盆地群经历后期改造后形成的赋煤单元。其划分的主要依据包括：①具有一致的聚煤规律(属于同一成煤盆地或盆地群)；②经历了大致相同的构造—热演化进程；③煤系具有相似的构造格局，即同时代的煤系的赋存状况相似；④赋煤带一般以区域性构造线或煤系沉积(剥蚀)边界圈定其范围；⑤一般不跨越Ⅱ级大地构造单元，但根据煤系发育和分布特征，也可以跨越Ⅱ级、甚至是Ⅰ级大地构造单元(程爱国，曹代勇等，2010)。

根据四川主要含煤地层的分布状况、区域地质构造特征以及控煤构造对主要煤系地层的控制作用，对整个四川划分为3个赋煤区，9个赋煤带，12个煤田和7个煤产地。详见图5-1-2及表1-1-1。

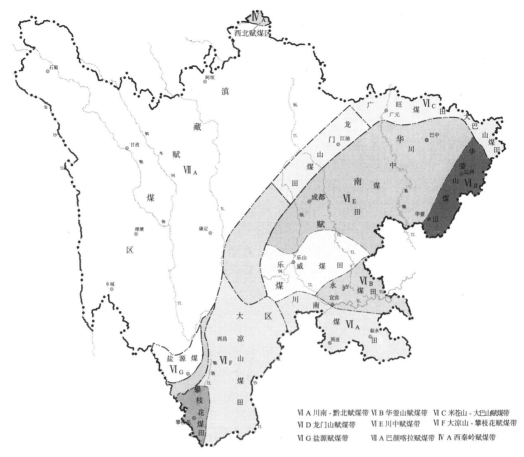

图 5-1-2　四川省赋煤区划及煤田分布图

ⅥA 川南 - 黔北赋煤带　ⅥB 华蓥山赋煤带　ⅥC 米苍山 - 大巴山赋煤带
ⅥD 龙门山赋煤带　　　ⅥE 川中赋煤带　　　ⅥF 大凉山 - 攀枝花赋煤带
ⅥG 盐源赋煤带　　　　ⅦA 巴颜喀拉赋煤带　ⅣA 西秦岭赋煤带

(二)主要煤田构造特征

1. 川南煤田

川南煤田位于四川南部,包括南广、筠连、芙蓉、古叙四个矿区。地质构造总体以北西西向和东西向为主,并有北东向构造穿插其间。南广矿区主体构造为北西向的五指山背斜及北东向的贾村背斜和来复背斜,背斜轴部出露最老地层为宣威组;筠连矿区主体构造为东西向的落木柔复式背斜,其北翼发育一系列北东至北北东向的宽缓褶曲,地层倾角较平缓;芙蓉矿区主体构造为北西西向的珙长背斜,其北东翼陡,南西翼缓,为一不对称的背斜,轴向北西—南东,在西端巡场—高县一段转为北东向,背斜内次一级褶曲和断裂发育;古叙矿区以东西向的古蔺复式背斜为主,次级褶皱发育,背斜两翼地层北缓南陡,断层以南翼较多,大部分属走向或斜交走向逆断层。

总体而言,川南煤田含煤地层虽受到褶皱变形影响较大,但分布稳定,连续性较好,仅局部受断层切割破坏,但断距一般不大。

2. 永泸煤田

永泸煤田属川东褶皱带,由一组北东至南西向延伸并呈帚状分布的背斜组成,主要背斜有青山岭、螺观山、西山、古佛山、黄瓜山、花果山、沥鼻峡和温塘峡等构造。背斜核部出露地层多为三叠系。各背斜陡翼往往有平行或近于平行背斜轴的逆断层,局部破坏严重者使煤层失去开采价值。

含煤地层有上三叠统须家河组、小塘子组和上二叠统龙潭组。

3. 华蓥山煤田

华蓥山煤田位于四川盆地东部,构造线走向呈北东—北北东向,主体构造为华蓥山复式背斜及观音峡背斜、铜锣峡背斜(中山背斜)、邻水向斜、明月峡背斜,北部有铁山背斜、达县向斜、峨层山背斜、赫天祠背斜等。其中背斜紧密,为狭长的梳状构造,向斜宽缓开阔,依次相间排列组成川东独特的隔挡式褶皱构造。受华蓥山基底大断裂影响,华蓥山复式背斜发育有 10 余条倾向南东的高角度(50~70°)走向逆断层,长约 30 多千米。煤田隆起最高点为次一级褶皱龙王洞背斜,背斜核部出露最老地层为寒武系,西翼地层直立、甚至倒转,且断层发育。其他背斜核部仅出露三叠系。煤田内含煤地层分布稳定、连续,但局部受断层切割破坏较严重。

4. 大巴山煤田

位于米仓山—大巴山赋煤构造带东段,大巴山推覆构造带的前缘部位,表现为一系列紧密的线性弧形褶皱。构造轴线走向北西,呈略向南西突出的弧形展布,背斜核部出露地层多为古生界,主要构造有中坝、田坝、团城、长石、水洋坪及坪溪等背斜,走向断裂发育。

含煤地层主要为上二叠统吴家坪组,上三叠统须家河组。断层对煤层的破坏作用较强烈,含煤地层主要保存在断夹块、背斜两翼及向斜中。

5. 广旺煤田

广旺煤田位于四川北部,处于东西向的米仓山推覆构造带及北东向龙门山褶皱带前缘。东部米仓山推覆构造带主要褶皱有大两会背斜、汉王山背斜、吴家坪鼻状背斜等,褶皱宽缓,断层较稀少,煤系地层分布连续、稳定;西部龙门山推覆构造带主要褶皱有牛峰包复背斜、天台山向斜和天井山复背斜等,西部推覆构造发育,对煤层影响极大。

含煤地层为上三叠统须家河组、小塘子组,上二叠统吴家坪组及下侏罗统白田坝组。其中须家河组为本煤田最主要含煤地层,吴家坪组仅在西部可采,白田坝组仅局部可采,小塘子组仅含煤线或薄煤层,多不具经济价值。

6. 龙门山煤田

位于龙门山赋煤带北段,地处龙门山前陆逆冲带。东以江油—都江堰(灌县)断裂带与川西前陆盆地带相隔,西以茂县—汶川断裂带与松潘—甘孜造山带分界。主要构造呈北东—南西向展布,其间以北川—映秀断裂带划分为两个次级单元:西部为龙门后山基底推覆带,由多个古老火山—沉积岩、岩浆杂岩推覆体组成,形成叠瓦状岩片,由西向东推覆。东部为龙门前山逆冲带,由一系列收缩性铲式断层分割的冲断岩片组成,北段以唐王寨、仰天窝滑覆体规模较大,中、南段为灌宝飞来峰群。

含煤地层为中二叠统梁山组、上二叠统吴家坪组及上三叠统小塘子组、须家河组。含煤地层主要保存在断层间的断块及次级褶皱中。

总体而言，龙门山煤田是由三条北东走向的逆冲断裂带和挟持其间的岩片、推覆体构成的，地层、煤层的连续性、稳定性均较差。

7. 雅荣煤田

位于龙门山赋煤带南部，构造以断裂为主，褶皱一般属于挟持于大断裂之间的次级构造。煤田西部边界受控于北川—映秀及汉源—甘洛大断裂，受此影响北段构造线走向呈北东向展布，南段转为北西向。含煤地层为上三叠统小塘子组、须家河组，主要分布于云雾山、高家山背斜两翼及五岔树、宝兴背斜北段的东南翼。

8. 乐威煤田

本区西部主体构造为峨马复式背斜，以短轴褶皱为主，隆起较高，背斜核部出露前震旦系峨边群，断层较多，构造复杂。中部寿保、凤来区位于峨马复式背斜与资威穹窿之间的宽缓地带，在寿保区主要褶皱有铁山、老龙坝、寿保、秋家山、杨家湾背斜及午云向斜，断层稀少，构造简单。构造线在平面上组合呈以北东—南西向为主，北北西至南南东向次之。东部以资威穹窿、自贡穹窿、铁山背斜为主体。资威穹窿轴部出露下三叠统嘉陵江组，构造较简单，倾角平缓。

含煤地层为上三叠统须家河组、小塘子组和上二叠统宣威组/龙潭组。

9. 川中煤田

位于川中赋煤带的中北部。该煤田为隐伏煤田，地质构造相对较简单，主要为一些幅度不大的低缓隆起或坳陷，地层倾角平缓（一般<10°），断层稀少。地表广泛出露的为中新生代红层。含煤地层为上二叠统龙潭组/吴家坪组、上三叠统小塘子组及须家河组，埋深一般大于 2000 m，仅有少数石油钻孔揭露。

10. 大凉山煤田

煤田位于康滇地轴中东部，西以金河—箐河断裂带、攀枝花断裂带、东以峨边金阳断裂带为界，构造活动强烈，深大断裂发育。构造线走向主要为近南北向，次为北北西向及北东向。这些不同走向的深大断裂将地体分割成大小不一的块体，有的上升成地垒，有的下陷为地堑。下陷区形成断陷盆地，沉积了上三叠统的煤层及侏罗系、白垩系、第三系红层。

主要构造有安宁河断裂、黑水河断裂、小江断裂、汉源—甘洛断裂、则木河断裂、峨边金阳断裂等深大断裂以及挟持于这些大断裂之间的次级褶皱。东部古生代末形成的断陷盆地，被则木河等断裂带切割为南(江舟)、北(米市)两个宽缓的复式向斜构造。

含煤地层有中二叠统梁山组、上二叠统宣威组、上三叠统白果湾组和上新统昔格达组(盐源组)，但经济价值较大的仅梁山组和白果湾组。

11. 攀枝花煤田

煤田位于康滇地轴西缘，构造运动强烈，岩浆活动频繁。煤田主要包括宝鼎、红坭、箐河矿区。

宝鼎矿区主体构造为一北端封闭、向南西倾没的大箐向斜，边缘地段局部伴有一定数量的次级褶曲和断裂。地层走向与主体构造线基本一致，局部地段地层走向变化大。含煤地层为上二叠统宣威组，上三叠统大荞地组和宝顶组。

红坭矿区位于川滇南北构造带与滇藏"歹"字型褶皱带中段的复合部位。从总体上看是一个向北西扬起，向东南倾没的复式向斜。由于处在构造带的复合部位，因此，矿区内褶皱频繁、紧密，逆冲断层发育，地层产状多变，构造形态极为复杂。除岔河—白沙坡向斜为矿区主体构造外，尚有马脖子—大麦地背斜、黑家湾—磨石箐向斜等。含煤地层为上三叠统大荞地组、宝顶组。

箐河矿区主体构造为箐河向斜，北段向斜构造较为明显，南段仅表现为单斜地质构造，全区构造较为简单。含煤地层为上三叠统大荞地组和宝顶组。

12. 盐源煤田

地质构造单元为盐源—丽江逆冲带。夹在西侧小金河断裂带与东侧金河—箐河断裂带之间，是上扬子古陆块西南边缘的中生代坳陷，为一向南东突出的弧形推覆构造。由巨厚的三叠纪沉积—蒸发岩系构成主体，东缘古生界成叠瓦状逆冲岩片，由西向东推覆叠置于康滇前陆隆起带之上。其为陆块边缘次稳定型沉积，下古生界以近陆源粗碎屑沉积为主，上古生界至三叠系以碳酸盐沉积为主，尤以泥盆系、石炭系较省内其余地区发育，华力西期东侧断裂有基性岩浆活动。三叠系之后地层普遍缺失，第三系厚度较大，以断陷盆地红色碎屑岩为主。喜山期有煌斑岩脉贯入。该区长期处于缓慢沉降环境，因此盖层发育齐全，总厚达 16500 m，地层序列与扬子区相近。东南缘构造线以北北东向为主，为向南东突出的帚状构造；西北部为盐源盆地，构造线由北北西转为东西向。两者之间为由新近纪盐源组和第四纪堆积阶地组成的新生代凹陷，岩层起伏平缓。

含煤地层为上二叠统黑泥哨组、上三叠统松桂组和白土田组以及新近纪盐源组。

四、主要控煤构造

控煤构造作用受控于区域构造的活动，区域构造的发展演化进程控制着煤系地层的沉积和后期赋存格局。四川省的主要含煤地层上二叠统及上三叠统沉积后，由于印支运动Ⅲ幕，在扬子古板块西部的四川地块边缘发生褶皱，形成四川菱形盆地雏形。经燕山期至喜马拉雅运动Ⅰ幕，由于印度古板块向北东与欧亚古板块碰撞，太平洋古板块向北西俯冲，使四川地块边缘褶皱加剧。喜山运动Ⅱ幕，使新近系及以老地层强烈褶皱，最终形成四川东部现代的构造格局。在四川东部赋煤区，形成了以四川地块为砥柱的边缘构造带。且在边缘构造带内普遍发育了推覆构造，因此，具有地块（盆地）边缘构造变动强烈，地块东部的构造形变又较西部强的特点。

这些构造带使掩盖的煤系地层抬升、隆起，对四川煤田起到了建设作用。但是又因褶皱（或逆冲断裂）抬升过高，部分煤系被剥蚀破坏；或因断裂切割，破坏了煤层的连续性，甚至使某些区块的煤层变得支离破碎；或因煤系被推覆体掩埋过深，使煤炭资源目前无法开采利用。另一方面，由于四川盆地既是构造盆地，又是沉积盆地，在二、三叠系煤系沉积后，在盆地中部大片地区的中、新生代巨厚沉积遭受剥蚀甚微，使上二叠统和上三叠统煤炭资源深埋地腹，至今无法开采。

下面对部分主要构造进行简要介绍：

(一)主要褶皱

1.天井山复背斜

分布天井山一带，北以马角坝—罗家坝断裂带，南以侏罗系超复不整合线为界。构造轴线南西—北东向。因断层强烈破坏及超复层掩盖，保存完整的褶皱形态不多，较明显且保存程度较好的有三个背斜和一个倒转向斜，即：矿山梁背斜、碾子坝背斜及夹于其间的松盖坝倒转向斜和天井山背斜。碾子坝背斜的北翼及其部分轴部，天井山背斜的南翼及北东端被侏罗系超复层掩盖。矿山梁与碾子坝背斜的构造形态基本相似，平面上呈短轴状；横剖面上为轴部宽平，两翼对称的箱状。两端倾伏，倾伏角约 13～15°。而天井山背斜为线状背斜，其北东端以 15°倾角倾没于马鹿坝以东，南西端延至二郎庙一带则消失在超复层之下。横剖面略呈两翼对称的梳状或似箱状，岩层产状 50～60°。北翼被断层破坏，南翼亦被超复层掩盖，出露宽度 1～3 km。核部由寒武系及平行不整合于其上的泥盆—石炭系组成，两翼为二叠系和三叠系。

2.大两会背斜

位于汉王山复式向斜南侧，西起于彭家沟，向东经大两会，于王家坪倾伏，长约 49 km。背斜走向东西，开阔对称，两翼地层倾角 50～60°，枢纽具波状起伏，起伏角 3～15°。核部为寒武系，两翼依次为奥陶系—三叠系。东面倾没端脚指状分支的次级褶皱发育，延长不大，一般 8～9 km，随主要褶皱逐渐向下倾伏消失。

3.黄金口背斜

从宣汉罗家坪往北东经毛坪到官渡，延至铁矿坝受北西向构造阻挡而消失。长 45 km，区内长 42 km，轴向北 50～60°东。从总体上看是一个背斜，从南至北由罗家坪、付家山、灯笼坪、金树湾、盐井坝及官渡等背斜组成，呈右列展布。背斜狭长不对称，南东翼倾角 60～80°，北西翼 20～35°，略具箱形特征。由中侏罗统新田沟组至上沙溪庙组组成。次级褶皱发育，在灯笼坪、马马上、毛坪一带有三个次级褶曲呈右行斜列在主背斜上。在次级褶曲毛坪背斜北西翼又有五个次级褶曲呈右列展布，反映了反扭特征。

4.华蓥山复式背斜

西界为华蓥山大断裂，东界为明月峡背斜。复式背斜以宝顶背斜和绿水洞、碑石崖背斜为主体，以及其间的众多次一级背、向斜组成，向斜多位于华蓥山高处的低凹槽谷。断裂常发育在背斜北西翼或近轴部，背斜西侧者断面向南东倾，东侧者断面向北西倾，皆为与褶轴方向一致的冲断层。复式背斜北段较简单，中南段较复杂。褶皱主要呈右列展布，部分呈左列。卷入地层为寒武系至侏罗系。

背斜区内长 70 km。轴向北 10～25°东，轴部地层为上二叠统长兴组及下三叠统飞仙关组、嘉陵江组，两翼地层为雷口坡组，须家河组至侏罗系下沙溪庙组。轴部地层平缓，两翼不对称。北西翼陡、地层倾角 30～80°，新庙、卷洞门一带甚至倒转；南东翼缓，倾角 30～40°，背斜轴面倾向南东，为狭长半箱状斜歪背斜。背斜北段东翼木头石附近与铁山背斜斜鞍相接，相接部位及其附近发育了一系列扭性断层。

5. 铁山背斜

位于达县城以西，为华蓥山背斜北段东翼仙人掌状的孪生分枝构造，总的轴向北 20° 东。南北两端均有偏转；南端与华蓥山背斜相接部位为北 31° 东；北段磨子坪以北转为北 30° 东，略呈"S"形。区内长 60 km，轴部地层为须家河组砂岩，抗风化力强，形成标准的正地形背斜。轴线与铁山山岭吻合。两翼渐新而为自流井组至下沙溪庙组。背斜轴部地层层面弯曲、黄瓜梁以北基本对称，两翼岩层倾角 40～60°。以南不对称，西翼陡，岩层倾角 40～80°，而以 70～80° 居多，常见直立倒转现象；东翼较缓倾角在 40～50° 之间，轴面倾向南东，为线形斜歪背斜。

6. 达县—大竹向斜

位于华蓥山、铁山两背斜及铜锣峡背斜之间的达县，大竹一带。北端延至达县以北蒲家镇一带，南端扬起消失于福城寨背斜与华蓥山背斜东翼斜鞍相接处。长 80 多千米。轴线总的方向为北 30° 东，中段受铁山背斜倾伏的影响，稍有偏转。轴部残留地层除达县以北有蓬莱镇组外，其余只残留遂宁组，主要是由上沙溪庙组构成。轴部地层平缓开阔，倾角 3～7°，两翼稍陡 10～30°，为平缓开阔的对称向斜。

7. 铜锣峡背斜

位于华蓥山滑脱褶皱带中部，是该褶皱带的主干背斜之一。向北延伸至达县罗江口以东倾伏，省内长 135 km。轴线呈舒缓波状，总轴向北 30° 东。背斜枢纽波状起伏，形成轴部小的隆起高点。每个小隆起轴线两端分别向南、向北偏转，略呈"S"形展布。轴部出露最老地层为嘉陵江组，分布于各隆起高点部位。其余地段轴部出露地层为雷口坡组。北段仙女山以北开始缓慢倾伏，陆续由须家河组，自流井组，新田沟组构成背斜轴部。两翼地层为须家河组至下沙溪庙组。轴部地层平缓，两翼不对称。北西翼缓，岩层倾角 20～50°，具较大的平缓挠曲或次级褶曲；南东翼陡 40～80°，局部倒转。达县境内，则是北西翼较陡岩层倾角 30～60°，南东翼较缓倾角 10～40°。背斜轴面，南段倾向北西，北段倾向南东。南北两段各在陡翼近轴部发育一条逆冲断层。断层倾向分别与该段背斜轴面倾向一致。背斜总体为线形、半箱状斜歪背斜。

8. 峨屋山背斜

位于亭子铺向斜以东，南端倾伏于永兴场附近与铜锣峡背斜成斜鞍相连。北端于达县三河乡一带倾伏，同时被北西向构造横跨。全长 60 km。轴向北 20° 东，轴线微有弯曲，南端倾伏部位偏转较大，为北 30～40° 东。北段与凉风垭复背斜反接部位遭到破坏，形成小的弧形弯曲。背斜轴部狭窄尖棱，并受断层破坏。出露最老地层为雷口坡组，两翼为须家河组至下沙溪庙组。两翼岩层不对称：南东翼陡 40～80°，常有直立倒转，倒转倾角 40~85°；北西翼稍缓 40~60°，个别地段达 80°，偶见倒转。为线形不对称背斜。

9. 明月峡背斜

位于华蓥山滑脱褶皱带南东边缘。北端于开江沙坝场乡延出省外，南端在任市镇西南进入重庆。省内长 40 km。轴线平直呈北 60°东延伸，无大的弯曲。仅在北东端开江县境内开始倾伏的部位逐渐偏转至北 50°东。轴部出露最老地层中三叠统雷口坡组，两翼地层为须家河组至下沙溪庙组。轴部狭窄较尖棱，两翼不对称，南东翼陡，倾角 57~80°，北西翼缓，倾角 30~44°，为线形斜歪背斜。

10. 龙女寺穹窿

穹窿在龙女寺以东，轴向北 60~70°东，以西为近东西向。为一个平缓宽广的穹窿，长轴 49 km，短轴 18 km。组成地层上沙溪庙组。两翼基本对称，倾角 2~3°，最大 5°见图 5-1-3。

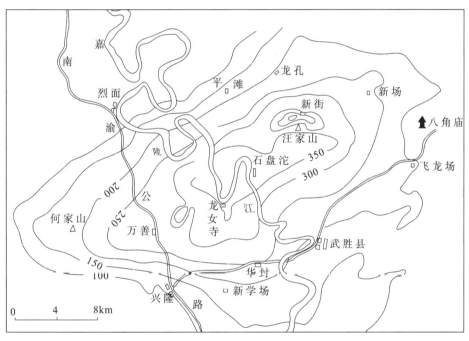

图 5-1-3 武胜龙女寺穹窿状背斜构造等高线图

(据武胜龙女寺构造详查总结报告)

11. 资威背斜

位于资中、内江、威远、荣县、井研间。东起新店子，中经贾家场、双河场、山王场、东兴场，西至五通坝，长 100 km，是威远隆起带规模最大，隆起最高的背斜。轴向北东—北东东。核部平缓，由嘉陵江组、雷口坡组及须家河组组成。须家河组至上沙溪庙组构成两翼，南翼倾角 8~30°，北翼倾角 1~5°。背斜高点在新场南西，东端窄、西端宽，东端呈鼻状(也称新店场鼻状构造)。背斜核部次级褶曲发育，山王场、东兴场、曹家坝间 300 km² 区间内有褶曲 216 个，它们与主轴向一致，且成右行雁列。东兴场、大垭口断层切过核部(图 5-1-4)。

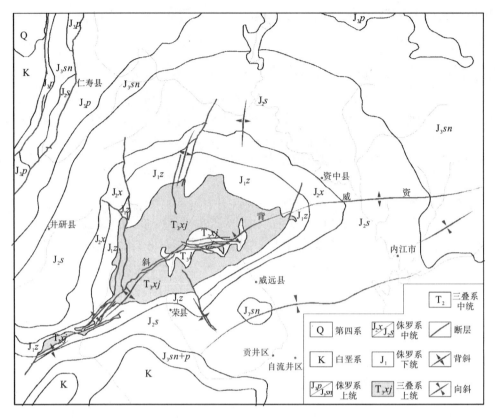

图 5-1-4　资威矿区地质构造略图

12.螺观山背斜

位于隆昌、荣昌间。北起路孔河，中经曾家山、燕子崖，南至新华，长 30 km。轴向北 30～40°东，呈反"S"状。核部平缓，由须家河组构成。两翼不对称，地层为自流井组—上沙溪庙组。北西翼倾角 15～20°，南东翼倾角 40～70°，呈单箱状。构造高点在燕子崖，核部被断层破坏。

13.古佛山背斜

位于荣昌以南。北起双河场，中经苏麻沟，北至朱洞，长 24 km。轴向北 40°东。构造完整性已被断层破坏，轴线仅保留北段。核部地层为须家河组。两翼不对称、呈单箱状，由自流井组至上沙溪庙组构成。东翼倾角 10～30°，西翼地层断失不全，倾角 12～80°。

14.龙洞坪背斜

位于云锦以西。北起泸县仙佛，中经青狮，南至斑竹林，长 26 km。轴向北 30°东。核部平缓，由珍珠冲段构成，两翼地层为自流井组至上沙溪庙组，东翼倾角 6～45°，西翼倾角 7～38°，呈箱状形态。

15.古蔺复背斜

古蔺复背斜在区内东西长约 100 km，南北宽约 50 km，北翼倾角较缓，南翼较陡，两翼不对称。北翼发育的次级褶皱较宽缓，主要有茶叶沟背斜、大安梁—柏杨坪向斜、柏杨林—大寨背斜、梯子岩(落窝)背斜、鱼洞坝背斜和堡子山背斜等；南翼次级褶皱较紧密，构造较复杂，主要有石宝向斜、二郎坝(大村)向斜、河坝向斜、新街(石坝)背斜、赤水河—建新向斜、高田坎背斜、马跃水背斜和水口寺背斜等。

16.大箐向斜

大箐向斜为宝鼎矿区主体构造，轴线走向北 30°东，省内延伸长度大于 9 km。轴面略向西倾，倾角 80°左右。该向斜向北东仰起，向南西倾伏，倾伏角 20°左右。西翼地层走向与主体构造线基本一致，为北北东向，岩层倾角一般 30～60°，由北往南增大；东翼地层走向以近南北向为主，岩层倾角稍缓，一般为 25～40°。位于北部转折端的地层倾角平缓、开阔。其核部与两翼地层出露清楚，核部出露宝顶组，两翼出露大荞地组（图 5-1-5）。

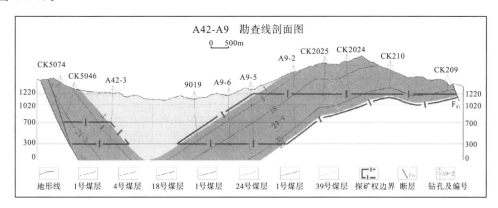

图 5 1 5 大箐向斜横向剖面图

(二)主要断裂

1.北川—映秀断裂构造带

为龙门山前陆逆冲带中分割前山和后山二个构造带分区断裂，北起广元，南达泸定，走向北东，长 400 多千米。断裂带平面上多分支、复合，断面呈波状，并有叠置的推覆岩片夹于其间。该带是一条韧性剪切带，断裂带发育有透入性片理、糜棱岩、塑性柔皱流变带，并有脆性岩石夹层形成的石香肠与变形压扁的化石、砾石等以及构造剪切力导致的区域动力变质岩，具有明显的柔流变形的特征；但在断裂前锋上冲接近地表浅构造层次时，则有以压碎岩、碎裂岩、构造角砾岩等为标志的脆性形变。断裂带两侧分属中深构造层次产物的韧性剪切形变和浅构造层次的脆性形变。该断层对四川盆地西缘煤系地层的沉积有明显的控制作用。

2. 江油—灌县大断裂

北起广元，经江油、安县、灌县，南达天全南西，长 400 km，断裂发育在古生界至三叠系中，为一系列近于平行的断层束，并有分叉、闭合现象。断裂带总体走向为北 45° 东，倾向北西，倾角 60~70°，断面多呈舒缓波状，时见宽数米的挤压破碎带及糜棱岩化构造岩。安县附近断面陡倾、光滑，有大量斜冲和水平擦痕，指示断裂面两盘作右旋扭动。马角坝以西，在主断裂南东侧有一组伴生的次级逆冲断裂，剖面上呈叠瓦状。该断裂为盆地西部盆缘断裂，对盆地西缘煤系地层的沉积有明显的控制作用。

3. 小金河断裂构造带

北起石棉西油房，沿小金河、锦屏山，向南进入云南，四川境内长 250 多千米。本带为松潘—甘孜造山带与扬子地块的分界线。木里附近，该带呈向南突出的弧形状，由多条向北倾的叠瓦状弧形逆冲断层及位于其间的褶皱群组成，前缘有推覆岩片侵蚀后残留的飞来峰群。该断裂带向北东方向延伸时形迹逐渐减弱，仅剩前缘主边界断裂。断层崖绵延数千米至十多千米，地貌特征明显。断裂带两侧发育构造挤压带，岩层中小柔皱及劈理发育，地层有牵引、倒转现象，锦屏山一带，断面陡立，岩层破碎，构造角砾岩、小柔皱、片理发育，面状构造产状与主断裂一致。

4. 磨盘山断裂构造带

北起西昌，经红格，沿金沙江向南延入云南，四川境内长 240 多千米。该带由若干平行分布但不连续出露的断裂组成，断裂具逆冲推覆反扭性质，岩石破碎。褶皱和片理发育。断裂带对两侧的地层、建造控制明显。沿断裂带不仅有晋宁期、澄江期中酸性岩浆岩分布，也有华力西期基性、超基性岩浆活动，且规模十分可观。红格一带昔格达组盖于断裂之上，内又常见小断层及褶皱，说明喜马拉雅期该带仍有活动。鱼鲊附近动力变质带宽 2.8 km，岩石破碎、褶皱加剧、劈理发育，许多构造形迹表明，断裂不仅有逆冲推覆，还具有反扭特征。该断裂带切割了康定群、会理群、震旦系、寒武系，对上三叠统白果湾组（宝顶组）及侏罗系红层沉积的控制较为明显。

5. 金河—箐河断裂构造带

北起石棉，向南经金河、箐河，接云南程海断裂，四川境内长 300 余 km，为康滇基底断隆带与盐源—丽江断陷盆地带的分界断裂带。该断裂带两侧，古生代以来的构造环境明显不同。西侧从上震旦统至二叠系，除缺失个别世的地层外，基本是一套连续的海相沉积。东侧除局部分布上震旦统、下寒武统、中及上泥盆统、中二叠统外，古生代其余时期则处于隆起剥蚀状态。断裂西侧为一套滨海相红色陆源碎屑岩及蒸发岩建造，东侧为丙南组红色类磨拉石建造，大菁地组、宝顶组灰色陆屑建造。断裂带及附近华力西期基性—超基性小岩体发育。其延伸方向与断裂走向一致，且受到强烈的动力变质。

6. 小江断裂构造带

北起石棉，向南经布拖、普雄，从小江延入云南，长 300 多千米。该断裂带对古生代、中生代地层的控制作用显著，志留系、泥盆系、三叠系在断裂以东发育，而以西仅零星分布。白垩系恰好相反，主要是在西侧发育。该断裂是峨眉山玄武岩浆喷发的主要通道，并有华力西期的基性岩侵位。断裂带发育一系列南北向紧密褶皱和波状弯曲的断裂，主断裂带有分叉、复合现象。断裂以西，褶皱形态开阔、平坦，呈低缓褶曲。东侧背斜呈现高隆起或倒转现象，向斜平缓、开阔，具隔挡式褶皱特点。沿断裂带岩石强烈破碎，在普雄河东岸可见挤压碎裂带宽达数百米。

喜马拉雅期，该断裂带活动显著，局部发生坳陷，形成一系列新生代盆地，地貌上呈地堑式凹陷，控制了泥炭、褐煤的沉积。

7. 峨边—金阳大断裂

从金阳向北经马边、刹水坝止于峨边，长 220 km。断裂走向近南北，倾向西，倾角 50~80°，主要断于古生界至中生界中。在刹水坝，断层西盘的下寒武统向东仰冲，覆于上三叠统须家河组之上，断距达 4500 m。雷波上坝一带，上震旦统灯影组仰冲于寒武系之上，断距在 2500 m 以上。该断裂在剖面上呈叠瓦状。沿断裂带岩层挤压破碎强烈。平行主断裂的片理、劈理发育，局部可见擦痕、拖曳褶皱和 X 节理。雷波马颈子之西，断层上盘倒转，出现宽 1~2 km 的地层陡立带。

断裂对两侧中生代沉积和构造线的展布都有一定的控制作用。如断裂以东的三叠系，广大地区有两套碳酸盐岩组合，分别属嘉陵江组和雷口坡组，但以西的美姑地区，嘉陵江组则相变成一套以红色碎屑岩为主的地层。

8. 华蓥山大断裂

北起万源，经达县南达宜宾。在华蓥山天池、宝顶一带，连续出露 50 km 以上，其他地段多隐伏于地下或断续出露，全长达 500 km。卫片上，该断裂带显示非常明显的线性特征，是川中陆坳陷盆地与华蓥山滑脱褶皱带的分界线。重力、磁力资料均表明沿此带为异常转换带和梯级带。重力图上，该断裂带分布于 -95~-115 mgal 的异常带上。航磁资料表明，北西侧为宽缓正异常，南东侧为宽缓平静的负异常。据地震资料、在川南古佛山地区震旦系灯影组之下有厚 250 m 的板溪群，向北 20 km 至荣昌附近即全部"尖灭"，说明该断裂带对板溪群有控制作用。古生代时期，川中为隆起，川东为坳陷，地层厚度差异显著。中生代各系陆相地层其南东侧粗，北西侧细。据地震资料，该断裂带未切穿下寒武统和震旦系，但对志留、石炭、三叠系在岩相厚度上都起着控制作用。另外，断裂带对两侧后期构造尚有控制作用，使两侧构造形态迥然不同：南东侧为长条形高陡背斜与平缓开阔的向斜相间排列，是典型的隔挡式构造；北西侧为低缓的穹窿和短轴背、向斜，且方向散漫不定。在华蓥山，有峨眉山玄武岩分布，表明该断裂带在二叠纪时已深达硅镁层。

9. 攀枝花大断裂

呈近南北走向，北交于金河—箐河断裂带，南进入云南，省内长 90 km。该断裂在中生界分布区通过，断面东倾，倾角 45~80°，多由一系列高角度迭瓦式斜冲断裂组成。沿断裂有糜棱岩化、炭化、石墨化、断层泥等动力变质现象，两侧岩石扭曲、错动明显。

在东盘见次级褶曲，其轴面走向北 30～50°东，与主断裂斜交，指示该断层具左旋扭动。断裂对中生代沉积及成矿有明显的控制作用。上三叠统丙南组及大荞地组总厚逾 3500 m，仅发育在断裂两侧，而向东则无该期沉积。此外，沿此断裂带有大量基性岩侵位，其中有著名的攀枝花磁铁钒钛矿。该断裂明显控制宝鼎及红坭等断陷盆地煤系地层的沉积。

10. 阿坝大断裂

发育于巴颜喀拉地块内，总体呈北西西舒缓波状延伸，在四川境内龙日坝以西延长大于 120 km。过龙日坝向东分成两支：一支转向北东，沿羊拱海岩体北侧延哲波山一带，与龙日坝西侧的一段共同构成红原弧形构造的前弧断裂；另一支走向继续向南东伸延，可与米亚罗—理县断裂相接。

阿坝断裂是和红原弧形褶皱相协调的弧形走向断层，断面北倾，压性逆冲，倾角 60～80°，沿主断层有数十米至百余米宽的破碎带。因弧形构造的形成主要和地壳表层的向南滑移有关，故地表陡倾的断面向下可能变缓，且与弧形构造下部的滑移面相汇。根据断裂带上地层出露情况及岩浆活动判断，断裂带切割深度主要限于地壳表层。断裂带形成于三叠纪晚期，至新近纪仍在活动，对晚三叠世含煤火山盆地、印支—燕山期花岗岩和古近纪红层的分布有一定控制作用，使这些地质体多沿断裂带呈串珠状或斜列状展布。

11. 纳拉箐断裂

该断裂为攀枝花断裂带之主干断裂，同时也是宝鼎矿区东部的边界断裂，展布于立溪冬—二台坡之间，全长 52 km，延展方向北 20～40°东，在金沙江北岸至硫磺沟一带为 15°左右，断层面倾向南东，倾角 45～80°。在矿区东侧见逆冲现象，震旦系逆冲于三叠系之上，影响带最宽达 200 m，挤压破碎现象明显，主断裂带内挤压透镜体排列方向与断裂面呈锐角相交，指示其具有平推性质。该断裂为宝鼎盆地三叠纪以后地层沉积时的同生边界断层。

第二节 煤盆地构造演化史

一、古构造分析

(一)晚二叠世聚煤期前古构造演化概况

四川盆地位于扬子古陆块的西缘。根据古地磁资料，震旦纪扬子陆块"漂浮"在北纬低纬度区(乔秀夫等，1988)。从此进入了较稳定的盖层建造发展阶段。早震旦世，上扬子地区的大地构造格局基本承袭了晋宁运动的结果。新生构造出现了川东北的大巴山古隆起，滇东的牛首山古隆起，川西泸定—米易和滇东金阳—石屏两个南北向展布的断陷盆地，川南长宁、叙永一带有北东向的坳陷。在陆块的东南部边缘，震旦纪沉积向东南方向明显加厚，并有深海重力流沉积(马文璞，1992)。上述沉积建造表明。震旦纪扬子陆块的西部陆缘开始了被动大陆边缘的演化过程；东南边缘仍属陆块汇聚的构造环境。

澄江运动引起上扬子盆地的进一步褶皱抬升，尤其是康滇古陆上升明显，并伴有火山活动，陆块基底得到强化。晚震旦世发育了大陆冰川堆积。到晚震旦世晚期.上扬子盆地沦为广阔的陆表海，沉积了一套浅海碳酸盐岩建造或滨海陆源碎屑建造。总的来看，上扬子盆地在震旦纪处于弧后盆地的发展阶段。

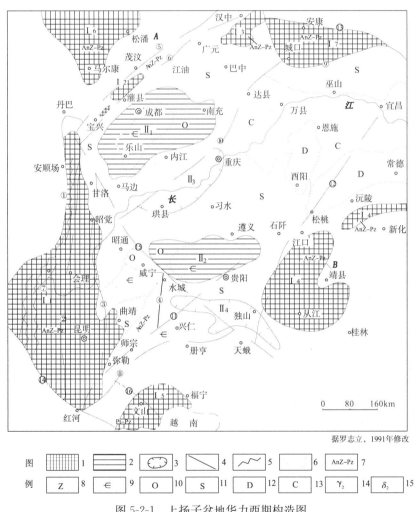

据罗志立，1991年修改

图 5-2-1　上扬子盆地华力西期构造图

(据王小川、张玉成等，1996)

图例：1.古陆　2.隆起　3.坳陷　4.断裂　5.裂谷　6.地层界线　7.前震旦系—古生界　8.震旦系　9.寒武系
　　　10.奥陶系　11.志留系　12.泥盆系　13.石炭系　14.前寒武纪花岗岩　15.元古代闪长岩

构造单元：Ⅰ₁.康滇古陆　Ⅰ₂.龙门山岛陆　Ⅰ₃.汉南古陆　Ⅰ₄.江南岛链状古陆　Ⅰ₅.越北古陆　Ⅰ₆.马尔康古
　　　陆　Ⅰ₇.大巴山古陆　Ⅱ₁.乐山—龙女寺隆起　Ⅱ₂.黔中隆起　Ⅱ₃.珙县—江津坳陷　Ⅱ₄.黔南坳陷

断裂编号：①丽江—安顺场断裂　②安宁河断裂　③甘洛—小江断裂　④盘县断裂　⑤青川—茂汶断裂　⑥广元—
　　　灌县断裂　⑦菁河—程海断裂　⑧南盘江断裂　⑨城口—房县断裂　⑩华蓥山断裂　⑪师宗—贵阳断
　　　裂　⑫松桃—独山断裂　⑬安康断裂　⑭红河断裂　⑮水城—紫云断裂　⑯文麻断裂

早古生代甘青藏洋板块向北东俯冲；古太平洋板块向北西俯冲，扬子陆块受到挟持挤压，形成武夷—云开岛弧和滇黔桂湘弧后盆地。在扬子陆块北缘，早古生代强烈的拉张作用产生了裂谷、地堑、裂陷带和断陷盆地.并伴随着岩浆活动。裂谷构造的空间展布与略阳—安康断裂和大巴山断裂平行，并界于两者之间。直到志留纪裂谷收缩闭合，结束了被动大陆边缘的构造过程（陶洪祥等，1993）。上扬子盆地进一步演化为前陆盆地，康滇古陆、江南古陆以及牛首山、龙门山、米苍山、大巴山诸隆起都在一定程度上成为陆源剥蚀区。其他大部分地区主要形成浅海碳酸盐岩建造。

早古生代末，古太平洋板块俯冲加剧，发生了强烈的加里东运动，使上扬子盆地的广大地区抬升成陆并遭受剥蚀，导致黔南地区缺失中、上奥陶统和上志留统。川南、黔北的海水直退到广西钦州一带。秦祁昆洋区碰撞关闭，滇黔桂湘边缘海形成加里东褶皱山系。陆块内，造成大型波状的隆起与坳陷，形成了乐山—龙女寺隆起及黔中隆起，湘鄂川黔坳陷、珙县坳陷、昭觉坳陷和独山坳陷等。生成北东向的师宗—贵阳断裂、北西向的水城—紫云断裂。

华力西期位于陆块内部的上扬子盆地从加里东期的挟持挤压，逐步演变为拉张扭动的构造条件。该时期康滇古陆始终保持隆升的趋势，牛首山隆起最终也与其连为一体。黔中隆起的高点部位向北迁移，至晚二叠世形成黔北—川南隆起。乐山—龙女寺隆起逐步缩小成为川中隆起。

泥盆纪扬子陆块东南边缘受拉张作用，在广西钦防地区发生裂陷作用。受裂陷构造的控制形成不同的沉积类型（马文璞，1992）。裂陷构造的方向与大陆边缘平行，呈北西向和北东向。华力西构造阶段的后期，随着离散拉张作用逐步加强广泛地发生地裂运动，裂陷构造由陆块边缘向内部扩展。在上扬子盆地的南部，形成紫云、南盘江和右江等裂陷槽。同时甘洛—小江断裂、水城—紫云断裂、师宗—贵阳断裂的活动性仍然十分明显。华蓥山断裂和盘县断裂也表现出新的活动趋势。伴随着拉张、裂陷和断裂活动，以康滇古陆为中心发生了大规模的玄武岩喷发。这些特征标志着上扬子盆地已经演化为断陷拉张盆地（图 5-2-1）。

（二）主要古构造单元的活动特征

1.康滇古陆

该古陆为上扬子盆地西缘主要的构造单元，南北向延伸，北起四川康定，向南经冕宁、西昌、会理至昆明等地。它是晋宁期或更早形成的隆起，由元古代深变质岩为核心组成的巨型复式背斜构造。其东西两侧有古生代和中生代的断陷盆地沉积（图 5-2-2）。具有相当发育的压性或压扭性深断裂，延伸方向与隆起走向基本一致。有多期的基性—超基性、中酸性岩浆岩的侵入或喷发。该古陆在晚震旦世后，一直处于隆升、扩张的状态，长期遭受剥蚀，成为主要的物源供给区。华力西期抬升速度加快。到中二叠世，受阳新海侵影响，大部分被淹没。东吴运动又全面升起，并发生断裂活动导致峨眉山玄武岩浆的剧烈喷溢，成为强烈隆起的玄武岩山地。

2.龙门山古隆起

为陆块西北缘的构造单元，以北 40～50°东走向斜跨在广元与泸定之间，长约

500 km，宽 15～18 km。它是由晋宁期或更早期发育形成的隆起，由元古界杂岩体及震旦系、古生界组成。两侧分别有沿走向展布的广元—灌县断裂和青川—茂汶断裂，其间还分布着非常发育的大、小断裂群。该地区上震旦统不整合于元古界结晶基底之上，加里东期为岛链状隆起，中、上志留统普遍缺失，泥盆系超复在寒武系或志留系的不同层位上。岩浆活动强烈。华力西期，青川—茂汶断裂与广元—灌县断裂之间的地带沉积了厚达数千米的泥盆系和石炭系。二叠纪，被阳新海侵广泛淹没。东吴运动再次抬升成为陆地，在宝兴、茂汶、灌县等地区有峨眉山玄武岩分布。

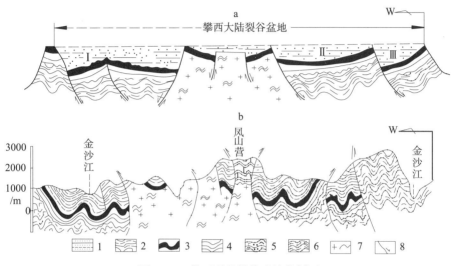

图 5-2-2　攀西裂谷带构造演化剖面

（据唐若龙等，1985）

a. 裂谷带扩张期；b. 裂谷带压缩期

1. 复原中生代盆地；2. 形变后中生代盆地；3. 二叠纪玄武岩；4. 震旦系与古生界；

5. 前震旦纪盐边群；6. 前震旦纪会理群；7. 前会理群；8. 断层。

Ⅰ. 宝鼎盆地；Ⅱ. 江舟盆地；Ⅲ. 红果盆地。

3. 汉南古陆

东西向位于上扬子盆地北缘，呈一地垒式的平缓背斜，形成于晋宁期或更早。北以断裂与秦岭碰撞山系相接。该古陆主要由元古界火地垭群、震旦系和部分古生界组成。有多期岩浆岩的侵入和喷发，超基性—酸性岩体相当发育，尤其是元古代花岗岩大面积出露。缺失泥盆系与石炭系。阳新海侵后沉积了中二叠世石灰岩。晚二叠世控制着上扬子沉积盆地的北部边界。

4. 大巴山古陆

出露最老地层为上震旦统，与古生界共同组成紧密的复式背斜，断裂构造发育。早古生代为洋岛环境，加里东运动随南秦岭洋域褶皱上升为陆，致使泥盆系与石炭系沉积缺失。二叠纪下降，接受沉积。晚二叠世该古陆控制了沉积盆地的东北部边界。

5.江南古陆

江南古陆总体呈北东向,绵延于黔东、桂北、湘西北、赣南和皖浙一带。其西南部分的武陵、雪峰古陆发育前震旦系及古生界地层,长期处于洋岛环境。志留纪才逐步上升,经加里东运动抬升为陆,造成泥盆系与石炭系地层普遍缺失。二叠纪海侵之后广泛接受浅海碳酸盐岩沉积,至晚二叠世聚煤期除个别地点有小型孤岛露出水面之外,大部分地区为水下隆起并接受碳酸盐岩沉积,普遍缺失边缘相碎屑岩地层。

6.乐山—龙女寺隆起

该隆起为陆块内部的大型隆起,奥陶纪开始出现,经加里东运动定型。为一宽阔的穹状背斜,轴部位于乐山—简阳—蓬溪一线,走向约呈北60°东,向两端倾伏。据物探资料,该处为四川盆地基底隆起最高的地区,川中威远一带埋深4 km,川东龙女寺为6 km(俞如龙等,1985)。通过油1井、女基井等深钻揭示,该隆起二叠系梁山组分布广而薄,与下志留统、下奥陶统或下寒武统地层呈超覆接触。其核部地层为震旦系与寒武系,翼部为奥陶系与志留系。华力西早、中期,该隆起向北东扩展,成为古陆剥蚀区,缺失了泥盆系和石炭系。中二叠世海侵,沦为水下隆起。东吴运动再度上升遭剥蚀。到晚二叠世分布的规模大为缩小,逐步收缩演化成川中隆起区。

7.黔中隆起

为陆块内部的又一大型隆起。奥陶纪开始形成,加里东运动定型。以东西走向展布于沉积盆地中部,长约350 km,最宽约120 km。加里东运动后成为古陆,致使奥陶系与志留系遭受剥蚀。华力西期该隆起范围向北扩展,带动黔北—川南地区隆起,缺失了泥盆系与石炭系。中二叠世海侵后黔中隆起成为水下隆起。东吴运动又随上扬子地区抬升遭受剥夷。晚二叠世发育的规模大为缩小,成为黔中构造斜坡上一个小的台阶,并再次被淹没水下,接受沉积。

8.珙县—江津坳陷

界于乐山—龙女寺隆起与黔中隆起之间,位于珙县—江津一带,呈北东走向,规模较小。下古生代地层发育较为齐全,沉积厚度在珙县附近为3200 m以上。

(三)晚二叠世同沉积构造

原四川煤田地质局研究所在四川东部选用了300多个地层厚度点作7次趋势面分析(图5-2-3)。从图中看出地层厚度靠西部康滇古陆成南北走向,并且向西显著变薄。在筠连至桐梓一带东西向的黔北—川南隆起带十分突出。川东坳褶带以北东向构造为主体。在内江周围地层等值线宽阔平缓近于东西向展布,显示了川中隆起区的存在。

晚二叠世同沉积构造按其构造展布方向划分为:南北向构造、东西向构造、北东向构造、北西向构造等;按照其活动性质可以分为断裂、隆起和坳陷(图5-2-4)。下面对主要同沉积构造单元的活动情况进行简要介绍:

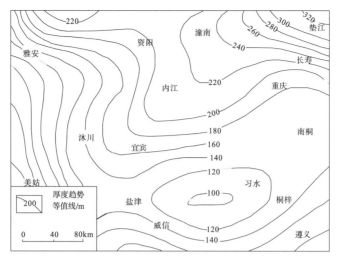

图 5-2-3　上二叠统厚度 7 次趋势面

（据王小川、张玉成等，1996，略改）

（拟合度 $C=60.39\sim72.29\%$，检验值 $F=35.38\sim43.71$）

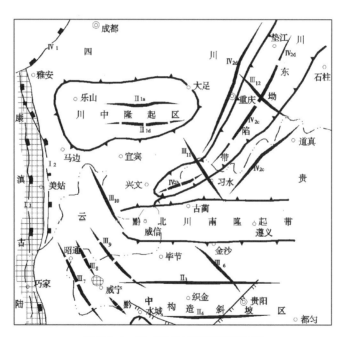

图 5-2-4　晚二叠世同期构造纲要图

（据王小川、张玉成等，1996）

1. 南北向构造

康滇古陆作为聚煤期最主要的正向构造单元和主要的陆源物质供给地，从整体上控制了含煤地层向西变薄尖灭，决定了从西向东由陆到海的古地理格局，并进一步控制着沉积体系的总体配置关系，影响到富煤带的展布与迁移。康滇古陆对沉积盆地和含煤建造的影响是全局性的和整体性的，因而也是概略的和粗线条的。

甘洛—小江断裂和天全断裂位于康滇古陆的东缘，晚二叠世成为玄武岩喷溢的通道，并控制着古陆剥蚀区的东界。

2.东西向构造

黔北—川南隆起带西起筠连、威信，向东经古蔺、桐梓，延至贵州绥阳、湄潭一带，东西长至少300 km，南北宽60～80 km。从趋势面图上看出该隆起带的脊部在筠连—古蔺—桐梓一线。隆起带上晚二叠世地层显著变薄，构造高点部位地层仅120～130 m，向南北两翼逐渐加厚。隆起形态平缓，南北两翼近于对称。

黔北—川南隆起带是上扬子聚煤盆地内部最重要的构造单元。它将统一的上扬子聚煤盆地分为南北两区，使其各具不同的沉积和聚煤特征。四川南部处于上扬子聚煤盆地的北区，峨眉山玄武岩东界沿该隆起带向东呈弧形突出。陆相与过渡相界线也在该隆起带上向东扩展，增大了有利于成煤的地理范围。该隆起带上沉积的含煤地层不仅厚度薄，而且砂岩层数少，砂岩粒度偏细，层理规模偏小，煤层层数较少。在隆起带发育的古蔺三角洲和筠连三角洲规模较小，障壁海岸环境更为闭塞，潟湖环境更为发育，不具备大型的堡坝带。这些特点既与黔西地区有显著的区别，也与华蓥山地区明显不同。

川中隆起区是古生代乐山—龙女寺古隆起的残留部分，该隆起区呈穹状分布在威远、内江一带。其高点部位上二叠统厚约170多米，向四周逐渐加厚。川中隆起区对聚煤作用有不利影响。根据地层厚度变化，该隆起区可以进一步划分为内江隆起和富顺坳陷两个次级构造单元。据推测，富顺坳陷的含煤性可能优于隆起区的其它地段。

3.北东向构造

北东向构造主体部分是川东坳褶带。该坳褶带作为最主要的负向构造单元与康滇古陆、黔北—川南隆起共同控制相带的展布和各种环境体系的配置。沉积作用自北东向西南推进超覆；海进方向自北东向西南发展；海相岩层自北东向西南减少；含煤层位向南西迁移抬高；以及整个沉积盆地的充填演化，无一不是这对主要因素相互作用的结果。

川东坳褶带的主体部分是坳陷带。该坳陷带向北东凹下，向西南方向抬起，其北西翼较为陡峻而南东翼比较平缓。由于北西向构造的复合，将统一的坳陷带分割为垫江坳陷、巴县坳陷和赤水坳陷。在坳陷带的西北侧发育华蓥山隆起断裂和江安隆起。在坳陷带的南东侧发育复兴隆起。

沿华蓥山隆起断裂有零星的峨眉山玄武岩喷溢，局部有辉绿岩侵入。晚二叠世华蓥山隆起断裂的西北侧上二叠统厚200～250 m，而南东侧增厚达350～450 m，显示了华蓥山断裂的活动性。龙潭期和长兴早期由于华蓥山隆起抬升使覆水变浅，有利于潮坪环境发育，并形成重要的富煤带。

龙门山深断裂作为盆缘断裂控制着聚煤盆地的北西边缘。晚二叠世受拉张作用的影响，沿断裂局部有玄武岩喷出。龙门山地区二叠纪碳酸盐重力流发育，在其北段形成放射虫岩和硅质岩。

4.北西向构造

北西向构造规模较小，自西南向北东依次有盐津隆起、珙县隆起、习水隆起和长寿隆起。它们互相平行大体成等间距排列。单个隆起走向延长 90～150 km，向两翼的影响范围约 30 km 左右，而隆起之间相距很远，达 90～180 km。隆起幅度不大，轴部一般比两翼地层偏薄 30～50 m。

盐津隆起分布在盐津至威信间。该隆起控制了长兴晚期筠连三角洲的西南边界。珙县隆起分布在珙县至兴文之间，延长约 60 km，是后期构造珙长背斜的先期雏形。

(四)晚三叠世同沉积构造

晚三叠世同沉积构造按其展布方向性划分为北东向构造、北西向构造、东西向构造及南北向构造；按同沉积构造活动性质又可进一步划分为隆起、坳陷、断裂和剥蚀山地。基本特征是断裂与隆起、坳陷相间排列，以北东向构造和南北向构造为主体，控制四川东部晚三叠世聚煤盆地的沉积与煤层的聚集。下面分组介绍其主要构造单元的活动情况。

1.北东向构造

四川东部北东向同沉积构造由四大同沉积构造单元组成：西北部盆缘构造龙门山山地、东部盆缘构造江南山地、盆地西部坳陷和川东隆起。

龙门山山地和江南山地是四川盆地晚三叠世的盆缘构造及陆源物质供给的主体之一，控制了四川聚煤盆地沉积呈北东展布的格架。龙门山山地在垮洪洞期及小塘子期，仅在九顶山处形成长形岛，九顶山岛两侧与外海相通。须家河早期龙门山抬升与摩天岭米仓山山地联为一体，使盆地与外海通道变窄，海水对盆地沉积影响大大减弱。须家河晚期九顶山岛与龙门山山地联为一体，使四川盆地与外海完全封闭，形成广阔的内陆盆地沉积。江南山地位于奉节至武隆一线以东，为晚三叠世四川聚煤盆地东部盆缘构造，其隆升幅度不大，为广阔的丘陵型物源山地。

盆地西部坳陷位于华蓥山断裂以西与龙门山山地之间。在盆地西部坳陷区内由安县断裂与龙泉山断裂进一步划分三个次级坳陷。盆地局部坳陷沉积由东向西地层厚度由 600 m 增大至 3000 多米。坳陷边界与深大断裂平面展布位置相当。坳陷和断裂共同作用控制着沉积中心和沉积环境的分布。小塘子期至须家河期，前滨相、海湾相和湖泊相主要分布于盆地西部坳陷区，沉积中心位于龙门山前缘坳陷的大邑—江油一带。

川东隆起位于华蓥山断裂以东地区，东到大巴山山地与江南山地，呈北东向平行于江南山地展布。地层厚度为 190～620 m，由东向西增大，为一不对称的同沉积隆起。该隆起由早中三叠世的泸州—开江隆起向东增生扩大与东部盆缘的隆升叠加联合形成。从小塘子期—须家河中煤组沉积期，河流冲积平原沉积环境一般不超越川东隆起区。在川东隆起前缘与川西安岳—南充坳陷东部结合地带，湖滨三角洲发育，是四川盆地晚三叠世的主要聚煤地带。川东隆起包含华蓥山断裂、七耀山断裂及泸州—开江隆起三个次级同沉积构造。

华蓥山断裂带北起达川以北，经华蓥山南延至宜宾一带。它是控制川东隆起形成的重要同沉积构造单元，也是川东隆起的西部边界，冲积平原沉积体系一般不超过华蓥山断裂带。沿断裂带的达川、大竹、永川、荣昌地区为湖滨三角洲或冲积平原与湖泊过渡带，是晚三叠世的主要聚煤区，控制了须家河中煤组与上煤组可采煤层的分布。

泸州—开江隆起位于华蓥山断裂以东，七曜山断裂以西。隆起西侧晚三叠世主要为湖泊的边缘沉积。该隆起是晚三叠世主要的聚煤同沉积构造单元，沿隆起东侧煤层富集，可采煤层发育，煤层总厚度大；向东一般不含可采煤层。

2. 北西向构造

大巴山山地和城口断裂位于四川盆地东北部边缘。城口断裂为大巴山山前断裂，是基底古构造的延续和发展。晚三叠世，在大巴山前缘带附近冲洪积发育，地层厚度常陡然增大，反映出断裂对沉积厚度，即沉积相有明显的沉积控制作用。

峨眉断裂位于四川盆地西南部，西起天全以西，经峨眉向宜宾延伸。该断裂以北为四川盆地的湖滨沉积相带。沿断裂带北侧晚三叠世各时期都发育北西向小型坳陷和隆起，呈线状排列，并沿断裂带分布较多的滨岸砂坝（滩）沉积，向北东方向煤层聚集变好，含1~3层可采煤层；断裂以南煤层聚集程度变差。

3. 东西向构造

摩天岭—米仓山山地是四川盆地北部的盆缘构造和陆源区，控制了四川盆地晚三叠世北缘沉积边界及煤层聚集，且山地前缘地层厚度变化较大。从小塘子期开始，山前冲洪积十分发育。至须家河晚期，摩天岭—米仓山山地抬升活动进一步增强，河流发育，形成大面积冲刷，导致山地前缘地带广泛缺失须五段以上地层。

黔北—川南隆起位于筠连、古蔺、叙永以南地区，系四川盆地的南缘构造。地层厚度小于400 m，地层等厚线近东西向展布，在古蔺、威信一带地层减薄至300 m以下。在晚三叠世均为河流冲积平原沉积环境，向北逐步向湖泊沉积环境过渡。黔北—川南隆起一般不含可采煤层。

4. 南北向构造

康滇山地和攀西裂谷带位于四川盆地的西南部边缘。康滇山地既是四川盆地边缘构造，又是攀西区同沉积聚煤构造。晚三叠世由于攀西裂谷带日趋活跃，加之康滇山地的差异性沉降，沿南北向断裂带形成一些同沉积坳陷，控制了攀西晚三叠世聚煤盆地的沉积与煤层的聚集，沉积厚度20~3000余米。康滇山地从晚三叠世早期到晚期构造活动由强变弱，逐步沉降解体，四川盆地与攀西区和四川西部晚三叠世成为同一沉积体系。

二、古构造应力场分析

四川盆地内局部构造是从印支期至喜马拉雅期中形成的，但大多数构造是在喜马拉雅期加强的或定型的。印支—燕山期形成的构造幅度较低，且多受后期改造，加之出露所限或地层被剥蚀，造成研究困难，故仅涉及喜马拉雅期地应力场。

四川盆地是位于特提斯构造域与滨太平洋构造域之间被动型盆地，它的形成发展受此二域演化所控制。此起彼伏地从盆缘向盆内的应力传递，形成了平行于盆缘的褶曲或断裂，根据这些形变特点可追索其地应力的方向与性质。但由于基底性质和滑脱层性质、多寡的差异，以及早期构造等因素影响，在同一区域地应力场作用下，也可产生不同方向的褶曲或褶曲组合，由此而对地应力场提出不同的认识也会有所差异。因此，对四川盆地构造地应力场的分析目前尚未取得统一认识可能与此原因有关。

始新世中期印度板块与欧亚板块发生碰撞，引起康滇地区早期南北向构造的复合，由此而传导入四川盆地，区域地应力场为东西向的挤压，形成盆地内上述南北向构造（图 5-2-5 早期应力场）渐新世—中新世太平洋板块向北西西俯冲，其西岛弧、边缘海生成，我国东部发育的断陷盆地演变为坳陷盆地，形成了分布较广的古近系与新近系的不整合接触。受此影响四川盆地形成了北北东向的构造，川东地区受燕山期构造的干扰，有的形成了北东或北北东向构造。但区域主应力场应是北西向的压应力（图 5-2-5 中期应力场）。

喜马拉雅早期地应力场　　喜马拉雅中期地应力场　　喜马拉雅中晚期地应力场

图 5-2-5　四川盆地喜马拉雅期地应力场示意图

（据郭正吾，邓康龄等，1996）

盆地东北部的北西向构造发育，主要受大巴山弧形构造应力传递所致。前述大巴山、汉南两地区基底具有不同的性质，虽同受自北而南的挤压力，前者因塑性层发育而产生拆离，形成褶皱推覆构造体系；由于受汉南刚性地块的梗阻，地块东侧剪切断裂发育，于是形成了由南北向构造—北西向构造—东西向构造的大巴山弧形构造。大巴山弧形构造与汉南地区南侧的东西向构造方向虽然不同，但均系受来自秦岭的压应力所形成（图 5-2-5 中晚期地应力场）。北西向构造形成时期盆地内尚无地层接触关系能以确切厘定，但据上述复合构造分析，它晚于古近纪、新近纪间形成的北北东向构造，因此不会早于中新世，推测形成于上新世。

上新世后受印度板块北移强烈挤压，青藏高原徐徐上升，菲律宾板块向北西向推挤在四川盆地形成了东西向挤压的区域应力场，龙门山地区受早期北东向构造影响，产生了逆时针剪切活动。

三、四川盆地的形成与构造演化

（一）大地构造背景

四川盆地属扬子准地台的一部分，是中生代发育起来的大型内陆盆地，也是一个周边被构造活化了的克拉通盆地，其形成时间为晚三叠世至新生代，盆地呈北东向菱形四边形展布。印支期盆地具有雏形，后经喜马拉雅期强烈的压扭性断褶活动，形成现代盆地的构造面貌。盆地具有明显的菱形边框。这反映了上扬子准地台内呈菱形展布的深断裂的演化，控制了四川盆地的形成和盆地内断褶构造的发展。盆地北东向延伸稍长，北西向延展较短。西北和东南两侧边界较整齐，东北和西南两侧边界呈锯齿状。这些特征反映盆地北东向的深断裂在晚期压剪性活动较明显，北西向深断裂受到北东向深断裂的断错和改造。四条边界遥相呼应，菱形盆地轮廓清晰。环绕盆地外围的构造单元，西北一侧为龙门山台缘断褶带，向外过渡为松潘—甘孜槽区断褶系；东北一侧为大巴山台缘断褶带，向外过渡为秦岭槽区断褶系；东南一侧为滇黔川鄂台内断褶带。

四川盆地基底岩系属中上元古界。据重磁及盆地周边地质露头资料分析和个别钻孔揭露表明，盆地基底结构具有明显"二元结构"特征，即由太古界或太古—下元古界组成的结晶基底和由中元古界组成的褶皱基底(刘建华，朱西养等，2005.图5-2-6)。且不同地区基底明显不同，呈现基底的不均一性。大体可划分为成都(川西)、川中、川东3个呈北东东向的区块(罗志立，1998，转引自据刘建华，2005)。

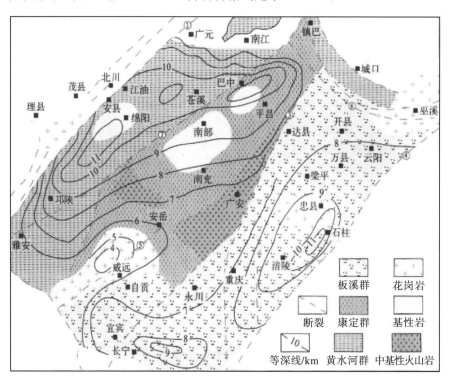

图 5-2-6 四川盆地基底岩性分区图
(据汪泽成，赵文智等，2008)
①龙门山前断裂；②龙泉山—巴中—镇巴断裂；③华蓥山断裂；④七曜山断裂；
⑤威远—安岳断裂；⑥城口断裂。

成都地块：是川中古陆核的西翼，其基底在德阳地块存在与龙门山区九顶山杂岩体相似的、由太古宙"灰色片麻岩"及混合岩组成的结晶基底，其余地区主要为浅变质沉积岩或火山岩组成的褶皱基底。

川中地块：界于龙泉山断裂与华蓥山断裂之间，基底具显著的强磁异常，表明当属太古宙深变质片麻岩和侵入其中的基性—超基性岩组成的结晶基底。早元古代末的构造热事件使其克拉通化成为古陆核，中元古代继续隆起，澄江期有酸性岩浆侵入。晚震旦世至中三叠世时而隆起，时而平稳下沉，发育了该区的地台型沉积过渡基底。由于基底固结早，刚性强，构成了华南板块的三古陆核，加之离周边活动区远，所受挤压应力弱，构造形变程度低，仅发育浅层平缓褶皱。因此，该地块可谓盆地中的中央稳定区。

川东地块：界于华蓥山断裂与七耀山断裂之间，是古陆核的东南翼。除局部地段（本区北端的鄂西）出露峻岭群组成的结晶基底外，多为前震旦系（板溪群、梵净山群、冷家溪群）巨厚的浅变质沉积岩组成的褶皱基底，其上有下震旦统火山岩系。古生代川东地块稳定沉降，接受浅海台地相沉积，海西早、中期部分无沉积，印支中期结束海相沉积，印支晚期及其以后陆相盆地沉积扩展至该地块。

盆地盖层由上三叠统、侏罗系、白垩系、新近系等地层组成。上三叠统为前陆盆地背景、温暖潮湿气候下形成的海陆交互相含煤碎屑岩建造。

（二）盆地的形成与构造演化

中三叠世前本区并无盆地格架，而是处于碳酸盐岩台地发展阶段（郭正吾，邓康龄等，1996）。其地理位置恰在当时的华南板块的中部。现今划为褶皱带的甘孜—阿坝和南秦岭地区，均属那时的华南板块范畴。康滇和甘孜—阿坝地区曾长期为古陆，北大巴山和武陵山多为碳酸盐岩台地斜坡环境，而"四川盆地"正位于其间的碳酸盐岩台地的中部。

根据沉积的发育状况、地质构造演化特点及其作用，四川盆地演化主要经历 5 个阶段（刘建华，朱西养等 2005），即前震旦纪基底形成阶段，震旦纪至中三叠世克拉通盆地阶段，晚三叠世前陆盆地阶段，早侏罗世至晚白垩世坳陷盆地阶段及构造盆地阶段（表 5-2-1、图 5-2-7、图 5-2-8、图 5-2-9）。

表 5-2-1　四川盆地地质构造演化阶段表

地质年代	构造旋回	盆地演化阶段		主要地质构造事件
新生代	喜山运动	构造盆地		大面积隆升，剥蚀，形成略向南东倾斜的夷平面，龙泉山断裂以西形成成都第四纪盆地，以东地区强烈抬升，隆起。
晚白垩世至早侏罗世	燕山运动	坳陷盆地		发育陆相地层，并以湖、湖沼→辫状三角洲，三角洲→河流沉积序列填充。
晚三叠世	印支运动末期	前陆盆地		秦岭海槽、特提斯海槽闭合，龙门山和大巴山台缘坳褶带发生逆冲推覆，盆山转化，形成前陆盆地，海陆交互相→陆相沉积。
中三叠世至古生代	印支运动早期海西运动加里东运动	内陆克拉通	克拉通伸展坳陷	发育伸展坳陷盆地，以陆表海碳酸盐岩沉积为主，黏土、碎屑沉积次之。
晚元古代	澄江运动		克拉通形成	挤压造山成陆及拉张裂陷，扬子克拉通形成。
中元古代	晋宁运动	基底（陆块）形成	古裂谷发育	康滇、川西、川东等古裂谷及川中、川鄂古地快形成，陆块边缘俯冲带开始形成。
早元古代	吕梁运动		原始陆块形成	原始扬子陆块形成。
晚太古代	五台运动		古陆核形成	川中古陆块及周边变质地体雏形形成。

（据刘建华，朱西养等，2005）

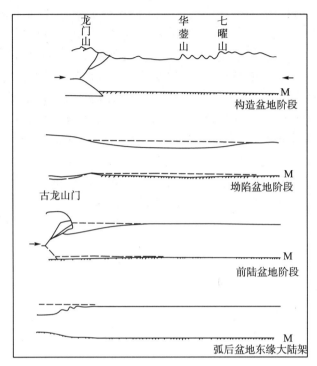

图 5-2-7　四川盆地形成演化剖面示意图

（据郭正吾，邓康龄等，1996）

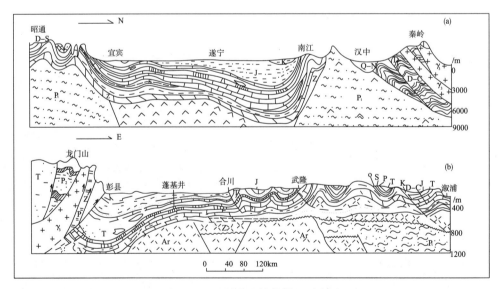

图 5-2-8　四川盆地结构剖面示意图

（据邓康龄等，1994，转引自刘建华，2005）

（a）南北向剖面；（b）东西向剖面

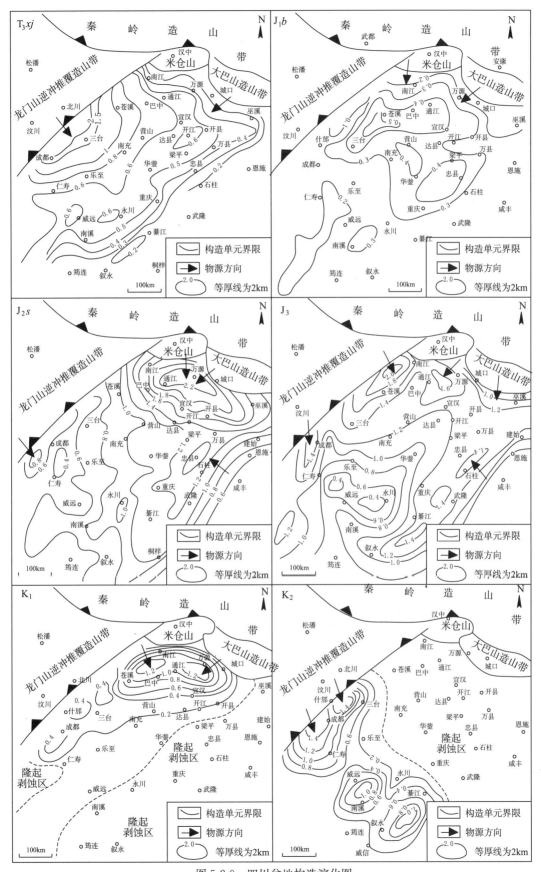

图 5-2-9　四川盆地构造演化图

（据沈传波，梅廉夫等，2007，转引自刘树根等，2006）

1. 盆地基底形成阶段

早在晚太古代和古元古代，上扬子地域出现了以康定群为代表的经中—高级变质作用的混合片麻岩，形成扬子准地台的川中古陆核，构成了本区的结晶基底。这些陆核可能是从"川中地块"分裂出来的小地体。以闪长质混合片麻岩（奥长花岗岩）和花岗质混合片麻岩为主体，变质程度达角闪岩相—麻粒岩相，普遍含变质基性岩类残留体，兼有太古宙绿岩带和灰色片麻岩的特征。此外，结晶基底中还含少量变质中酸性火山岩残留体（变粒岩、浅粒岩），说明有原始的硅铝层物质存在（戴杰敏，1992）。早元古代早期开始，川中古陆核受南北向断裂带控制形成裂陷槽，构成围绕古老陆块分布的活动带。沉积作用有所加强，但仍伴有大规模的海底火山喷发。

中元古代早期陆核继续裂解，形成一系列大型陆内裂陷槽和陆缘裂陷带。在陆内裂陷盆地形成过渡型冒地槽沉积，在陆缘裂陷带形成优地槽沉积。中元古代的晋宁运动，使裂解的扬子古陆依次聚合造山，产生了强烈褶皱、岩浆侵入和区域变质作用，早期结晶基底和地槽沉积褶皱回返，陆壳增生。这些均标志着地壳的结晶和逐渐硬化，构成稳定的克拉通地台，奠定了上扬子准地台盖层发展的基础。

2. 克拉通盆地阶段

震旦纪至早古生代为台地早期沉积期，震旦纪扬子陆块边缘裂陷形成磨拉石—酸性火山岩建造，晚期冰积物分布广泛，此后的古生代，在幅员广阔的扬子陆块上沉积了稳定型内源碳酸盐岩及陆源碎屑岩建造，沉积厚度达 3000～7000 m，其间出现海退到海浸的巨大旋回，除盆地北西部外普遍缺失上—顶志留统、泥盆系和石炭系，中二叠统、中三叠统曾遭受剥蚀；加里东期受华南板块向北俯冲的影响，川中形成了轴近东西向的古隆起（图 5-2-10）；二叠系受引张作用影响，"四川盆地"北部、东部出现了台沟及其沉积物，盆地的西南部和东部的局部地区有玄武岩浆喷溢；早三叠世晚期至中三叠世早期，发育膏盐沉积物；受秦岭海域关闭和滨太平洋地质事件影响，在中三叠世晚期形成了泸州—开江古隆起（图 5-2-11），自此本区结束了碳酸盐岩台地发展阶段。此阶段盆地地层内部多为整合或假整合接触，体现了较稳定的克拉通盆地沉积特征。

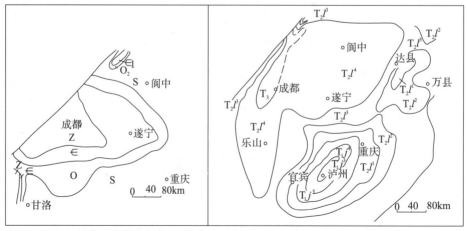

图 5-2-10　四川盆地前泥盆纪古地质图　　图 5-2-11 四川盆地晚三叠世沉积前古地质图

（据郭正吾，邓康龄等，1996）

3.前陆盆地阶段

晚三叠世，上扬子陆块以川中古陆核为中心，受到来自特提斯洋关闭和陆内挤压产生的自西而东的压扭应力、来自太平洋板块向西俯冲产生的自南东向北西的压应力，以及来自秦岭的自北而南的压应力等3个方向地应力的作用。四川盆地地壳呈楔形嵌入龙门山地区，龙门山以西上地壳沿壳内滑脱层向东滑移形成背驮式推覆构造山系(图5-2-12)，由此负载压弯下伏陆壳层，形成推覆褶皱山系前缘的晚三叠世前陆盆地。同时，不断隆升的推覆褶皱山系将四川盆地与龙门山西侧的甘孜阿坝弧后盆地逐步隔断，使海水从"四川盆地"西部退出。晚三叠世初是盆地发育鼎盛时期，受其影响，"盆地"西部海侵，形成陆棚浅海相沉积，其后逐渐演变为海陆交替相至陆相沉积。在这一过程中，龙门山的褶皱、冲断推覆是控制前陆盆地形成发育变化的关键。龙门山的褶皱、冲断推覆是在受北西方向多期次的挤压应力或压扭应力作用下，陆壳内不断地被大量陆源碎屑物质所堆积，增加该处地壳的负载，又使该处继续下沉，于是沉积物又向东递进堆积，沉积盆地逐渐向东扩大。如此反复，形成了龙门山前缘坳陷深，向东超覆并变浅的"箕状沉积盆地"(图5-2-13)，成为上叠于海相碳酸盐岩台地之上的前陆盆地。此类冲断推覆构造所组成的盆缘山系的一个明显特点是与山前坳陷相伴生，山岭的隆升幅度、速度与山前坳陷下降幅度、沉积物的堆积速度成正相关关系。龙门山花岗岩体上升速度变化与同时期盆地内晚三叠世、侏罗纪沉降速率变化的研究也证实了这一点。在盆地边缘形成坳陷的同时，山前坳陷断陷盆地连成一体，成为川、滇、黔大型含煤沉积盆地。

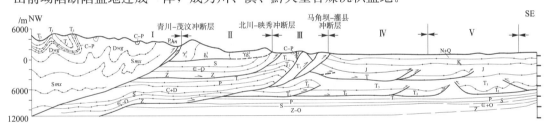

图 5-2-12　龙门山褶皱—冲断带横剖面图

(据蔡立国等，1997)

Ⅰ.复理石冲断褶皱带；Ⅱ.基底冲断褶皱带；Ⅲ.迭瓦冲断系和飞来峰构造带；Ⅳ.平缓褶皱带；Ⅴ.三角构造带

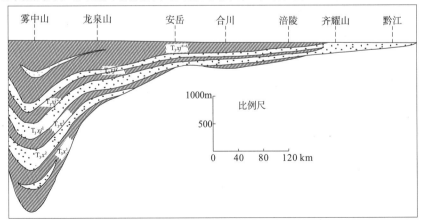

图 5-2-13　四川盆地上三叠统沉积构造剖面图

(据旬天华，1981，略改)

前陆盆地的沉积特征具有以下特点：①盆地呈明显的不对称性，地层西厚东薄；②由于受西部挤压、逆冲影响，前陆盆地西部边缘不断抬升并向东移，沉积盆地向东逐渐扩展，地层向东逐渐超覆（图 5-2-14）；③前陆盆地的延展方向受断裂控制，目前所见前陆盆地方向是后期构造变动的最终结果，而非原始方向；④沉积相序是由海相、海陆交替相至陆相的退覆沉积；⑤早期陆屑来自海湾东部和北部，而后期陆屑主要来自推覆体本身和北部褶皱山系；⑥古生物属特提斯型组合。

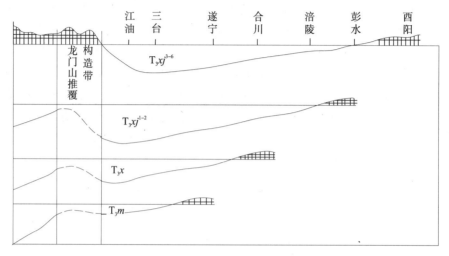

图 5-2-14　前陆盆地发展演化示意图

（据郭正吾，邓康龄等，1996，略改）

T_3m—马鞍塘组；T_3x—小塘子组；T_3xj^{1-2}—须家河组 1—2 段；T_3xj^{3-6}—须家河组 3—6 段

4. 坳陷盆地阶段

前陆盆地形成之后，壳幔调整作用使盆地处于较稳定时期。对前陆盆地的继承性作用，使四川盆地进入了坳陷盆地阶段。侏罗纪早期地壳运动相对宁静，盆地内广泛发育湖相沉积（自流井组 J_1z 由细碎屑沉积组成），厚度不大。早中侏罗世的燕山运动，盆周山系的活动使盆地沉积有所动荡，发育了砂、泥互层的中、上侏罗统河流相与湖泊相沉积。白垩纪盆地区域性隆升加快，受东、西、北 3 个方向的强烈挤压，沉积范围逐渐萎缩，局限在山前坳陷。坳陷中心围绕在主要物源山地前缘，沉积间断增多；并且沉积坳陷从北向南迁移，造成下白垩统在盆地北西龙门山和米仓山前坳陷发育，中侏罗世晚期（上沙溪庙组）—早白垩世（剑门关群）残留地层厚度川北达 5000 m，在地层厚度等值线图上，一些厚度线与城口断裂相交，指示后期构造改造而使地层保留不全（图 5-2-15）；中上白垩统在川南坳陷发育，虽然亦是河流相与湖泊相沉积，但粗碎屑增多，山前冲积扇分布范围扩大。这表明此阶段盆地不断萎缩，逐渐发展为互不联系的独立沉积盆地，沉积范围进一步变小。晚白垩世至古近纪古新世，盆地北东部整体抬升，上白垩统灌口组和古近系名山群仅在西南部出露，并出现钙芒硝和石膏夹层，表明由泄水盆地演变为封闭的内陆盆地（据郭正吾，邓康龄等，1996；刘建华，朱西养等，2005）。

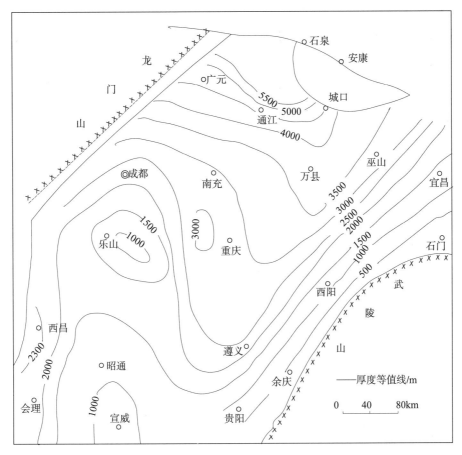

图 5-2-15　中侏罗统上沙溪庙组—下白垩统残留等厚线图

(据郭正吾，邓康龄等，1996)

5.构造盆地阶段

喜山期，周缘山系向盆地递进挤压，盆地总体抬升，结束了自晚三叠世以来的大范围的沉积历史，并产生构造变形，改造了沉积盆地，使之进入构造盆地阶段。该时期四川盆地内经历了最强烈的一期造山运动，共有两次。一次发生在新近纪以前，新近纪大邑砾岩层呈角度不整合覆盖于古近纪名山群和芦山组之上；另一次发生在新近纪以后，第四系不整合覆盖于新近系之上。而古近系与白垩系之间为连续沉积。这两次强烈的构造运动，使盆地内自震旦纪以来巨厚的海相及陆相地层均卷入并发育了强烈的断褶构造，构成了四川盆地现代的构造面貌和地理格局。该阶段具有以下特点：

(1)主要构造形变时间长，且是在多层次多期次递进挤压构造事件中渐次生成的。构造变形时序为盆边早于盆内，现今中、新生代陆相沉积盆地的地质构造地貌定型于古近纪末与新近纪初之交的喜山运动。

(2)构造变形不均一，盆缘变形强烈，盆地中心变形微弱；构造变形式样的演化发展序列为：隔挡式(早)→城垛式(中)→隔槽式(晚)；仅在川西(成都平原)表现为相对坳陷，发育冲积扇，伴有表层褶皱和扭动，而龙泉山以东整体缓慢抬升遭受剥蚀，构造活动微弱。

(3)盆地已沉积盖层遭受了强烈而广泛的剥蚀。早侏罗世至中侏罗世的四川盆地，东与鄂中荆(门)当(阳)盆地相连,南达黔中、滇中,北抵陕南西乡,成为上扬子区中、新生代陆相沉积面积最大的克拉通坳陷盆地,面积达 58×104 km²。而现存四川中、新生代红层分布的盆地,其面积仅是原侏罗纪沉积盆地的二分之一(图 5-2-16)。据对石油的钻孔中上三叠统碎屑岩古地温梯度的研究,推算被剥蚀的地层厚度约为 2800 m 左右。另据川北砂岩电镜分析,伊利石—蒙脱石混层黏土消失于井深 2900 m 处等资料,推算这些地段已被剥蚀地层厚度为 1300~1900 m(据刘建华,朱西养等,2005)。据上述四川盆地构造变形主要时期推测,各地区隆起遭受抬升剥蚀的主要时期是:龙泉山以东地区自晚白垩世开始,川西在第四纪。

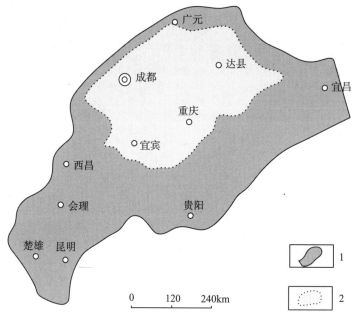

图 5-2-16　四川现今构造盆地范围示意图

(据邓康龄,1994 略改)

1.原四川沉积盆地边界线;2.现今四川构造盆地边界线

第三节　控煤构造样式

　　控煤构造样式是指对煤系和煤层的现今赋存状况具有控制作用的构造样式,控煤构造样式的划分采用当前构造样式研究的主流方案——地球动力学分类,即根据地壳应力环境划分为伸展构造样式,压缩构造样式,剪切和旋转构造样式,以及具有构造叠加和复合性质的反转构造样式四大类。在此前提下,注重体现煤田构造的特点,着重研究煤盆地和煤层构造的几何形态、组合形式、分布规律、成因机制,以及其发展演化进程,为煤炭资源勘查和开发服务。控煤构造样式的厘定,对于深入认识煤田构造的发育规律、指导煤炭资源评价和煤炭资源勘查具有重要意义。

一、控煤构造样式的划分

四川自晚二叠世以来，经历了多期次、性质、方向及强度均不同的构造运动，在其构造样式上留下了丰富的构造行迹。通过对典型构造的几何形态和形成机制的研究表明：四川构造样式丰富，以挤压构造样式为主，类型多样，发育广泛，以褶皱断裂组合和逆冲断裂组合为代表；剪切构造样式亦较为发育，但往往与其他构造样式复合；伸展构造发育数量较少，常表现为地堑—半地堑型或局部应力场所导致的规模较小的单斜断块型；反转构造多为复合型反转构造，反映了多层次、多期次构造应力场的转换。依据四川省构造样式分类特征，结合野外地质调查和煤田地质勘查资料，通过对典型矿区控煤构造特征分析，划分出以下 5 大类 14 种类型控煤构造样式，见表 5-3-1。

表 5-3-1　四川省主要控煤构造样式表

大类	类型	简要特征	实例
褶皱断裂组合	隔档型	构造变形简单，向斜宽缓，背斜较紧闭，发育少量断层，煤系地保存较为完整	达竹、华蓥山矿区
	复向斜型	总体为一向斜构造，是由多个波状起伏的次级背、向斜组成，并发育一定数量的断层，煤系局部被切割破坏	宝鼎矿区、盐源矿区
	复背斜型	总体为一较宽缓背斜构造，核部常发育断层，煤层在背斜两翼保存较好	达竹、华蓥山、古叙、筠连矿区、广旺矿区、
逆冲断裂组合	逆冲前锋型	煤系位于逆冲断层下盘，靠近主断面处，受牵引倾角较陡甚至倒转	箐河、红坭、龙门山、达竹、华蓥山等矿区
	逆冲叠瓦型	煤系地层为夹持于逆冲断层之间的断夹块，基本为单斜，并伴随一些短轴背斜	龙门山矿区、万源矿区、盐源矿区
	逆冲褶皱型	煤系夹持于逆冲断层之间，褶皱变形，褶皱轴向与边界逆冲断层走向平行	龙门山矿区、万源矿区
	对冲型	倾向相背的两组逆断层共有下降盘，煤层赋存于对冲逆断层的断层三角带内	雅荥矿区
	背冲型	由倾向相对的两组逆断层共有上升盘所形成的构造组合形式，煤系赋存于背冲下盘	古叙矿区
	飞来峰构造	由于推覆构造及后期重力失稳滑移，导致古生界老地层叠覆在下伏冲断层及煤系地层之上	龙门山矿区
	推覆构造型	在挤压作用条件下，老地层推覆于煤系地层之上，推覆距离一般较远	龙门山矿区、万源矿区
反转构造组合	复合反转型	经历多期张、压性构造活动的交替，表现为正负反转的复合型，控制了煤层的沉积和剥蚀	红坭、宝鼎、华蓥山矿区
	正反转断裂型	先存在伸展构造系统的正断裂及其构造，受挤压再活动，形成逆冲断层	安县—灌县断裂
剪切构造组合	"S" 型构造	在剪切构造应力场中形成的断裂组合形态，将煤系地层切割为若干不连续的块段	宝鼎矿区及红坭矿区
复合应力型组合	穹隆型	早期形成的压性隆起构造带，平面上地层呈近同心圆状分布，核部出露较老的地层，向外依次变新，岩层从顶部向四周倾斜	资威矿区、寿保矿区

二、典型控煤构造样式及其控煤意义

煤田控煤构造也是区域地质构造的组成部分，其受控于区域构造。四川省地跨古亚洲构造域、特提斯构造域和滨太平洋构造域三大构造单元，地质构造复杂多样，不同构造区内的构造控煤作用不同，控煤构造样式的研究为各煤田煤炭资源预测提供了依据。根据四川省主要含煤岩系和煤层的现今分布及其构造形态之间的关系，全省典型控煤构造样式主要表现为褶皱断裂组合、逆冲断裂组合、反转构造组合、复合应力型组合及剪切构造组合等，现分述如下：

1. 褶皱断裂组合

在区域应力场作用下，应力应变相对较弱，构造变形强度相对较低，多发生褶皱变形，随着后期应力作用加剧，褶皱内部发育逆冲断层，先期形成的褶皱被不同程度的切割破坏，形成以褶皱变形为主，断层为辅的褶断组合大型控煤构造样式。在这种构造背景之下，煤系赋存较为稳定，可大面积分布，虽局部地区受断层切割破坏，但对矿区整体开采影响不大，属有利赋煤地带。该类组合四川主要有三种类型：隔挡型、复向斜型和复背斜型等。

（1）隔挡型

构造变形相对较简单。主要表现为紧密的背斜与宽缓的向斜相间排列，发育少量断层，煤系地层保存较为完整，主要发育在川东一带，以华蓥山煤田为代表。构造变形相对简单，由众多北东—北北东向的背、向斜相间排列组成，由西南往北东呈雁行"多"字型排列，南段过重庆至荣昌、泸县一带向南西方向撒开"呈帚状构造"。背斜呈紧密线状，十分狭窄，构成狭长陡峻的山脉，背斜北西翼倾角 30~80°，南东翼 30~40°；向斜构造则十分宽缓，轴部地层倾角 3~7°，两翼 10~30°。背斜向斜相间排列组成川东独特的隔挡式构造。各向斜构造几乎均具北西翼缓而南东翼陡的特点，背斜核部被断裂破坏，但总体上断层不发育(图 5-3-1)。煤系一般于背斜处遭受剥蚀及断裂破坏，在背斜两翼及各向斜中则保存较为完整，向斜中煤层一般埋藏较深。

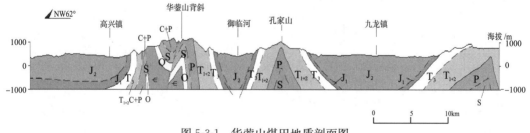

图 5-3-1　华蓥山煤田地质剖面图

（2）复向斜型

按其复杂程度可分为简单式及复杂式两种，简单式一般为一个较宽缓并有一定波状起伏的向斜，断裂一般不发育或由几个变形强度不大的向、背斜构造组成，背斜往往被走向断层切割破坏，一般两翼倾角稍缓，如古叙矿区河坝向斜预测区等。

复杂式褶皱形态较为复杂，两翼次级褶皱较发育，翼部地层倾角较陡甚至倒转，并相伴不同级别断裂较发育，特别是沿次级背斜一带发育，因被其切割破坏背斜形态不明显，如宝鼎矿区大箐向斜(图 5-3-2)。

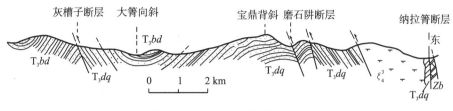

图 5-3-2　大箐向斜地质剖面图

(据 1：20 万永宁幅区域地质报告)

(3)复背斜型

是四川较常见的构造样式，按复杂程度也可分为简单式和复杂式两种。简单式一般由一个较宽缓背斜构造，或由若干个次级背、向斜组成，均伴有少量断层发育。如华蓥山复式背斜，总体为北北东向的背斜，沿背斜核部走向及斜交断裂较为发育，两翼发育一个或多个次级褶皱，背斜核部含煤地层一般被剥蚀或受走向逆断层破坏。复杂式多由不同规模和级别的多个次级背、向斜组成，地层倾角变化较大或较陡，并且伴生断裂也较为发育。峨马复式背斜，添子城复式背斜，古蔺复式背斜(图 5-3-3)等。

古蔺复背斜在区内东西长约 100 km，南北宽约 50 km，北翼倾角较缓，南翼较陡，两翼不对称。北翼发育的次级褶皱较宽缓，主要有茶叶沟背斜、大安梁—柏杨坪向斜、柏杨林—大寨背斜、梯子岩(落窝)背斜、鱼洞坝背斜和堡子山背斜等；南翼次级褶皱较紧密，构造较复杂，主要有石宝向斜、二郎坝(大村)向斜、河坝向斜、新街(石坝)背斜、赤水河—建新向斜、高田坎背斜、马跃水(吴家寨)背斜和水口寺背斜等。复式背斜核部煤系地层被剥蚀殆尽，煤层主要赋存于复背斜两翼的次级向斜及次级背斜的两翼中。

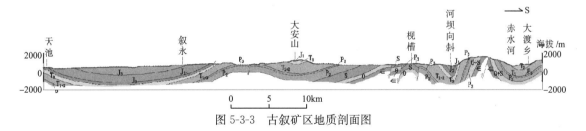

图 5-3-3　古叙矿区地质剖面图

2.逆冲断裂组合

逆冲断裂是在区域挤压构造应力场条件下形成的构造样式，构造变形复杂，样式种类多样，煤系地层受构造控制作用明显。此类型控煤构造样式在四川较为常见，逆冲断裂组合样式较为发育，常见的可划分为七种类型：逆冲前锋型、逆冲叠瓦型、逆冲褶皱型、对冲型、背冲型、推覆构造型及飞来峰构造型。比较典型的如龙门山矿区、万源矿区、盐源矿区、箐河矿区、红坭矿区、华蓥山矿区等。

(1)逆冲前锋型

在区域挤压应力场条件下，逆冲断层前锋带应力较为集中，局部应力值较高。位于断层下盘靠近主断面的地层受挤压作用强烈，产状急剧变化，倾角变小，甚至倒转，煤系被断层挤压抬升，有利于开采，但分布较局限；上盘主断面煤系地层构造变形较为复杂，部分倒转，局部流变形成厚煤层，部分被剥蚀。如箐河矿区、红坭矿区、龙门山矿区、达竹矿区、华蓥山矿区等。

（2）逆冲叠瓦型

由产状相近，平面上近于平行排列且断层面上陡下缓的若干条逆冲断层组成，向深部可能收敛于一条主干断层面上。如位于龙门山前陆逆冲带的龙门山矿区及米仓山—大巴山逆冲带的万源矿区等。总体形态呈逆冲叠瓦状，煤系被切割破坏严重，断层带内煤系大部分被断失，位于断夹块内的煤系地层变形较大，对煤系赋存破坏性极大（图5-3-4）。

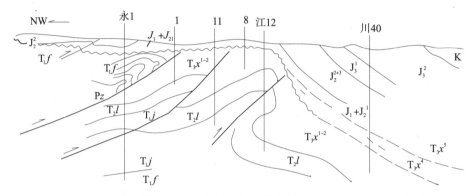

图 5-3-4   龙门山前江油海棠铺叠瓦扇

（据郭正吾等，1996）

（3）逆冲褶皱型

在区域压应力场作用下，夹持于逆冲断层之间的断夹块，由于边界逆断层的挤压或逆冲牵引作用，发生褶皱变形，褶皱轴向与边界逆冲断层走向平行。两者间存在主次关系：以断裂形态为主，褶皱形态为辅，断裂控制着其间褶皱的形成与发育；两者也可能同时形成，形成断裂的同时形成褶皱。构造作用对煤系赋存控制明显，断裂和褶皱对煤系赋存均有较大影响，煤系赋存虽较稳定，但埋深变化较大，不利于煤田开采。如龙门山矿区、广旺矿区、盐源矿区均存在这种构造样式。

（4）对冲型

在强烈挤压作用下，形成对冲构造。煤系赋存于两逆冲断层的共同下盘，即逆冲断层三角带内。受对冲断层控制，煤系构造变形较为强烈，通常为轴向平行于断裂带走向的向斜，断层构成矿区的自然边界。如川东亭子铺构造等（图5-3-5），煤层赋存于对冲逆断层的断层三角带内，被次级断裂切割。

（5）背冲型

由倾向相对的两组逆断层共有上升盘所形成的构造组合形式，这类构造多发育于构造复杂部位，在两侧对冲挤压作用下，形成倾斜相背的两组逆冲断层，其共同上升盘抬升变浅，并形成相关褶皱。上盘由于抬升剥蚀往往不含煤或含煤性较差，煤系于断裂下盘保存较好。此种样式在煤田构造中较为常见，如宝鼎矿区及川南煤田古叙矿区（图5-3-6）等。

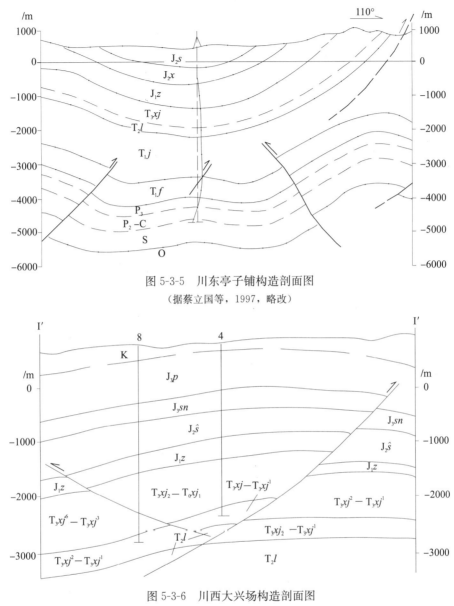

图 5-3-5　川东亭子铺构造剖面图

（据蔡立国等，1997，略改）

图 5-3-6　川西大兴场构造剖面图

（据蔡立国等，1997，略改）

（6）推覆构造型

在挤压作用条件下，老地层推覆于煤系地层之上，推覆距离一般较远。省内主要见于龙门山前陆逆冲带、米仓山—大巴山逆冲带及盐源—丽江逆冲带。如龙门山煤田、广旺煤田、万源矿区、盐源矿区等。

龙门山推覆构造带：由 3 条自西而东的主要断裂带组成，剖面上呈叠瓦状排列。其形成是在印支期多期次构造事件中，在上地壳内"龙门山"西侧前期的张性断裂，率先发生构造反转形成逆冲断层，尔后再次挤压在其东部的第二个逆冲断层形成；早先西部的逆冲断层爬升在第二个逆冲断层之上，并出露了深部老地层；随后又再次受挤压，在第二个逆冲断层之东又产生了第三个逆冲断层，第二个逆冲断层又爬升在新逆冲断层之上，并出露了较老地层，第一个逆冲断层也自然往上升，出露了更深的老地层。总体而言，地应力是由北西而南东挤压推进，龙门山西部最先发生褶皱、冲断、推覆形成山岳，尔后渐次向东递进，形成背驮式断裂组合，构成巍峨的古龙门山系，断裂面地表倾角较大，往地腹变缓而成为推覆构造面，最大相对水平位移 44 km。断裂的同时，古龙门山还形成了复杂的褶皱与牵引褶皱(图 5-3-7)。

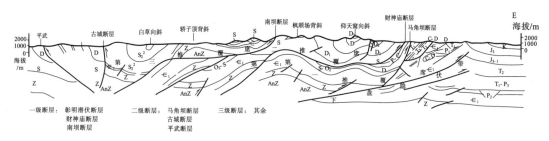

图 5-3-7　龙门山区 I-55 测线地震、地质综合解释剖面

(据宋文海；转引自邓康龄等，1996)

盐源煤田北侧的锦屏山—木里逆冲断裂带，上盘古生界碳酸盐岩推覆在三叠系之上，形成飞来峰，且上盘以剪切断裂、破劈理和同斜褶皱为特征；下盘为压扁褶皱、平卧褶皱和流劈理等组合为特点。金河—箐河断裂为其前缘冲断带，该带上古生界或震旦系逆掩推覆在上三叠统白果湾组、局部为古近系红崖子组之上。

该类构造样式断层对煤系地层切割破坏严重，煤系地层及煤层主要保存在断层下盘及其间的褶皱与牵引褶皱当中。

(7)飞来峰构造

由于推覆构造及后期重力失稳滑移，导致古生界老地层叠覆在下伏冲断层及煤系地层之上。如龙门山煤田江油地区的飞来峰群等(图 5-3-8)。

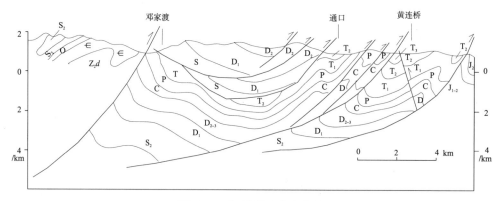

图 5-3-8　江油唐王寨飞来峰

(据郭正吾，邓康龄等，1996)

3.反转构造组合

主要为正反转断裂型，如安县—灌县断裂，该断裂是一条倾向北西的脆性断裂带(也称彭灌断裂或前山断裂)，断层线走向与北川—映秀断裂大体平行，断层面倾向北西，断层倾角在 50° 左右，往地腹方向此断裂面变缓趋水平。断层上盘属推覆构造带，地表构造

复杂，褶皱紧闭，倒转褶曲与叠瓦状冲断层发育，而下盘构造比较宽缓，属舒缓褶曲。断层上盘北段在江油境内保留了中三叠世拉丁期的天井山组，厚达 440 m，上覆卡尼期马鞍塘组与之呈平行不整合接触，且其底部保留有 63.5 m 的灰岩，而下盘与之毗邻的中坝构造中三叠统已剥蚀至雷口坡组，缺天井山组和上三叠统底部灰岩段。由此推论，该断裂在中三叠世晚期至晚三叠世早期业已形成，属于正断层性质，晚三叠世晚期受弧后盆地挤压，断裂性质始发生反转，成为逆冲断裂。

4.复合应力型组合

该类组合主要为穹窿型，它是一种特殊的褶皱形态，平面上地层呈近同心圆状分布，核部出露较老的地层，向外依次变新，岩层从顶部向四周倾斜。典型矿区如资威矿区、寿保矿区。资威隆起地层界线呈近同心状向四周展布，核部出露地层为中上三叠统的雷口坡组、须家河组，周围为侏罗系地层，核部地层倾角 1~5°，向四周倾伏，倾角一般 3~10°，面积达 10000 km² 以上。穹窿的隆起上升使煤层埋深变浅，有利于煤炭的开发利用（图 5-3-9）。

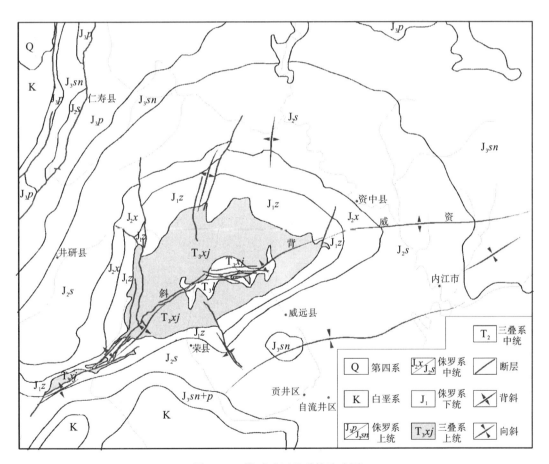

图 5-3-9　资威矿区地质构造略图

5. 剪切构造组合

此种控煤构造样式在省内较为常见，主要有平移断层型、帚状构造型以及平面"S"与反"S"等类型。如华蓥山赋煤带南段隆泸矿区的帚状构造，受攀枝花大断裂"S"展布控制的宝鼎矿区、红坭矿区等，此外不少煤田或矿区都存在规模或大或小的平移断层切割含煤地层，如古叙矿区。

四川省地质历史上经历了多期次构造应力场方向及强弱的转换，因而各控煤构造样式并不是孤立存在，往往成因上具有联系，呈现复合叠加的形态。如反转构造较为发育、一些大型逆冲断层早期往往为张性裂隙，后期受挤压反转为逆断层性质，部分断裂现今仍表现为上逆下正的断层性质，走滑构造样式常与伸展构造样式复合、逆冲褶皱常与其它逆冲断裂样式组合等。

煤系赋存特征与控煤构造样式关系密切。地块拼合带部位及大断裂构造带，煤系构造变形强烈，以断裂构造为主要特征，地层发生强烈褶皱变形、直立甚至倒转，控煤构造样式以逆冲断裂组合和剪切构造组合为主。前者煤系受构造破坏显著，煤系赋存较为局限，含煤块段连续性较差、面积一般较小，因而煤矿规模多为小型。盆地内部煤系变形稍弱，多发生褶皱变形，控煤构造样式以褶皱断裂组合为主，煤系赋存相对稳定、连续，可形成较大面积开发区块。

第六章　煤质特征与煤变质作用

第一节　煤质特征概述

一、各主要成煤期的煤质概述

1. 中二叠世煤

中二叠世梁山组分布于青川—康定—木里一线以东地区，仅在万源、油江、乐山及凉山等地含有局部可采煤层，为中高及高灰、高硫的肥煤、气煤、焦煤、瘦煤及无烟煤，工业价值不大。

2. 晚二叠世煤

晚二叠世是四川的最主要聚煤期，含煤地层主要分布于龙门山、大凉山以东地区，其中以筠连、珙县、叙永、古蔺等地的无烟煤和华蓥、大竹等地的中高变质的烟煤最为重要，万源、广元、德阳也有零星分布的烟煤和无烟煤。在盐源地区有少量贫煤。

本区晚二叠世煤为腐植煤，主要由亮煤和暗煤组成，镜煤含量少。煤中镜质组含量48.4%~96.0%，一般在69.7%，芙蓉、古叙、华蓥山较高，平均74.9%，筠连较低，平均为55.3%；惰质组（含半丝质体）变化幅度较大，6.3%~23.8%，平均13.9%，其变化与镜质组恰好相反，筠连较高，平均23.8%，其余矿区含量较低，平均12.0%左右。

晚二叠世煤的灰分一般为19.00%~36.75%，以中灰—中高灰分煤为主，少量低灰分煤。筠连、芙蓉、广旺、盐源原煤灰分较高，以中高灰分煤为主，中灰和高灰分煤次之。古叙、华蓥山、达竹以中灰分煤为主，中高灰分煤次之，其中古叙部分煤层灰分在10%以下，为特低—低灰分煤；硫分为0.31%~7.13%，一般大于2.40%，以中高和高硫分煤为主，少量中硫分煤。筠连、芙蓉、华蓥山、达竹、广旺硫含量高，以高硫分煤为主，次为中高硫煤，少量中硫分煤；古叙以中高硫煤为主，中硫煤次之，据统计，该区有三分之一以上煤层属特低—低硫分煤；盐源、塘坝硫含量最低，属特低硫分煤。其余地区硫含量高，属中高—高硫分煤。

3. 晚三叠世煤

晚三叠世煤分布很广，煤层发育较好，煤类复杂，弱黏煤至无烟煤皆有，而以中等变质程度烟煤居多。是四川省重要的炼焦用煤产地。

晚三叠世煤的显微组分组中镜质组占绝对优势，含量 43.2%～90.7%，平均 67.1%。盆地西部广旺、雅荥(须家河组)，宝鼎、红坭(大荞地组)，盐源(白土田组)煤的镜质组含量较高，一般 71.0%～81.0%，平均 73.7%，盆地东部华蓥山、达竹、资威及川中一带含量较低 51.0%～60.0%，平均 54.6%；惰质组含量高低与镜质组含量正好相反，盆地东部及中部含量较高 18.8%～32.5%，平均 24.7%，西部含量最低 10.0%～28.0%，平均 10.3%；壳质组含量极少 0%～2.8%。煤中矿物质含量为 5.0%～20.9%，资威最高 20.6%，宝鼎、盐源较少 6.0% 左右。煤的灰分、硫分各地相差很大。灰分最低 8.17%，最高达 50.77%，一般为 17.00%～33.00%，硫分最低 0.14%，最高达 9.85%，一般为 0.40%～1.50%，总体以中灰—高灰、低—低中硫煤为主。

4. 早侏罗世煤

早侏罗世主要含煤地层白田坝组展布于盆地北缘广旺、万源一带。早侏罗世自流组珍珠冲段在川东华蓥山地区广泛出露，但含煤性很差，仅见个别可采点。珍珠冲段在资威铁佛场一带含煤性较好，见两层局部可采煤层。早侏罗世煤类以中变质烟煤为主。

早侏罗世煤为腐植煤，宏观煤岩类型为光亮煤和半亮煤。煤岩成分以亮煤为主，暗煤次之。显微组分占 77.0%：镜质组 73.0%，惰质组 3.8%，壳质组 0.2%。矿物种类占 23.0%：常见矿物中以黏土矿物为主，碳酸盐类次之，硫化物类少见。灰分变化大，最小 8.05%，最大 40.52%，一般在 25.00%～35.00%。广旺白田坝组煤层硫含量低，变化小，两极值 0.30%～1.71%，一般小于 1.00%。资威珍珠冲段煤层硫含量高，变化大，两极值 0.60%～3.53%，一般大于 1.00%。总体为中灰分、低硫—低中硫煤为主。

5. 新近纪煤

新近纪煤主要分布在四川西部甘孜、阿坝、凉山等地区，已探获褐煤 5.59 亿 t，占全省探获资源量的 3.92%。

四川新近纪煤盆地，多为内陆山间断陷盆(谷)地，集中分布于川西高原及川西南地区，含煤盆地总面积约 1100 km²。其中昌台、阿坝、盐源三个煤盆地规模较大，占全川褐煤总资源储量的 93% 以上；次为布拖、木拉、甲洼等煤盆地，余下的煤盆地规模相当小。此外，在成都平原边缘及西昌、乐山等地尚有新近纪褐煤矿点若干，煤层薄或为煤线，一般不具工业意义。

四川西部新近纪褐煤宏观煤岩类型主要是木质煤，其次为丝质煤和矿化煤。褐煤显微组分以腐植组为主，含量约占 70%～90%。惰质组及稳定组含量很少。腐植组以碎屑腐植体、结构腐木质体，及充分分解腐木质体为主，少量团块腐植体及凝胶体，其中碎屑腐植体最常见。惰质组中常见碎屑惰质体、半丝质体、真菌体、丝质体及粗粒体。稳定组常见孢子体、角质体、木栓质体及少许树脂体。褐煤中矿物含量普遍较高，一般含量为 20%～40%。矿物组分在煤中分布较均匀，以黏土矿物为主，次为石英、长石、云母等，偶见绿泥石、菱铁矿。

新近纪各煤盆地褐煤灰分高，变化大，26.00%～60.73%，属中—高灰分煤。硫含量普遍较低，0.12%～1.47%，绝大多数煤层小于 1.00%，以特低—低硫分煤为主，

6.第四系泥炭

若尔盖是我国最大的高原泥炭分布区。有机质总量为53%~58%，其中腐植酸产率（$H_{At,ad}$）9%~14%，焦油产率（$T_{ar,ad}$）8%~13%，灰分（A_d）24.42%~74.22%，最大持水量200~290%。

1991年9月，四川省煤田地质局在红原县中瑞泥炭实验场采取3件和中科院西部地区南水北调综合大队1961年12月采取样品分析资料，综合成果见表6-1-1。

表6-1-1　四川若尔盖第四系泥炭质量分析结果统计表

工业分析					发热量 $Q_{gr,d}$ /（MJ/kg）	PH 值	最大持水量 /%
M_{ad}/%	A_d/%	$S_{t,d}$/%	V_{daf}/%	FC_a/%			
4.06~13.3	24.42~74.22	0.19~0.39	38.09~40.74	17.01~18.75	12.87~13.44	$\dfrac{6.1\sim8.4}{>7}$	143~545

乐山地区洪雅、峨边两县境内泥炭矿点较多，泥炭质量也较好。腐酸产率（$H_{At,ad}$）一般30%左右。雅安地区泥炭腐植酸产率（$H_{At,ad}$）最高51.87%，最低8.18%，一般均在30%以上。

二、煤中灰分、硫分、磷分和发热量的基本状况

1.灰分

煤的灰分决定煤的热值，影响煤的工业利用价值，因此是评价煤质的重要指标之一。我国现行勘查规范规定，煤炭储量计算的最高灰分不大于40%，并规定灰分大于40%，小于50%的高灰煤则可以计算"暂不能利用储量"。勘查规范对于灰分的规定是指在煤层的"可采厚度"范围之内，包括厚度不大于5 cm的夹矸在内的灰分，因此它实质上是指煤层的灰分而不是煤的灰分。我国历来没有定义煤的灰分值规定。

四川省各地区、各成煤期、各煤类煤的灰分的差别非常大。按《煤炭灰分等级划分标准》（GB/T15224.1-94）的划分，四川省以中灰—中高灰分煤为主，有少量低灰分煤。

（1）中二叠世煤层

灰分16.97%~48.83%，不同地段差异大，平均25.52%~41.84%，一般20%~40%，属中灰—高灰分煤，以中高及高灰分煤为主。

（2）晚二叠世煤层

盆地内各矿区原煤灰分平均值19.00%~36.75%，一般为22.00%~34.00%，以中灰—中高灰分煤为主，少量低灰分煤。筠连、芙蓉、盐源、广旺原煤灰分较高，以中高灰分煤为主，中灰和高灰分煤次之；古叙、华蓥山、达竹以中灰分煤为主，中高灰分煤次之，其中古叙局部地段为特低—低灰分煤。

（3）晚三叠世煤层

小塘子期煤层灰分变化幅度大，5.60%~59.59%，不同地区原煤灰分差异小，为25.00%~32.00%，以中—中高灰分煤为主，少量低灰和高灰分煤。龙门山—雅荥一带

及达竹原煤灰分较高，为中高灰分煤，平均 31.00% 左右，其余地区原煤灰分较低，以中灰分煤为主，平均 26.42%。原煤灰分变化规律明显，西部近陆一带原煤灰分较高，向东逐渐降低。

须家河期（大荞地期）煤层灰分变化幅度大，最小 8.17%，最大 50.66%，一般 17.00%～33.00%，以中灰分煤为主，次为中高灰分煤，局部低灰分煤。中高灰分煤主要分布在资威、寿保及广旺两河、华蓥山复兴—朱家槽一带，一般灰分 30.00%～40.00%；低中灰煤分布在达竹北部铁山—赫天池及广旺西部下寺—杨家岩一带，灰分平均 19.00% 左右；其余矿区和井田多为中灰分煤，平均 22.00%～29.00%，如宝鼎、盐源、达竹、广旺等。

（4）早侏罗世煤层

煤灰分变化幅度大，最小 8.05%，最大 40.52%，一般 25.00%～35.00%，以中灰分煤为主，局部为中高灰分煤，偶见低灰和高灰分煤。

（5）新近纪煤层

新近纪各煤盆地褐煤灰分高，变化大，26.00%～60.73%，属中—高灰分煤。阿坝 40.00%～60.73%，平均 50.33%。布托、马拉墩 26.64%。其余煤盆地 33.65%～39.92%。

（6）第四系泥炭层

若尔盖高原泥炭分布区，泥炭灰分为 24.42%～74.22%。

2. 硫

煤中硫分是评价煤质的另一项重要指标。煤中硫分含量与成煤环境关系密切。大陆环境形成的煤全硫含量较低，一般小于 1.5%，如盆地内的晚三叠世华蓥山煤田，攀西地区的晚三叠世攀枝花煤田普遍在 0.5% 左右；海陆过渡环境形成的煤，硫分平均达 2%～5%，如筠连、芙蓉、古叙、华蓥山晚二叠世煤等。在泥炭沼泽被海水覆盖的情况下，煤的全硫可高达 6%～10% 以上，如筠连晚二叠世 C_7 煤层的全硫高达 13.26%。受海侵时间越长，煤中硫含量越高，且以有机硫为主。目前还缺乏能经济高效脱除有机硫的工业化生产技术，对细粒分散的硫化铁硫，也很难用常规的选煤方法大幅度脱除。

按《中国煤中硫分等级划分标准》（GB/T15224.2－94）分级，在全省保有储量中，特低硫煤，占 18.85%；低硫煤，占 14.88%；低中硫煤，占 8.51%；中硫煤，占 9.42%；中高硫煤，占 14.61%；高硫煤，占 33.73%。其中，特低硫煤和低硫煤合计，占 33.73%，中高硫和高硫煤合计，占 48.34%。可知，四川煤层以中高硫和高硫煤为主，也还有相当数量的特低硫煤和低硫煤。

四川省各地区、各成煤期、各煤类煤的硫分的差别非常大。中二叠世煤全硫 1.43%～9.26%，不同地段平均值为 3.64%～5.64%，全硫含量普遍大于 3%，属高硫分煤。晚二叠世煤全硫 0.31%～7.13%，一般大于 2.40%，以中高和高硫分煤为主，少量中硫分煤。芙蓉、筠连、华蓥山、达竹、广旺全硫含量高，以高硫分煤为主，次为中高硫煤，少量中硫分煤；古叙以中高硫煤为主，中硫煤次之，据统计，还有三分之一以上煤层属特低—低硫分煤；盐源、塘坝全硫含量最低，属特低硫分煤，其他矿区属中高—高硫分煤。应指出的是古叙一带 C_{25} 煤层有机硫普遍都高大于 1%。晚三叠世煤全硫含量普遍较低，最小 0.19%，最大 9.85%，一般 0.40%～1.50%，以特低—低中硫煤为主，局部地段为中—中高硫煤。含量较高的地段是：广旺西部杨家岩—下寺和资威的松峰、金带场及川南等地，为中高硫煤，全硫 2.01%～2.30%。主要煤产地达竹、华蓥山、宝鼎及广旺唐家河煤矿以东地区原煤全硫含量最低，一般小于 1.00%，为特低—低硫分煤。龙门山—雅荣一带原煤全硫含量最低，平均 0.40% 左右，属特低硫分煤。早侏罗世白田坝组煤全硫多在 0.40%～0.80%，主要是低硫分煤。珍珠冲段 0.60%～3.53%，一般大于 1.00%，属低中—高硫分煤。新近纪煤硫含量普遍较低，0.12%～1.47%，绝大多数小于 1.00%，以特低—低硫分煤为主，仅甲洼较高，平均 1.22%，为低中硫煤。若尔盖泥炭全硫为 0.19%～0.39%。

3. 磷

磷是煤中的有害成分，煤炭燃烧后主要以磷酸钙的形式残留于灰渣中。煤炼焦时，磷将进入焦炭，还将转入所冶炼的生铁中，可使钢铁发生冷脆。因此，我国对炼焦用的精煤要求磷含量 $P_d < 0.01\%$。

煤中的磷主要以磷灰石〔$3Ca_3(PO_4.CaF_2)$〕矿物的形式存在，另外还有微量的有机磷。在各种煤岩组分中，以丝炭的磷含量最高，其次是暗煤，光亮煤中最低。四川省煤中磷含量不高，一般为 0.001%～0.070%，总体上属特低—低磷分煤，含量达 0.050%～0.100% 的中磷煤只占少数，仅在晚二叠世个别煤层局部地段见到。

4. 煤的发热量

煤的发热量是评价煤炭质量，尤其是评价动力用煤质量的主要指标。在国际市场上，动力用煤以热值进行计价。我国自 1985 年 6 月起，也改变了沿用几十年的灰分计价的办法，采用以热值计价。实践说明，对于动力用煤只有其热值的高低才能准确地体现出作为动力燃料的使用价值。

四川省各地区、各成煤期、各煤类煤的硫分的差别非常大。中二叠世煤的发热量较低，17.38～28.10 MJ/kg，一般平均值小于 20.00 MJ/kg，以中热值煤为主，局部为中高热值煤。晚二叠世煤的发热量，21.83～27.20 MJ/kg，属中高—高热值煤；古叙、华蓥山、达竹发热量较高，多属高热值煤；其他地区发热量 23.00 MJ/kg 左右，属中高热值煤。晚三叠世煤的发热量变化幅度大，12.07～36.54 MJ/kg，但各矿和井田原煤发热量平均值差异小，21.78～36.64 MJ/kg，多为 21.00～29.00 MJ/kg，属中高—高热值煤。煤的发热量的高低与煤的灰分产率相关，当煤的灰分产率低时，煤的发热量则高，反之亦然。早侏罗世煤的发热量差异不大，其平均值 21.47～25.56 MJ/kg，以中高热值煤为主，局部为中热值和高热值煤。新近纪各煤盆地褐煤发热量平均值 12.38～20.47 MJ/kg，主要是中低—中热值煤。褐煤发热量与灰分产率成反比关系，而与固定碳成正比关系。阿坝煤盆地褐煤发热量最低，为中低热值煤，平均 15.33 MJ/kg，灰分产率最高，平均达 50.33%，而固定碳仅有 20.33%，其余煤盆地褐煤发热量相对较高，平均 18.27～20.47 MJ/kg。

三、各煤类的地域分布及其煤质特征

在四川省已探获的资源储量中无烟煤，占62.03%；贫煤，占3.38%；焦煤、1/3焦煤，占12.23%；贫瘦煤及瘦煤，占11.61%；肥煤、肥气煤和气煤，占6.62%；褐煤，占3.92%，其他煤类，占0.21%。

1.褐煤

褐煤主要分布在四川省甘孜、阿坝、凉山等地区。四川省多为年轻褐煤（HM_1），为新近纪成煤。

褐煤的水分高，发热量低，制约了其工业利用价值，是各类煤中质量最差的煤。褐煤的空气干燥基水分（M_{ad}），一般6%～16%，最高达21.36%；灰分一般26%～60.73%；阿坝灰分40%～60.73%，平均50.33%；一些煤质较好的如布拖、马拉墩，灰分为26.64%，其余煤盆地灰分在33.65%～39.92%。褐煤中的硫分含量普遍较低，0.12%～1.47%，绝大多数小于1%，仅甲洼含量较高，平均1.22%。褐煤主要属中热值煤，局部为中低热值煤。干燥基低位发热量一般为12.38～20.47 MJ/kg。

褐煤中原生腐植酸产率的变化很大，总腐植酸一般可为5.5～46.09%。焦油产率一般为5.91～12.90%，昌台、木拉焦油产率较高，可达12.85%。

2.长烟煤、弱黏煤的分布及其煤质特征下

四川省探获的长烟煤和弱黏煤不多，占全省探获资源储量的0.2%。含煤时代主要为晚三叠世，次为早侏罗世，分布于华蓥山和龙门山地区。

3.气煤—贫瘦煤的分布及其煤质特征

气煤、1/2中粘煤、气肥煤、肥煤、1/3焦煤、焦煤、瘦煤、贫瘦煤等八类煤皆属于中、高变质程度的烟煤，从中二叠世到早侏罗世的各主要成煤期均有这些煤类的煤，其中以晚三叠世为重要，晚二叠世次之。在地域分布上、全省都有赋存，而重点产区在攀枝花、达竹、华蓥山、广旺和资威，次要地区有隆泸、雅荥、盐源等。其中攀枝花中、高变质烟煤占全省该类煤的20.04%，达竹占14.77%，华蓥山占13.50%，广旺占5.90%，乐威占18.38%，隆泸占3.84%，雅荥占2.77%，盐源占0.68%。说明这些地区是四川省炼焦用煤的主要产地。从总量上看，四川省的气煤—贫瘦煤资源较少，尤其是质量好的肥煤、焦煤和瘦煤，不但数量更少，而且只集中分布在几个矿区。

四川省的气煤—贫瘦煤多属于中灰煤，原煤灰分一般在20%以上，乐威煤田灰分更高，多属中高灰煤，原煤灰分一般在30%以上。硫分不高，硫分小于1%的特低硫煤—低硫分煤约占60%，其余多属低中硫煤和中硫分煤。晚三叠世煤的可选性比晚二叠世煤的可选性好，除隆泸矿区煤的可选性属较难选—难选外，其余矿区一般属中等可选—易选。晚二叠世煤的结焦性好，焦炭机械强度较高，但焦炭灰高、硫高；晚三叠世煤的结焦性次之，而机械强度较低，焦炭质量好，灰低、硫低。

4. 贫煤、无烟煤的分布及其煤质特征

四川省探获资源储量中贫煤和无烟煤占 65.41%，占全国该类煤的 5.8%，是我国贫煤、无烟煤的主要产地，主要分布于川南地区，占全省同类煤的 94.63%。

四川省的无烟煤中以三号年轻无烟煤占绝对多数，只在天全昂州河见少量特低灰、特低硫、特低磷的高变质无烟煤。四川省无烟煤的特点是中灰—中高灰，中高—高硫分，其发热量（$Q_{gr.d}$）一般为 22.70～27.23MJ/kg，属中高热值—高热值煤，煤灰熔融属中等—较高软化温度，具有较好的可磨性，热稳定性属中等—高热值稳定性，化学反应性较差—较好。筠连的 C_9 煤层和古叙的 C_{14}、C_{16}、C_{17-20} 等煤层硫含量一般低 1%，为低硫煤，资源储量约占同类煤的 22%。

四川省探获资源储量中贫煤占 3.38%，主要分布在南广占同类煤的 43.05%，其次宝鼎占 21.87%，另外华蓥山、广旺、龙门山和雅荥共占 32.12%。贫煤的特点是晚二叠世煤灰分高、硫分也高，属于中高灰、高硫分煤，晚三叠世煤灰分低、硫分也低，一般属于中灰分、低硫分煤。其发热量（$Q_{gr.d}$）一般为 21.83～26.38MJ/kg，差别不大，都属中高—高热值煤。

四、煤中的有害元素

目前在煤层中可以检测出的微量元素，包括稀散金属、贵金属、碱土金属、难熔金属、稀土元素、非金属和放射性元素等共 84 种，大致可分为异源元素和自源元素两类。在煤炭洗选加工过程中，煤中的微量元素将发生再分配，异源元素主要富集在高密度级煤和煤矸石中，自源元素则主要富集在低密度级精煤中。当煤炭和煤矸石在长期堆存时遭受水的淋溶或煤炭在燃烧、气化、焦化时，一部分微量元素将转入大气、水和土壤，其中的有害元素就将对生态环境造成污染。因此，加强对煤中有害元素的研究，并采取适当的防治措施，是洁净煤技术的重要内容。四川省对煤中微量元素已经做过一定的研究，但起步较晚，积累的资料还不多，目前还难于作出全面系统的评价。

1. 煤中的汞

据李家铸等从四川、贵州等地采取的煤样测定结果表明，煤中汞均以硫化物形式赋存，含量为 0.028～0.134μg/g，平均为 0.137μg/g，在水中的淋溶量约 0.003μg/g，淋溶率为 <0.05%～3.57%，平均 1.67%。汞在地壳中的丰度值为 0.08μg/g，四川省大多数煤田煤中的汞含量与该值接近。

2. 煤中的氟

四川省各时代煤中普遍有氟元素存在。氟是化学活性很强的非金属元素，主要以氟磷灰石〔$Ca_5(PO_4)_3F$〕的形式存在于煤中，其次为以类质同象的离子状态存在于矿物晶格中，或以非类质同象的离子状态吸附于矿物颗粒表面。这表明氟元素主要存在于无机质中，其含量与煤中黏土质含量呈正相关。

晚二叠世煤中氟含量各地差异较大，华蓥山、广旺矿区煤中未见氟的痕迹或很微，古叙、筠连矿区煤中氟含量 $18\sim238\mu g/g$，一般 $50\sim80\mu g/g$，属特低含氟煤，少数煤层（C_5、C_7、C_8、C_{24}、C_{25}）煤中含氟较高，$83\sim139\mu g/g$，属低—中氟煤。晚三叠世煤中氟在盆地内多无显示，仅在盐源、宝鼎、资威矿区含量较高，盐源矿区为中氟煤，宝鼎、资威矿区属高氟煤。

据李家铸等从四川、贵州等地进行的煤样测定和淋溶试验，煤中氟含量为 $37\sim232\mu g/g$，平均 $91\mu g/g$，溶出率为 $<0.2\%\sim1.62\%$，平均 0.4%。氟在地壳中的丰度值为 $450\sim660\mu g/g$，（黎彤，1976；维诺格拉多夫，1962）。四川省煤中的氟含量低于该值。

3. 煤中的氯

煤中氯多为碱金属的氯化物，如 NaCl、KCl 等，还有部分游离的氯离子存在于矿物颗粒之间及煤孔隙之间的水溶液中。煤中普遍含有氯元素，但其含量很低，$0.02\%\sim0.11\%$，为特低—低氯煤。

氯含量的高低与煤层沉积环境关系密切，陆相沉积的煤氯含量较低，海陆交替相和浅海相沉积的煤氯含量高。如晚二叠世煤属海陆交替相和浅海相沉积，含量为 $0.02\%\sim0.11\%$；晚三叠世煤属陆相沉积，氯含量极低。

4. 煤中的砷

砷在煤中是有害元素。残留在焦炭中的砷与磷有同样的危害，能使生铁冷脆。当煤作为酿造和食品加工的燃料时，砷能直接污染食品。大规模燃用富含砷的煤，会造成地区性的大气和水体污染。

砷在地壳中广泛分布，其克垃克值为 $5\mu g/g$。四川省煤中砷含量一般较低，一般 $3\sim8\mu g/g$，川南煤田较高，最高可达 $115\mu g/g$。

砷的亲硫性显著，主要以硫化物矿物的形式存在于煤中，多数矿区煤中的砷含量受煤中硫铁矿含量的控制；还有一部分砷以有机化合物形态存在于煤中。当煤层受后期热液作用的影响，煤中出现硫化矿物交代作用，砷含量往往大幅度增高。

川南煤田是我国砷含量比较高的煤层主要赋存地区，晚二叠世煤的砷含量，一般为 $48\sim115\mu g/g$（夏培兴等，1997）。这一地区多高砷煤层与多高硫煤层相关，而低硫煤层中砷含量也较低，因此，其中也不乏砷含量为 $4\mu g/g$ 以下的低坤煤层。

煤中砷与硫铁矿和黏土矿物含量呈正相关，因此，煤经洗选后，砷元素可脱除 $50\sim97.6\%$。四川省龙潭组煤砷含量均高于须家河组煤，龙潭组平均值在 $5\sim9\mu g/g$，须家河组均小于 $4\mu g/g$。

5. 煤中的锗、镓、铀

据统计四川省晚二叠世煤和煤层伪顶、底板及夹矸中锗、镓、铀含量极少，品位很低，无工业价值。

锗的品位极低，微$\sim25\mu g/g$，一般小于 $5\mu g/g$。

镓的品位低，变化大，$2\sim108.5\mu g/g$。赋存特点是煤中镓的品位很低 $2\sim26\mu g/g$，一般小于 $10\mu g/g$，未达工业品位，无工业价值；煤层的伪顶、底板及夹矸中镓较富集，品位较高 $7\sim108.5\mu g/g$。其中古叙大村矿段及华蓥山矿区煤系下部 $C_{17}\sim C_{25}$ 煤层，尤其是

C_{25} 煤层伪顶、底板及夹矸中镓的品位较高，一般 $35\sim88\mu g/g$，古蔺个别点最高为 $108.5\mu g/g$，达到最低工业品位 $22\mu g/g$ 的要求。

煤及其伪顶、底板和夹矸中铀的品位极低，痕迹 $\sim22\mu g/g$，一般 $3\sim4\mu g/g$，均未达到可供利用的品位要求，对煤炭生产、应用和环境保护的影响不大。古叙 C_{25} 煤层底板高伽玛强度高岭石黏土岩，分布面积大，而且比较稳定，展示铀矿化现象明显。

三叠世煤及煤层伪顶、底板及夹矸中均含有稀散元素锗、镓、铀。但各元素品位很低、且变化大，痕迹 $\sim69\mu g/g$，其中镓的品位稍高，一般 $8\sim13\mu g/g$，最高达 $69\mu g/g$，且呈孤立点；锗、铀元素平均品位为 $3\sim5\mu g/g$。

第二节　煤类分布及变质规律

一、煤类分布特征

盆地内煤类齐全，有无烟煤、烟煤和褐煤。晚二叠世无烟煤、贫煤主要分布在川南煤田；晚三叠世炼焦用煤主要分布在华蓥山、隆泸、攀枝花、广旺、乐威、雅荥和龙门山等地；褐煤主要分布在阿坝、昌台及盐源等盆地；泥炭主要集中在红源若尔盖盆地。

（一）中二叠统煤类分布特征

江油五花洞为气煤，向南至汶川青坡一带为无烟煤；普格西洛—响天池为焦煤、瘦煤，向南至会东为无烟煤；万源黄草梁为肥煤。

（二）上二叠统煤类分布特征

1.煤炭分类指标及变化

统计各主要产煤地煤炭分类指标见表 6-2-1。

（1）挥发分（V_{daf}）

主煤层浮煤挥发分变化幅度大，$5.05\%\sim64.00\%$。盆地北部广旺至西部龙门山及雅荥一带较高，平均值 $21.00\%\sim26.00\%$，川南最低，一般为 $6.50\%\sim10.00\%$，东部华蓥山较西部低，平均 17.29%。

（2）氢（H_{daf}）

不同地区各煤层煤的氢含量差异小，除个别点煤的氢含量小于 3.00% 外，一般在 $3.00\%\sim4.00\%$ 间变化，平均 3.60%。

（3）镜质体最大反射率（R_{max}）

不同地区主煤层煤的镜质体最大反射率有明显差异，川南及大巴山煤田较高，$2.00\sim4.00$，一般 $2.60\sim2.80$，其余各地一般 $0.80\sim1.70$。

垂向变化：煤系地层中主煤层煤的挥发分、镜质体最大反射率差异小，垂向变化规律不明显，见表 6-2-2。

表 6-2-1　四川省上二叠统煤炭分类指标统计表

矿区\项目 (分类指标)	南广	筠连	芙蓉	古叙	华蓥山	大巴山	广旺	龙门山	雅荥
V_{daf}/%	$\dfrac{11.54\sim12.12}{11.88}$	$\dfrac{5.32\sim9.31}{7.02}$	$\dfrac{5.52\sim12.13}{8.48}$	$\dfrac{6.30\sim13.67}{9.27}$	$\dfrac{11.45\sim27.27}{17.29}$	$\dfrac{7.20\sim31.67}{13.94}$	$\dfrac{6.73\sim64.01}{25.30}$	$\dfrac{6.03\sim40.99}{25.26}$	$\dfrac{5.05\sim38.32}{21.69}$
H_{daf}/%	$\dfrac{3.72\sim3.80}{3.76}$	$\dfrac{2.92\sim3.95}{3.43}$	$\dfrac{3.51\sim3.81}{3.60}$	$\dfrac{3.36\sim4.45}{3.64}$			$\dfrac{3.78\sim8.11}{5.25}$		
G					$\dfrac{33\sim97}{78}$				
Y/mm					$\dfrac{0\sim39.00}{14.87}$	$\dfrac{0\sim25.30}{9.53}$	$\dfrac{0\sim65.50}{21.25}$	$\dfrac{10.0\sim38.0}{24.0}$	
R_{max}	$\dfrac{1.87\sim2.10}{1.99}$	$\dfrac{2.43\sim3.83}{2.59}$	$\dfrac{2.14\sim3.35}{2.40}$	$\dfrac{2.46\sim2.87}{2.69}$	$\dfrac{1.10\sim1.64}{1.37}$	$\dfrac{1.72\sim4.22}{2.56}$	0.63	$\dfrac{0.66\sim5.17}{1.02}$	
煤类	PM, SM, WY	WY	WY, PM	WY, PM	SM, FM	WY, SM	JM, SM, PM, WY	FM, JM, QM, WY	FM, JM, PM, WY

表 6-2-2　四川省川南煤田上二叠统煤层煤的 V_{daf}、R_{max} 垂向变化表

项目\煤层	C_1	C_4	C_8	C_{11}	C_{13}	C_{15}	C_{18+19}	C_{21}	C_{23}	C_{24}	C_{25}
V_{daf}	7.91	7.71	7.78	10.10	9.51	8.69	8.70	7.60	9.06	9.19	9.79
R_{max}	2.67	2.83	2.73	2.59	2.60	2.66	2.66	2.75	2.70	2.70	2.61
煤类	WY₃	WY₃	WY₃	PM	WY₃	WY₃	WY₃	WY₃	WY₃	WY₃	WY₃

2.煤类横向分布特征

四川上二叠统煤层煤炭以无烟煤为主，肥—贫煤次之，气煤少量。其分布规律见图 6-2-1。

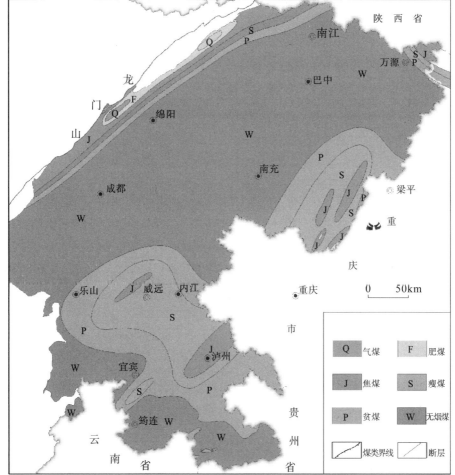

图 6-2-1　四川省上二叠统煤类分布图

①龙门山焦、肥煤带：位于广元—绵竹以西，呈北东向长条带状展布，向南可能延至宝兴地区。在安县睢水、太平等地分布有少量气煤和无烟煤。

②乐山—重庆巫山无烟煤区：位于乐山—南江—巫山广阔地区。

③大巴山焦煤带：位于川东大巴山弧形褶带，呈北西向展布。

④川东多煤类区：位于华蓥山—威远以东，七曜山以西，沿华蓥山、明月峡、方斗山、螺观山、威远等背斜轴部，肥、焦煤呈线性环带状分布，背斜翼部至向斜逐渐过渡为瘦、贫煤。

⑤川南无烟煤区：位于珙县贾村以东，至重庆綦江和长江以南的广大地区。在古叙河坝、两河矿段，芙蓉腾龙—杉木树有少量贫、瘦煤。

3. 煤类垂向分布特征

同一地区煤类垂向分带不明显。如川南同一地区各煤层均为无烟煤，少量贫煤。华蓥山各煤层都是焦煤、瘦煤，少量肥煤。

(三)上三叠统煤类分布特征

1. 煤炭分类指标及变化

据不同地区煤炭分类指标化试验资料统计成果见表 6-2-3。

表 6-2-3　四川省上三叠统煤炭分类指标统计表

项目		煤田				
		川南	隆泸	华蓥山	大巴山	广旺
分类指标	V_{daf}/%	$\dfrac{13.31\sim21.67}{13.87}$	$\dfrac{28.17\sim37.89}{33.17}$	$\dfrac{12.72\sim36.74}{30.10}$	$\dfrac{17.26\sim20.00}{17.40}$	$\dfrac{8.10\sim39.79}{25.76}$
	G		$\dfrac{91\sim97}{94}$	$\dfrac{15\sim94}{63}$		
	Y/mm	$\dfrac{6.0\sim17.0}{13.0}$	$\dfrac{8.2\sim39.0}{37.2}$	$\dfrac{0\sim26.0}{13.2}$	$\dfrac{8\sim12.5}{11.0}$	$\dfrac{0\sim34.00}{11.27}$
	R_{max}		$\dfrac{0.88\sim1.10}{0.95}$	$\dfrac{0.71\sim1.03}{0.91}$	1.85	$\dfrac{0.64\sim2.49}{1.31}$
煤类		PM、SM	QM、JM、FM	QM、FM、JM、SM	JM、SM	QM、FM、JM、SM、PM、WY

项目		煤田				
		龙门山	雅荥	乐威	攀枝花	盐源
分类指标	V_{daf}/%	$\dfrac{23.39\sim38.45}{30.69}$	$\dfrac{0.48\sim30.32}{15.25}$	$\dfrac{13.15\sim38.00}{32.43}$	$\dfrac{12.68\sim26.04}{17.97}$	$\dfrac{12.69\sim21.84}{16.52}$
	G		$\dfrac{0\sim66}{42}$	$\dfrac{9\sim95}{69}$	$\dfrac{0\sim100}{68}$	$\dfrac{0\sim98}{72}$
	Y/mm	$\dfrac{11.0\sim40.0}{26.5}$	$\dfrac{0\sim21.5}{8.8}$	$\dfrac{7.0\sim22.0}{12.0}$	$\dfrac{7.5\sim24.5}{15.2}$	$\dfrac{7.7\sim22.0}{11.5}$
	R_{max}		1.60	$\dfrac{0.71\sim0.92}{0.88}$	$\dfrac{1.71\sim1.77}{1.75}$	$\dfrac{1.61\sim1.78}{1.69}$
煤类		QM、FM、SM	QM、JM、SM、PM、WY	QM、JM、FM	JM、SM、PM	JM、SM

(1)挥发分(V_{daf})

不同地区主煤层浮煤挥发分变化幅度大，0.48%～39.79%，一般在 14.00%～33.00%中变化。龙门山、乐威、隆泸、华蓥山较高，平均 31.10%～33.17%，其次为广旺，平均 25.76%，其余煤田主煤层煤的挥发分一般小于 20.00%。

（2）黏结指数（G）

不同地区煤的黏结指数差异很大，0～100，一般在60～80，隆泸最高，平均94。

（3）胶质层最大厚度（Y）

不同地区主煤层煤的胶质层最大厚度较小，除局部地段个别煤层胶质层最大厚度大于25 mm外，绝大多数煤层煤的胶质层厚度小于20 mm。

（4）镜质体最大反射率（R_{max}）

由于资料少，据不同地区煤的镜质体最大反射率测试成果显示，一般在0.80～1.70。

2.煤类分布特征

盆地内煤类齐全，从弱黏煤至无烟煤均有分布。按探明储量分，以气煤居首位，约占2/5强；其次是焦煤，约占1/5强；瘦煤、肥煤合计占1/5强；无烟煤、贫煤合计占1/10，弱黏煤、长焰煤、不黏煤少量，各不足3%。

四川盆地内，主要为低—中变质的气、肥、焦三大煤类，盆地北东和南西部分地区出现贫煤和无烟煤，见图6-2-2。

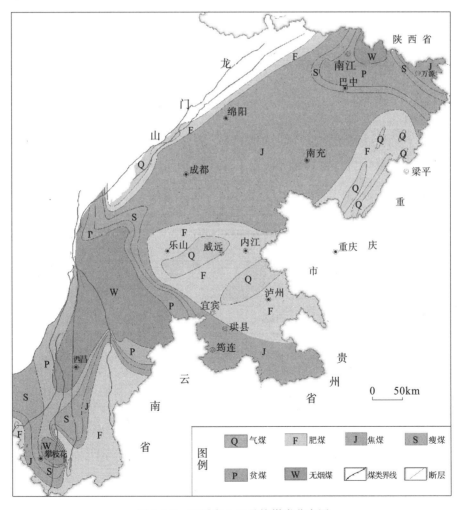

图6-2-2 四川省上三叠统煤类分布图

①龙门山气、肥煤带：位于旺苍—天全以西，呈北东向长条带状展布。在什邡大窝凼—红白场有少量瘦煤和无烟煤。

②大巴山焦、瘦煤带：呈北西向展布于万源地区。

③南江—重庆奉节贫煤、无烟煤带：位于大巴山前缘。在南江赶场坝—两河口为无烟煤。

④珙县—重庆忠县大片地区。峨层山背斜翰田坝—铁石坝井田为焦煤。另外，据武胜龙女寺石油基准井、盐亭八角井和蒲江大参井资料，浮煤挥发分（V_{daf}）15.30%～24.50%，镜质体反射率1.20～1.60，相当于焦煤。

⑤川东气、肥煤区：位于威远—重庆—达川广阔地区。气煤多分布于背斜轴部，背斜翼部至向斜一般为肥煤。

⑥西昌无烟煤区：位于荥经—峨边—西昌以西地区。

⑦攀枝花多煤类区：位于美姑—攀枝花—盐源一带。以焦、瘦煤为主，无烟煤次之，少量气、肥、瘦煤。

⑧会理肥煤带：位于普格—会理以东地区。

二、煤变质规律

1.煤变质的主要因素

四川盆地上二叠统和上三叠统煤的变质规律不少学者和科研单位都做过系统地深入研究，一致认为温度是导致煤化程度增高的主要因素，影响古地温差异的因素有前震旦纪基底埋深、煤系上覆盖层厚度、同沉积构造、岩浆侵入体等。四川煤田地质研究所重点研究了上三叠统煤变质的古地温，采取了煤系中包体样品，测定温度、压力，对测值进行校正，恢复古地温面貌，校正结果见表6-2-4。

表6-2-4　四川盆地晚三叠世煤系中包体测温校正结果

产地	大邑欧江	大竹堡子	雅安观化	天全大河	广元荣山	旺苍小松岩	万源长石	云阳南溪
上覆盖层厚度/m	3000	4500	>5000	3000	4400～5000	4400～5000	5000	5500
古地温/℃	125	190	264	268	165	168	238	246
古地温梯度	4.2	4.2	5.3	8.9	3.3	3.3	4.8	4.5
压力/(Pa×10⁵)	580	700	1195	1016	507	507	902	902
R_{max}	1.00	0.89	1.54		1.00	1.20	1.85	2.12

（四川省煤田地质研究所，1995）

表中显示四川盆地东部不同地区各自存在过不同的古地温、古地温梯度。按照陈墨晋（1987）把地温梯度大于4℃/100 m地区称为异常地温场（或大地热流大于1.5 HFu的地区称为地热异常区），而地温梯度小于4℃/100 m为正常地温场。盆地东部、龙门山、川东、乐威等地区为异常地温场，广旺地区古地温梯度为3.3℃/100 m，为正常地温场。上三叠统沉积后，曾经受过不同程度的古地温作用，煤经受古地温愈高，煤变质程度亦高，表明热液活动带来的热对煤变质起了促进作用。

影响古地温场的热源主要是来自前震旦系放射性元素蜕变热和地壳深处。在不考虑岩浆侵入体、同沉积构造作用等因素的前提下，基岩埋深和煤系上覆盖层厚度就成为直接影响古地温差异的因素。基底埋深基本上可以反映地温传导的难易程度，基底埋深浅，地温传导距离近，有利于高温场的形成，反之亦然。上覆盖层主要起保温作用，上覆盖层厚保温效果好，一般上覆盖层厚，煤变质程度高，见表 6-2-5、表 6-2-6。

表 6-2-5　四川盆地晚二叠世煤系上覆盖层厚度、基岩埋深与煤类关系表

井田编号	1	2	3	4	5	6	7	8	9	10	11	12	13	14
井田名称	茨竹垭	马家坝	康家院	巨马坪	猫子山	朱家槽	立竹寺	刘家沟	七曜山	桑拓坪	东胜	张狮坝	灯盏坪	鲁班山
基底埋深/km	<5	5.5	<5	<5	7	>9	8	7	7	<5	7	<5	<5	<5
上覆盖层厚度/km	2	3	5	<1	>5	>5	>5	4.5	>5	5	4.5	5	4.5	3.5
煤类	FM	QM	PM	JM	WY	FM	SM	JM	PM	PM	PM	WY	WY	WY

（四煤煤田局，1995）

表 6-2-6　四川盆地晚三叠世煤系上覆盖层厚度、基岩埋深与煤类关系表

井田编号	1	2	3	4	5	6	7	8	9	10	11	12	13	14
井田名称	白鹿	杨家岩	水洞	开县	老鹰沟	魏家山北	新桥	鲜花寺	天锡	观化	大溪	马鞍山	沙坝	红坭三滩
基底埋深/km	<5	5	5	6	7.5	7.5	9	7	<5	<5	<5	<5	<5	<5
上覆盖层厚度/km	1.5	2.5	3.5	4	4.5	4.5	3.5	3.5	2.5	>5	3	5	2	4.5
煤类	QM	QM	PM	PM	FM	1/3JM	1/3JM	FM	JM	WY	JM	WY	FM	WY

（四川省煤田局，1995）

2.煤变质作用类型

煤变质作用类型以深成变质作用为基础，叠加同沉积构造，岩浆热变质作用。

（1）深成变质作用

煤埋在地下较深处受到地热和上覆岩系静压力的作用，引起煤的变质作用。不同的构造单元和构造区，具有不同的地热背景，龙门山地区、广旺地区、大巴山地区、川中、川东及乐威、雅荥地区，各自存在过不同的古地温、古地温梯度和古地温场特征，而煤系地层在大多数地区没有受到过岩浆侵入、放射性元素蜕变等异常热源的影响，煤的变质程度主要受上覆盖层厚度和古地温的影响，一般上覆盖层厚，煤变质程度高。如上三叠统煤，为低—中变质烟煤，在平面上分布规律明显。据川中探油井资料煤的挥发分（V_{daf}）平均值约 18.00%，镜质体最大反射率（R_{max}）平均 1.37，盆地周边江油—都江堰一带煤的挥发分平均为 35.00% 左右，镜质体最大反射率平均 0.77。煤的变质程度随上覆盖层厚度减小而降低，见表 6-2-7，呈明显的带状分布特征，见图 6-2-3。上二叠统煤类在平面上仍具有带状分布特征见图 6-2-1。

表 6-2-7 四川盆地上三叠统煤系上覆盖层厚度与 V_{daf}、R_{max} 变化表

地区	广元		彭（州）都江堰	资（阳）威（远）	永（川）荣（昌）	重（庆）达（县）	攀枝花	凉山东南部	川中
	杨家岩	荣山							
煤系上覆盖层厚度/m	2500~3000	4400~5000	2736	2500	2981~3710	3027~4518	4000	2500	3000~5000
V_{daf}/%	$\dfrac{33.17\sim37.00}{35.07}$	$\dfrac{26.26\sim33.65}{30.82}$	$\dfrac{22.50\sim38.12}{34.38}$	$\dfrac{28.16\sim41.89}{32.43}$	$\dfrac{23.13\sim37.89}{33.27}$	$\dfrac{18.89\sim36.47}{27.74}$	$\dfrac{5.58\sim40.80}{35.45}$	$\dfrac{4.19\sim42.13}{17.78}$	$\dfrac{15.30\sim24.53}{17.93}$
R_{max}	$\dfrac{0.7\sim0.81}{0.77}$	$\dfrac{1.01\sim2.49}{1.59}$	0.88	$\dfrac{0.74\sim0.98}{0.82}$	$\dfrac{0.82\sim0.97}{0.90}$	$\dfrac{0.73\sim1.25}{0.92}$	$\dfrac{1.72\sim1.77}{1.75}$	1.09	$\dfrac{1.10\sim1.60}{1.37}$
煤类	QM	FM、JM	QM、FM	QM	QM、FM	QM、JM	JM、SM、PM、WY	FM、JM	JM

在同一地区同一时代煤系中各煤层煤的挥发分(V_{daf})、镜质体最大反射率(R_{max})差异小。总体而言，层位愈高，煤的变质程度越低，变化总的趋势自上而下，煤的挥发分随深度的增加而减小，镜质体最大反射率增大，煤的变质程度高，由于煤级差别小（气煤、肥煤），特征不甚明显。而在垂向上不同时代煤的挥发分和镜质体最大反射率变化，遵循希尔特定律，规律十分明显，如川中探油孔女基井，获得的上二叠统及上三叠统煤质资料差异很大，详见表 6-2-8、表 6-2-9。

表 6-2-8   四川盆地川南煤田上二叠统主煤层煤的 V_{daf}、R_{max} 垂向变化表

项目	煤层											
	C_1	C_4	C_{7-10}	C_{11}	C_{13}	C_{15}	C_{18+19}	C_{21}	C_{23}	C_{24}	C_{25}	女基井深 4109 m
V_{daf}	7.91	7.71	8.59	10.10	9.51	8.69	8.70	7.60	9.06	9.19	9.79	6.31
R_{max}	2.67	2.83	2.55	2.59	2.60	2.66	2.66	2.75	2.70	2.70	2.61	3.61
煤类	WY	WY	WY	PM	WY	WY	WY	WY	WY	WY	WY	WY

表 6-2-9   四川盆地达竹矿区上三叠统主煤层煤的 V_{daf}、R_{max} 垂向变化表

层项目	层位煤										
	T_3xj									T_3x	女基井深 1830 m
	T_3xj^6			T_3xj^4				T_3xj^2			
	C_9	C_{10}	C_{11}	C_{14}	C_{16}	C_{17}	C_{23}	C_{27}	C_{28}	C_{38}	煤层
V_{daf}	33.56	33.01	33.07	33.46	33.45	32.88	32.51	32.57	29.89	30.89	15.30
R_{max}		0.85	0.87	0.89		0.90				0.91	1.32
煤类	QM	QM	QM	QM	QM	QM	QM、FM	FM	FM	FM	JM

据屈星武等人的研究，不同变质程度的煤，其煤的晶核的形状不同，La/Lc 比值大小也不一样，动力变质煤的晶核呈长圆柱形，La/Lc<1；接触变质的煤晶核为扁圆形，La/Lc>1；当 La/Lc=0.9～1.3 时为深成变质作用类型；La/Lc=1.4～5 时为区域热变质类型（包括岩浆热变质类型）。四川煤田地质研究所对上三叠统煤做 X 衍射分析，各参数统计结果见表 6-2-10。

表 6-2-10   四川上三叠统煤的 X 衍射分析各参数统计表

地名	层位	煤层	R_{max}	La	Lc	La/Lc
奉节	T_3xj^6	香煤	2.80	34.35	19.10	1.30
天全	T_3xj	川西煤	5.48	40.35	23.88	1.70
南江	T_3xj^2	C_{28}	2.02	21.28	17.40	1.20
雅安	T_3xj^2	C_{28}	1.52	18.86	17.60	1.10

（四川省煤田地质研究所，1995）

从表中显示，除川西煤外，盆地内上三叠统煤的 La/Lc 比值在 1.1～1.3，属深成变质作用类型。

（2）同沉积构造对煤变质作用的影响

华蓥山煤田晚三叠世泸州—开县隆起呈北东向展布，为继承性隆起，晚三叠世以后继续发展。三叠纪白垩纪隆起区沉积地层薄，出现隆起区与上二叠统、上三叠统煤层低变质区相对应的现象。同时，隆起上有一系列北东走向的次级隆起和坳陷，喜山期发展定形为背斜紧密、向斜宽缓的现今构造格局。背斜轴部，上覆盖层薄，煤变质低，向两翼煤化程度增高，呈有规律的变化，这一特征上二叠统煤类分布尤为明显，图 6-2-3。上三叠统煤类分布亦有类似特征，但由于上三叠统煤总体上比上二叠统煤变质程度低，煤级差别小（气、肥煤），故这一特征不甚明显。

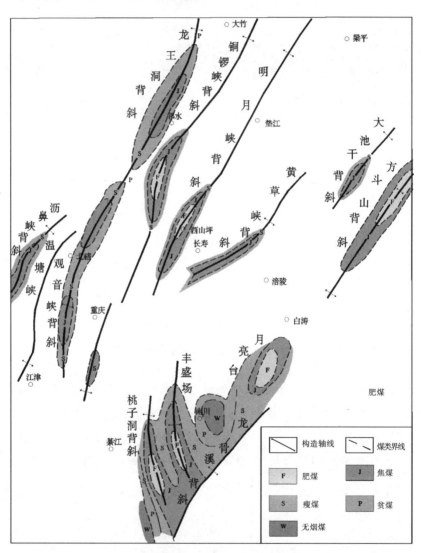

图 6-2-3　四川盆地东部构造与上二叠统煤类分布图

（据四川省煤田地质局，四川煤田地质研究所；1990，略改）

（3）岩浆热变质作用

是矿区煤变质的又一重要类型。在雅安—攀西地区，岩浆局部侵入（或接近）煤系和煤层，为煤变质提供较高的热源。在晚三叠世煤系中出现高变质煤类。如宝鼎矿区内沿江和灰老两矿，云煌岩侵入煤系下部 45 煤层顶板，接触处形成宽约 0.30 m 的天然焦，为典型的接触变质作用。又如天全的昂州河煤矿上部煤层煤的镜质体最大反射率（R_{max}）为 5.35，下部煤层煤的镜质体最大反射率（R_{max}）为 5.603，在几十米内差 0.253，这在深成变质作用中，绝不可能造成这么大的差异，煤中热气孔和片状、粒状镶嵌结构发育，煤的 X 衍射分析各参数见表 6-3-10，晶核片层直径（La）与堆砌高度的比值为 1.7，（若 La/Lc＝1.4～5 时，为区域热变质类型，包括岩浆热变质类型），煤系中还见叶腊石化现象，这些都证明是岩浆热变质作用的结果。据邹韧等人（1990）对川西煤的变质程度的研究认为，高变质无烟煤的形成是由于中、深成岩浆热变质作用的结果，可能存在中深成较大规模隐伏岩浆侵入体，是导致川南煤田晚二叠世和四川盆地晚三叠世煤变质程度高的重要原因。

第七章　煤炭资源预测与潜力评价

第一节　总　述

一、预测依据及方法

本书预测工作，是在第三次煤田预测和远景调查的基础上，广泛收集、整理 2007 年底以前的地质成果及煤矿开采揭露的煤层煤质资料，结合有关的科研成果及各部门深钻资料，充分利用区域地质、物探、遥感、矿产勘查等多源信息，经综合分析各成煤时代的地质特征、聚煤规律及其经济价值后进行的。以上二叠统和上三叠统煤层的赋存规律研究及构造控煤作用分析为重点，在此基础上着重对第三次煤炭资源预测和远景调查工作提出的预测区及其资源量进行筛选、再认识，同时，提出新的预测含煤区。

各预测区绝大多数处于勘查区深部或邻区，故采用已勘查区或邻区的资源丰度值 (E) 预测资源量。再依据预测区的构造复杂程度和煤层稳定程度选用资源量原始估值的校正系数 (β) 校正预测资源量。

二、预测区和预测要素

1. 预测区

在再认识以往各种地质勘查资料和第三次煤田预测成果的基础上，充分利用本次晚二叠世、晚三叠世沉积环境与聚煤规律研究及构造控煤作用研究成果，在全川范围内圈出了资源远景区 130 个（预测基本单元 316 个），其中中二叠世 (P_2) 2 个（预测基本单元 5 个），晚二叠世 (P_3) 44 个（预测基本单元 111 个）、晚三叠世 (T_3) 84 个（预测基本单元 200 个）。

2. 预测要素

以矿区为单位确定预测深度及当地侵蚀基准面。埋深均为 2000 m 以浅；当地侵蚀基准面：南广、筠连、芙蓉、古叙、华蓥山、达竹等矿区定为 +400 m，隆泸、乐威、寿保等矿区定为 +300 m，万源、广旺、龙门山等矿区（煤田）定为 +500 m，雅荣煤田、川中煤田蒲江预测区定为 +800 m，宝鼎矿区定为 +1000 m，红坭、箐河矿区定为 +1200 m，盐源矿区定为 +2200 m；划分为 <600 m，600~1000 m，1000~1500 m，1500~2000 m 四个深度级预测，并分别统计资源量。资源量校正系数值 (β) 的采用标准见表 7-1-1。

表 7-1-1 β 取值表

地质条件	β 值
简单构造、稳定煤层	0.8～1.0
中等构造、较稳定煤层	0.6～0.8
复杂—极复杂构造、不稳定—极不稳定煤层	0.4～0.6

三、预测资源量估算

(一)编图比例尺和量测块段面积

1.编图比例尺

资源量预测时，多以现有各井田(矿段)1：5 千～2.5 万的主要煤层底板等高线图和区域地质资料为基础，宝鼎矿区以宝鼎煤矿接替资源勘查的 1：5 千主要煤层等高线图和区域地质资料为基础，编制煤层底板等高线图，计算资源量。最终成图比例尺为 1：50 万，系由各井田(矿段)1：5 千～2.5 万的主要煤层底板等高线图和区域地质资料逐级缩编而成。

2.量测块段面积

在编制的 1：1 万～1：2.5 万二叠系上统 C_{25} 煤层(或 C_{7-10} 煤层)底板等深线图及三叠系上统须家河组四段主要煤层等深线图(盆地区)等埋深线图上，采用采用 Mapgis 软件量测块段面积。

(二)估算方法

1.基本方法

资源量估算采用丰度法。以勘查区(井田或矿段)的储量除以主要煤层分布面积(覆盖全勘查区，不足也按全覆盖计)得到该勘查区的丰度值 E，以此丰度估算其深部及邻区的潜在资源量。

计算公式

$$Q_f = ES$$

式中：Q_f－资源量(10^4t)；E－资源丰度(10^4t/km^2)；S－块段斜面积(km^2)。

2.资源量原始估算值的校正

校正公式为

$$Q = \beta Q_f$$

校正系数 β 取值见表 7-1-1。

3. 估算指标要求

(1) 煤层厚度

鉴于四川省煤炭资源禀赋的实际情况，本次潜力评价估算指标采用川国土资函〔2007〕441 号《关于印发四川省煤炭资源量估算指标(暂行)的通知》规定，最低煤层可采厚度：二叠系炼焦用煤采用 0.40 m，非炼焦用煤为 0.50 m；三叠系上统煤层一律为 0.40 m；褐煤 0.80 m。

(2) 硫分和发热量

硫分和发热量不作为资源量估算的限制条件。

(3) 视密度

视密度一般采用地质报告中的实测值，少数地区则参考邻区的测定值，即：褐煤 1.00~1.50 t/m³，烟煤 1.30~1.55 t/m³，无烟煤 1.35~1.80 t/m³。

(4) 煤类

以编制的煤类分布图提供的信息为依据。

四、预测资源量分级、分类、分等

(一) 潜在的资源量分级

根据预测可信度将潜在的煤炭资源量分为预测可靠的(334-1)、预测可能的(334-2)、预测推断的(334-3)三级，界定如下：

1. 预测可靠的(334-1)

位于控煤构造的有利区块，浅部有一定密度的山地工程或矿点揭露，以及少量钻孔控制；或有有效的地面物探工程控制；或位于生产矿区、已发现资源勘查区的周边；或进行了 1：2.5 万及以上大比例尺煤炭地质填图的地区，结合地质规律分析，确定有含煤地层和煤层赋存。资源量主要估算参数可直接取得，煤类、煤质可以基本确定。

2. 预测可能的(334-2)

位于控煤构造的比较有利区块，进行过小于 1：2.5 万煤田地质填图；或少量山地工程、矿点揭露和个别钻孔控制；或有较有效的地面物探工作了解；或可靠级预测区的有限外推地段，结合地质规律分析，确有含煤地层存在，可能有煤层赋存，地质构造格架基本清楚，估算参数与煤类、煤质是推定的。

3. 预测推断的(334-3)

按照区域地质调查或物探、遥感资料，或可能级预测区的有限外推地段，结合聚煤规律推断有含煤地层、可采煤层赋存，估算参数和煤类、煤质等均为推测的。

(二) 预测远景区的分类

根据资源的地质条件、开采技术条件、外部条件和生态环境容量，将预测远景区分为三类：有利的（Ⅰ类）、次有利的（Ⅱ类）、不利的（Ⅲ类）。

1. 有利的（Ⅰ类）

地质条件和开采技术条件好，外部条件和生态环境优越，煤层埋藏在 1000 m 以浅，煤质优良。

2. 次有利的（Ⅱ类）

地质条件和开采技术条件较好，外部条件和生态环境较优越，煤层埋藏在 1500 m 以浅，煤质较优良。

3. 不利的（Ⅲ类）

资源量小，地质及开采技术条件复杂、外部开发条件差，或生态环境脆弱；或煤质差；或煤层埋藏在 1000 m 或 1500 m 以深。

（三）预测区勘查开发前景等级

在上述分级分类的基础上，从潜在资源的数量、质量、开采条件和生态环境等方面，进行潜在资源开发利用优度的综合评价，将预测资源的勘查开发利用前景划分为三等：优（A）等、良（B）等、差（C）等（见表 7-1-2）。

表 7-1-2　煤炭资源潜力勘查开发利用前景等级划分

预测区类别	资源量级别		
	334−1 可靠级	334−2 可能级	334−3 推测级
有利的（Ⅰ类）	优（A）等	优（A）等	良（B）等
次有利的（Ⅱ类）	良（B）等	良（B）等	差（C）等
不利的（Ⅲ类）	差（C）等	差（C）等	差（C）等

1. 优（A）等

资源量分级为可靠级，预测区分类为有利的。此类预测区煤炭资源开发具有明显经济价值，可建议优先安排预查或普查。

2. 良（B）等

①资源量分级为可靠级，预测区分类为较有利的；②资源量分级为可能级，预测区分类为较有利的；③资源量分级为推断级，预测区分类为有利的。此类预测区煤炭资源开发具有经济价值，可考虑安排勘查工作的地区。

3. 差（C）等

不符合上述优等和良等条件，资源潜力较小的地区，目前不宜开展工作。

五、预测区分布、面积、预测资源量和预测煤类

本书在四川范围内共筛选圈定预测区 130 个，预测基本单元 316 个，预测区主要分布在东部的华蓥山、米苍山—大巴山、川中、川南—黔北、大凉山—攀枝花、盐源等六大赋煤带内，预测面积 25743 km²（其中二叠系中统 424 km²，二叠系上统 5233 km²，三叠系上统 20086 km²，重叠面积 256 km²），预测资源量 259.2 亿 t，见表 7-1-3。其中：二叠系 46 个预测区 116 个预测基本单元，预测面积 5657 km²，预测资源量 161.5 亿 t，三叠系上统 84 个预测区 200 个预测基本单元，预测面积 20086 km²，预测资源量 97.7 亿 t。上二叠统及上三叠统资源量分别占总预测量的 62.30% 和 37.70%。

按埋深划分：600 m 以浅 39.0 亿 t，占 15.07%；600～1000 m 55.5 亿 t，占 21.40%；1000～1500 m 63.5 亿 t，占 32.21%；1500～2000 m 81.2 亿 t，占 31.32%，见表 7-1-3。按可信度分级划分：预测可靠的 66.8 亿 t，占 25.80%；预测可能的 84.1 亿 t，占 32.40%；预测推断的 108.3 亿 t，占 41.80%。按远景区分类划分：有利的 56.2 亿 t，次有利的 93.7 亿 t，不利的 109.3 亿 t。按开发利用优度划分：优等 56.2 亿 t，占 21.70%；良等 89.5 亿 t，占 34.47%；差等 113.5 亿 t，占 43.83%，见表 7-1-4。

按潜在资源量煤类划分：气煤 19.3 亿 t，气肥煤 0.1 亿 t，1/3 焦煤 35.2 亿 t，肥煤 10.0 亿 t，焦煤 23.0 亿 t，瘦煤 26.8 亿 t，贫瘦煤 2.5 亿 t，贫煤 17.4 亿 t，无烟煤 124.9 亿 t。以 1/3 焦煤、焦煤、瘦煤、无烟煤为主要煤类，计 209.9 亿 t，占预测总资源量的 80.98%，其中无烟煤占预测总资源量的 48.17%。

表 7-1-3　四川省煤炭潜在资源量汇总表

预测赋煤区带	预测面积/km²	潜在资源量/亿 t	深度/m			
			<600	600～1000	1000～1500	1500～2000
川南—黔北赋煤带	3130	128.0	17.7	32.1	45.0	33.2
华蓥山赋煤带	9148	48.0	2.7	8.6	15.9	20.8
米仓山—大巴山赋煤带	2291	13.6	4.5	2.5	3.2	3.4
龙门山赋煤带	1132	8.0	4.3	0.9	1.4	1.4
川中赋煤带	9089	45.6	3.2	8.5	14.7	19.2
大凉山—攀枝花赋煤带	192	10.8	2.9	2.2	2.8	2.9
盐源赋煤带	761	5.2	3.7	0.7	0.5	0.3
合计	25743	259.2	39.0	55.5	63.5	81.2

表 7-1-4　四川省潜在资源量分级、分类、分等表　　　　　　单位：亿 t

预测赋煤区带	级别			类别			等别		
	334-1	334-2	334-3	Ⅰ	Ⅱ	Ⅲ	A	B	C
川南—黔北赋煤带	39.3	48.1	40.6	34.5	51.7	41.8	34.5	51.7	41.8
华蓥山赋煤带	7.3	11.7	29.0	6.8	11.3	29.9	6.8	10.3	30.9

续表

预测赋煤区带	级别			类别			等别		
	334—1	334—2	334—3	Ⅰ	Ⅱ	Ⅲ	A	B	C
米仓山—大巴山赋煤带	2.0	6.6	5.0	2.0	4.8	6.8	2.0	4.8	6.8
龙门山赋煤带	1.8	4.3	1.9	0.5	5.3	2.2	0.5	5.3	2.2
川中赋煤带	9.7	10.4	25.5	7.6	13.1	24.9	7.6	12.5	25.5
大凉山—攀枝花赋煤带	5.0	2.4	3.5	4.5	3.1	3.3	4.5	2.9	3.5
盐源赋煤带	1.7	0.6	2.8	0.3	4.4	0.4	0.3	2.0	2.8
合计	66.8	84.1	108.3	56.2	93.7	109.3	56.2	89.5	113.5

六、预测资源量对比

(一)本次资源量预测与第三次煤田预测对比

为摸清四川省煤炭资源状况,自 1959 起至本次预测为止,我局在原煤炭部中国煤田地质总局的领导下分别于 1959、1974 和 1994 年进行过三次全省煤田预测工作。1959 年所预测的资源量,因当时地质工作程度低,资料不充足,预测资源量可靠性较差。第三次煤田预测总资源量为 199.2 亿 t,其中二叠系中—上统 129.0 亿 t,三叠系上统 55.9 亿 t,新近系 14.3 亿 t。本次预测总资源量为 259.2 亿 t,其中二叠系中—上统 161.5 亿 t,三叠系上统 97.7 亿 t。比第三次预测增加 60.0 亿 t,其中,二叠系中—上统增加 32.5 亿 t;三叠系上统增加 41.8 亿 t;新近纪减少 14.3 亿 t。

增加资源量主要原因有两个,一是预测深度加大,第三次预测二叠系 1500 m 以浅、三叠系上统 1000 m 以浅,本次均为 2000 m 以浅,由此二叠系增加预测面积 1605.62 km²、三叠系上统增加预测面积 15476.20 km²,估算资源量面积增大,是获得潜在资源量增加的主要原因;二是新区,如盐源矿区及雅荣煤田太和场预测区等获得新增潜在资源量。

减少资源量主要原因有:一是资源量原始估算值的校正:第三次预测资源量原始估算值没有进行校正,本次进行了校正是减少资源量的主要原因之一;二是据新的资料和再认识资源远景区圈定优化掉了第三次预测的部分预测区,如古叙矿区河坝预测区不再预测三叠系上统煤炭,资源量减少 0.3 亿 t 等;三是第三次预测以后,不少预测区由于地质工作程度提高,原预测资源量转化为探获资源量,如南广矿区贾村、宝鼎、资威等矿区;四是未经勘查工作生产井占用了第三次预测的资源量;五是控煤构造研究的深入,纠正了第三次预测的构造形态,如雅荣矿区的火井、大川预测区和寿保矿区的白石沟等预测区减少资源量约 1.5 亿 t。

(二)本次煤炭资源预测采用校正系数前后对比

本次煤炭资源预测按地质构造复杂程度和煤层稳定程度确定各预测区的资源量原始估算值的校正系数(β 值),经校正后各预测区的预测资源量为 259.2 亿 t,比未采用校正系数前减少 94.8 亿 t。

七、煤炭资源开发潜力综合评价

　　四川省虽煤类齐全，但资源地域分布不均，大部分预测资源量分布在古叙、筠连、芙蓉、华蓥山、达竹、广旺、资威、宝鼎和盐源等 9 个重要矿区，预测资源量为 203.1 亿 t，占全川预测总量的 78.36%。芙蓉、华蓥山、达竹、广旺、宝鼎矿区的煤炭资源早已开发利用，本次预测评价为优等、开发具有明显经济价值的资源量 20.4 亿 t，可作为进一步开展地质勘查工作的靶区和矿区后备资源。川南煤田不仅是四川重要的无烟煤生产基地，也是勘查的主要后备资源地。该煤田已有勘探资源储量(含普终、详终) 30.4 亿 t，详查资源量 28.6 亿 t，普查资源量 8.1 亿 t，预查资源量 27.5 亿 t，特别是古叙矿区在已探获资源量中硫含量低于 0.50% 的特低硫分煤达 9.2 亿 t，具有较好的开发利用价值，宜加快开发。同时，该煤田预测资源量达 128.0 亿 t，其中埋深 600 m 以浅为 17.7 亿 t，600～1000 m 32.1 亿 t，具备建设大型煤炭生产基地的资源条件，但是，目前仅建有 9 对大中型矿井，其余只有小煤矿开采，建议加快勘查和开发步伐。攀枝花煤田和盐源矿区有煤炭潜在资源 16 亿 t，且多属优质冶金用煤，是攀西铁矿资源的优良配套矿产资源基地。

第二节　分　述

(一)川南—黔北赋煤带(VI_A)

　　1.概况

　　赋煤带位于四川省东南部，行政区划隶属宜宾市的兴文县、江安县、长宁县、珙县、屏山县、高县、筠连县以及泸州市古蔺县和叙永县管辖，面积约 18320 km²。西北部为山地与丘陵交接地带，东南部属中高山地形，地势南高北低，最高海拔 1897 m，最低 310 m。区内铁路、高速公路、省道、水运可资利用，乡镇公路遍布，交通方便。

　　区内地质工作程度较高，共提交各类地质报告 100 余件，现有大中小生产井 268 处(对)，生产能力 3210 万 t/a。

　　2.地质特征

　　含煤地层晚二叠世位于川南富煤带及华蓥山—重庆富煤带南部赋煤中心，主要为龙潭期及长兴期成煤，属潟湖潮坪三角洲聚煤环境，共含煤 3～30 层，可采 3～7 层，单层可采厚度一般 0.60～1.30 m，可采煤层总厚一般 2.45～6.21 m，多属较稳定型煤层。东部煤富集区煤厚达 10.00 m 以上。赋煤带东部的晚三叠世煤层主要形成于三角洲平原以及滨浅湖沼泽环境，以层序 II 和层序 I 沉积期聚煤较好，层序 III 沉积期聚煤较差，层序 IV 沉积期多缺失且聚煤极差。上三叠统一般含煤 15～20 余层，煤层总厚 2.50 m 左右，多为煤线，仅在五指山、贾村背斜等局部地段含可采煤层1层，厚度0.40～0.52 m，层位极不稳定，呈鸡窝状或透镜状分布。

构造　赋煤带内主体构造为北东、北西、北西西向的褶曲构造，构造属简单—中等。区内主要构造有东部的五指山背斜、北东向的贾村背斜、来复背斜，中部的落木柔复式背斜、珙长背斜以及西部的古蔺复式背斜。背斜内次一级褶曲和断裂较发育，主要含煤地层及煤层主要保存在复式背斜两翼及两翼的次级褶皱中。

煤质　区内上二叠统煤，多为中灰—高灰、中高—高硫、中热值无烟煤及少量贫煤，灰分19.04％～36.37％，硫分0.16％～13.26％，平均2.39％，发热量13.37～29.06MJ/kg。上三叠统煤为中灰、中—中高硫焦煤和肥煤，灰分16.70％～25.70％，硫分1.91％～2.38％，发热量16.45～24.98MJ/kg。

3.煤炭资源预测

依据煤炭资源赋存条件、地质构造和自然地理等特征，区内共划分28个预测区，78个基本预测单元，预测面积约3130 km²。预测潜在资源量128.0亿t。其中埋深<600 m 17.7亿t、600～1000 m 32.1亿t、1000～1500 m 45.0亿t、1500～2000 m 33.2亿t；预测可靠的39.3亿t、预测可能的48.1亿t、预测推断的40.6亿t。全区可靠级预测资源量34.5亿t，占预测总量的26.95％。埋深浅于1000 m可供近期安排找煤普查的I类区资源量34.5亿t，找煤普查前景好。

(二)华蓥山赋煤带(Ⅵ_B)

1.概况

赋煤带位于四川省东部，行政区划隶属广安市、华蓥市、达州市、宜宾市、泸州市、内江市、自贡市管辖，面积约24385 km²。区内有襄—渝铁路，国道210、国道318、省道304、省道204、广(安)-渝(重庆)高速公路等交通骨干，渠江可通驳船，交通方便。赋煤带北部地处华蓥山脉中北段，华蓥山、铜锣山、明月峡平行排列其中，在四川境内呈似"川"字形展布，向南西帚状撒开延入重庆市。山岭海拔一般800～1000 m，谷地300～700 m，最高海拔1704 m，最低海拔300多m，西北部为山地与丘陵交接地带，东南部属中高山地形，地势南高北低，最高海拔1897 m，最低310 m。区内铁路、高速公路、省道、水运可资利用，乡镇公路遍布，交通方便。

区内地质工作程度较高，共提交各类地质报告100余件，现有大中小生产井268处(对)，生产能力3210万t/a

2.地质特征

含煤地层　内主要含煤地层有上二叠统龙潭组，上三叠统小塘子组和须家河组，下侏罗统自流井组珍珠冲段。

晚二叠世聚煤作用只发生在龙潭早期和中期，煤层形成于潟湖潮坪沼泽环境，煤层多富集于煤系下部，其厚度和层数均由北向南逐渐增厚和增多，属稳定至较稳定型煤层，含煤3～6层，可采1～3层，煤层单层厚度0.10～2.75 m，总厚度1.69～4.14 m，C_{25}煤层稳定大面积分布。晚三叠世煤层主要形成于三角洲平原以及滨浅湖沼泽环境，小塘子组含煤 1～3 层，其中局部可采 1 层，最厚 0.70 m 左右。须家河组划分六段，一、三、五段为砂岩段，二、四、六段为含煤段，六段含煤性较好，四段含煤性次之；各含煤段煤层厚度变化大，属较稳定至不稳定型煤层，呈似层状或藕节状产出，常有薄化或同期冲刷现象；含煤 3～36 层，局部可采 1～3 层，可采煤层单层厚度 0.40～1.86 m，总厚度 0.40～5.82 m。珍珠冲段含局部可采煤层 2 层，一般厚 0.40～0.81 m。

构造　主体构造为华蓥山背斜及中山背斜(铜锣峡背斜)、明月峡背斜，北部有铁山、峨层山、赫天祠等背斜和向斜，背斜紧凑，为狭长的梳状构造，向斜平缓而开阔，依次相间排列组成隔档式构造形态。构造轴线均呈北东走向。华蓥山背斜发育高角度走向断层，背斜隆起最高，核部出露寒武系，西翼地层倒转、直立，且断层发育，对煤层具有一定破坏作用。其它背斜核部仅出露三叠系地层。

煤质　上二叠统煤为中灰、高硫、中—高热值焦煤、瘦煤、1/3 焦煤和肥煤，灰分一般 25.00%～27.59%，硫分一般 3.19%～4.38%，发热量一般 25.46MJ/kg。上三叠统煤为中灰、低硫分煤、中热值—高热值气煤、肥煤、1/3 焦煤，灰分一般 18.39%～27.20%，硫分 0.22%～1.30%，发热量一般 23.00～28.89MJ/kg。

3.煤炭资源预测

依据煤炭资源赋存条件、地质构造和自然地理等特征，区内共划分 42 个预测区，104 个基本预测单元，预测面积约 9150 km²。预测潜在资源量 48.0 亿 t。其中埋深 ＜600 m 2.7 亿 t、600～1000 m 8.6 亿 t、1000～1500 m 15.9 亿 t、1500～2000 m 20.8 亿 t；预测可靠的 7.3 亿 t、预测可能的 11.7 亿 t、预测推断的 29.0 亿 t。全区可靠级预测资源量 7.3 亿 t，占预测总量的 15.21%。埋深 1000 m 以浅可供近期安排找煤普查的Ⅰ类区资源量 6.8 亿 t，找煤普查前景好。

(三)米仓山—大巴山赋煤带(Ⅶc)

1.概况

位于四川东北部，行政区划属万源市、宣汉县、广元市的市中区、元坝区、剑阁县、旺苍县和巴中市的南江、通江县所辖，面积 15790 km²。地势北高南低，地形以中、低山及深丘为主，一般海拔 500～1000 m，最高海拔 2500 m，最低海拔 310 m。区内有宝成、广巴铁路和襄渝铁路、川陕公路和汉成高等级公路等交通干道，各县乡间有公路相连，交通方便。

全区共提交各类地质报告 72 件，累计探获煤炭资源量 3.54 亿 t，赋煤带西部现有生产矿井 123 对(处)，西部有 50 多年的老矿山开发历史，年设计生产能力 1189 万 t，保有资源储量 1.32 亿 t，东部有 47 个煤矿开采浅部煤层，产量少，规模小。

2.地质特征

含煤地层　含煤地层有中二叠统梁山组、上二叠统吴家平组和上三叠统小塘子组、须家河组、下侏罗统白田坝组。梁山组系近海型含煤沉积，在黄草梁一带含煤 1 层，煤厚 0.15～3.50 m，一般 1.65 m，呈似层状，煤类为肥煤；晚二叠世聚煤作用只发生在龙潭早期，吴家坪组含煤 1～2 层，厚度 0～2.30 m，呈似层状或藕节状产出，厚度极不稳定。晚三叠世煤层主要形成于三角洲平原以及滨浅湖沼泽环境，以层序Ⅱ和层序Ⅲ沉积期聚煤相对而言较好，层序Ⅰ沉积期聚煤极差，缺失层序Ⅳ沉积。上三叠统含煤 4～23层，局部可采者 1～6 层，煤层单层厚度 0.37～1.86 m，总厚度 0.40～5.82 m，煤层呈似层状或透镜状产出，厚度变化较大，极不稳定，仅局部地段可采；早侏罗世是四川省又一个聚煤期，赋煤带西部白田坝组含煤 7 层，有局部可采煤层 6 层，可采段煤层纯煤总厚 2.05～3.50 m，赋煤带东部白田坝组中段含煤，但煤层薄，不稳定。

构造　赋煤带中西部位于北东向龙门山褶皱带前缘和东西向秦岭褶皱系南缘，主要褶皱有牛峰包复背斜、天台山向斜和天井山复背斜等，西部推覆构造发育，对煤层影响极大；东部属大巴山弧形构造带前缘和米仓山—摩天岭东西向构造带，表现为紧密的线性弧形褶皱，构造轴线呈北西转东—西向展布，背斜核部多为古生界地层。主要有丫子口、中坝、田坝、团城和长石、坪溪等背斜，其两翼有含煤地层和煤层出露。区内褶皱和断裂发育，特别是走向逆断层对煤层破坏较强烈。

煤质　中二叠统煤为中高灰、高硫、中热值无烟煤、肥煤，灰分一般 34.26%，硫分平均 3.64%，发热量一般 20.00 MJ/kg。上二叠统煤为中高灰、高硫、中—高热值肥煤、无烟煤，灰分 11.11%～42.70%，硫分 4.56%～10.28%，发热量 23.84～31.27 MJ/kg。上三叠统煤为中—中高灰、特低—低硫、中—高热值瘦煤、焦煤、肥煤、气煤、无烟煤，灰分 11.15%～55.66%，平均 25.78%，硫分 0.23%～1.08%，局部 3.82%，发热量 21.37～27.84 MJ/kg。

3.煤炭资源预测

依据煤炭资源赋存条件、地质构造和自然地理等特征，区内共划分 14 个预测区，33个基本预测单元，预测面积约 2291 km²。预测潜在资源量 13.6 亿 t。其中埋深＜600 m4.5 亿 t、600～1000 m 2.5 亿 t、1000～1500 m 3.2 亿 t、1500～2000 m 3.4 亿 t；预测可靠的 2.0 亿 t、预测可能的 6.6 亿 t、预测推断的 5.0 亿 t。全区可靠级预测资源量2.0 亿 t，占预测总量的 14.71%。埋深浅于 1000 m 的可供近期安排找煤普查的Ⅰ类区资源量 2.0 亿 t，有一定的找煤普查前景。

(四)龙门山赋煤带(Ⅵ_D)

1.概况

位于四川盆地西部，属成都、乐山、雅安、广元、德阳和绵阳市及甘孜州管辖，面积 31800 km²。区东侧有宝成铁路及其支线，主干公路有川藏、川滇及雅攀、乐雅高速等，区域内主要城镇之间交通便利，部分地区山高谷狭，交通不便。

区内共提交各类地质报告 45 件，大部分为预查地质报告，工作程度较低。共探获资源储量 3.94 亿 t。区内现有小煤矿 170 个，生产能力 1257 万 t/a，保有资源储量0.35 亿 t。

2. 地质特征

含煤地层　含煤地层有中二叠统梁山组、上二叠统吴家坪组和上三叠统须家河组（含小塘子组）。梁山组系近海型含煤沉积，江油市五花洞一带含局部可采煤层1层，厚0.65～2.98 m，煤层结构简单，比较稳定，但分布不广；晚二叠世聚煤作用只发生在龙潭早期，吴家坪组含煤1～2层，可采和局部可采各1层，单层厚度0.40～2.00 m，一般1.00 m左右，厚度变化大，不稳定。雅荣煤田晚三叠世煤层主要形成于三角洲平原以及滨浅湖沼泽环境，以层序Ⅰ、层序Ⅱ和层序Ⅲ沉积期聚煤较好，层序Ⅳ沉积期或缺失或聚煤差。上三叠统厚度变化大，中部可达1800 m以上，含煤数十层，最多达100余层，累计最大厚度29.35 m，可采1～9层，可采总厚1.05～4.37 m，呈似层状或透镜状产出，煤层稳定性差，煤层结构复杂。

构造　位于龙门山构造带，是由三条逆冲断裂带和其间的岩片、推覆体构成，区内地层、煤层连续性、稳定性差，构造、地震活跃等是该区地质构造的主要特征。预测区的圈定只能是寻找构造相对简单完整的含煤区块。

煤质　中二叠统煤为中高灰、高硫、中热值无烟煤、肥煤，灰分一般34.26%，硫分平均3.64%，发热量一般20.00MJ/kg。上二叠统煤为中高灰、高硫、中—高热值肥煤、无烟煤，灰分11.11%～42.70%，硫分4.56%～10.28%，发热量23.84%～31.27MJ/kg。上三叠统煤为中—中高灰、特低—低硫和高硫、中—高热值肥煤、气煤、焦煤、瘦煤、贫瘦煤、贫煤、无烟煤，灰分14.22%～48.26%，硫分0.23%～2.80%，局部3.82%，发热量16.37～36.22MJ/kg。

3. 煤炭资源预测

依据煤炭资源赋存条件、地质构造和自然地理特征等，区内共划分14个预测区，33个基本预测单元，预测面积约1132 km²。预测潜在资源量8.0亿t。其中埋深<600 m 4.3亿t、600～1000 m 0.9亿t、1000～1500 m 1.4亿t、1500～2000 m 1.4亿t；预测可靠的1.8亿t、预测可能的4.3亿t、预测推断的1.9亿t。全区可靠级预测资源量1.8亿t，占预测总量的22.50%。埋深浅于1000 m的可供近期安排找煤普查的Ⅰ类区资源量0.5亿t，找煤普查前景一般。

（五）川中赋煤带（Ⅵ_E）

1. 概况

位于四川盆地西南边缘，隶属眉山市、乐山、资阳、内江、自贡所辖，面积约89050 km²。总体地势西高东低，最高点海拔4288 m，最低点海拔320 m，山脉多呈北东—南西走向。区内有成昆、成渝铁路、内宜铁路，成渝、内宜、成自泸赤、乐宜高速公路，国道、省道交通骨干成网，县道及乡村公路遍布，交通方便。

区内共提交各类地质报告59件，其中勘探28件、详查8件、普查20件、预查2件、其它1件，累计探获资源量8.0亿t。现有生产矿井264个，年生产能力2375万t/a，保有资源储量2.92亿t。

2. 地质特征

含煤地层 区内主要含煤地层有上二叠统、上三叠统、下侏罗统。晚二叠世主要为龙潭期聚煤，长兴期聚煤弱。含可采煤层 3～5 层，单层厚 0.50～1.20 m，煤层总厚 1.80～4.20 m；晚三叠世煤层主要形成于三角洲平原以及滨浅湖沼泽环境，以层序 I 和层序 III 沉积期聚煤较好，层序 II 沉积期聚煤较差，层序 IV 沉积期聚煤极差。上三叠统含煤约 20 余层，含可采煤层 2～8 层，局部可采 2～4 层，单层厚 0.40～1.38 m，总厚度 0.40～1.63 m，煤层厚度变化大，属较稳定至不稳定型煤层。

构造 西部主体构造为峨马复式背斜，以短轴褶皱为主，隆起较高，断层较多，构造复杂。中部有铁山、老龙坝、寿保、秋家山、杨家湾背斜及午云向斜，断层稀少，构造简单。东部以资威穹窿、自贡穹窿、铁山背斜为主体，断裂不甚发育，地层倾角平缓，构造较简单。

煤质 上三叠统煤为中高灰、中—中高硫分、低—中热值气煤、1/3 焦煤、焦煤和肥煤，灰分 30.00%～40.28%，硫分 0.60%～2.00%，发热量 17.89～26.58MJ/kg。

3. 煤炭资源预测

依据煤炭资源赋存条件、地质构造和自然地理等特征，区内共划分 13 个预测区，23 个基本预测单元，预测面积约 9089 km²。预测潜在资源量 45.6 亿 t。其中埋深<600 m 3.2 亿 t、600～1000 m 8.5 亿 t、1000～1500 m 14.7 亿 t、1500～2000 m 19.2 亿 t；预测可靠的 9.7 亿 t、预测可能的 10.4 亿 t、预测推断的 25.5 亿 t。全区可靠级预测资源量 9.7 亿 t，占预测总量的 42.48%。埋深浅于 1000 m 的可供近期安排找煤普查的 I 类区资源量 7.6 亿 t，找煤普查前景佳。

(六)大凉山—攀枝花赋煤带(VI$_F$)

1. 概况

赋煤带位于四川省西南部，行政区划属攀枝花市、西昌市管辖，面积约 43700 km²，为高原山地及沟谷侵蚀切割强烈的高中山区，地势南高北低，海拔 1002～2518 m，最大相对高差 1516 m，一般 400～600 m。铁路、公路和航空运输系统齐备。

赋煤带内累计提交地质和研究报告 27 件，共探获煤炭资源储量 11.1 亿吨，区内地质勘查、地质研究程度较高，基础工作雄厚。现有生产矿井 90 余处，年生产能力 1176 万 t，保有资源储量 4.1 亿 t。

2. 地质特征

含煤地层 区内含煤地层有三叠系上统大荞地组和宝顶组。上三叠统大荞地期的中期聚煤最佳、早期及晚期聚煤一般，含煤 120 余层，可采煤层 61 层，可采总厚 57.89 m；宝顶期的早期聚煤较差，含煤 2～12 层，可采煤层 2 层，单层厚 0.60～1.20 m。

构造 西界为金河—箐河深断裂带、东界为峨边—金阳大断裂带为界，本带煤系地层多以向斜或背斜形式保存，对煤层的破坏作用主要为断层切割破坏，次为背斜隆起剥蚀。褶皱频繁、紧密，逆冲断层发育，地层产状多变，构造形态极为复杂。

煤质　上三叠统煤为中灰、特低—低硫分、高—特高值肥煤、焦煤、瘦煤、贫煤、瘦煤，局部为中灰、低硫分、中热值肥煤和气煤。灰分 14.21%～35.90%，硫分 0.18%～0.86%，发热量 23.00～30.16MJ/kg。

3.煤炭资源预测

依据煤炭资源赋存条件、地质构造和自然地理等特征，区内共划分 8 个预测区，22 个基本预测单元，预测面积约 192 km²。预测潜在资源量 10.8 亿 t。其中埋深<600 m 2.9 亿 t、600～1000 m 2.2 亿 t、1000～1500 m 2.8 亿 t、1500～2000 m 2.9 亿 t；预测可靠的 5.0 亿 t、预测可能的 2.4 亿 t、预测推断的 3.5 亿 t。全区可靠级预测资源量 5.0 亿 t，占预测总量的 46.30%。埋深浅于 1000 m 的可供近期安排找煤普查的 I 类区资源量 4.5 亿 t，找煤普查前景好。

(七)盐源赋煤带(ⅥG)

1.概况

赋煤带位于四川省西南部，行政区划隶属盐源县、木里县所辖，面积约 9885 km²。区内交通较为方便，有西—木公路与外界相连，稻—攀、盐—普、盐—宁公路可分别通往攀枝花市区、

区内总体地势北、西高，南、东低。中部盐源盆地被群山环抱，最高海拔 4393 m，最低海拔 2183 m，一般 2300～3200 m。

区内开展地质工作较早，累计提交有各类地质报告 9 件，其中勘探 1 件、详查 4 件、普查 1 件、预查 2 件、补充说明 1 件。矿区共划分井田(矿段)8 个，总勘查面积 139.18 km²。累计探获煤炭资源量 4.51 亿 t。现有生产矿井 7 对，年生产能力 54 万 t，保有资源储量 0.08 亿 t。褐煤资源尚未利用。

2.地质特征

含煤地层　主要含煤地层有二叠系上统黑泥哨组、三叠系上统松桂组和白土田组。晚二叠世黑泥哨期以三角洲、潮坪环境聚煤为主。黑泥哨组含煤 10 余层，可采煤层 7 层，煤层总厚 13.05 m，可采总厚 12.00 m，含煤性较好；上三叠统松桂中、晚期为前滨—近滨沉积，松桂组含煤 6 层，煤层平均厚 1 m 余，最大单层厚达 17 m，煤层结构极复杂，属不稳定煤层；白土田期早期为三角洲前缘斜坡河口砂坝—支流间湾沉积，中期为三角洲平原水下分支河道—滨岸沼泽沉积，晚期为三角洲平原河流分支河道—漫岸沉积，含煤 5～19 层，平均总厚度 5.12 m，含可采煤 5 层，可采总厚 4.92 m。

构造　地质构造单元为盐源—丽江逆冲带。夹在西侧小金河断裂带与东侧金河—箐河断裂带之间，是上扬子古陆块西南边缘的中生代坳陷，为一向南东突出的弧形推覆构造。东缘古生界成叠瓦状逆冲岩片，由西向东推覆叠置于康滇前陆隆起带之上。东南缘构造线以北北东向为主，为向南东突出的帚状构造；西北部为盐源盆地，构造线由北北西转为东西向。

煤质　上二叠统煤为中高灰、特低硫分、中—高热值贫煤，灰分 25.49%~38.50%，发热量 24.52~26.30MJ/kg。上三叠统煤为中灰、低—中硫分、中热值瘦煤为主、焦煤次之，灰分 24.29%~27.44%，硫分 0.98%~2.00%，发热量 24.52~26.30MJ/kg。

3.煤炭资源预测

依据煤炭资源赋存条件、地质构造和自然地理等特征，区内共划分 7 个预测区，10 个预测基本单元，预测面积 761 km²。获潜在资源量 5.2 亿 t，其中埋深＜600 m 3.7 亿 t、600~1000 m 0.7 亿 t、1000~1500 m 0.5 亿 t、1500~2000 m 0.3 亿 t；预测可靠的 1.76 亿 t、预测可能的 0.60 亿 t、预测推断的 2.82 亿 t。全区可靠级预测资源量 1.76 亿 t，占全部预测资源量的 34.0%。埋深浅于 1000 m 的可供近期安排找煤的 I 类区资源量 0.33 亿 t，找煤普查前景差。

(八)巴颜喀拉赋煤带(ⅥA)

该赋煤带主要含煤地层为拉纳山组、喇嘛垭组、两河口组、格底村组，含煤性很差，本次未对该区进行过多研究。

第八章 结 论

煤炭的聚积受多种因素的控制和影响，是聚煤作用系统作用的结果。本书以聚煤规律和构造控煤作用研究为切入点，采用层序地层学新方法，从主要成煤期含煤地层入手，开展泥炭沼泽精细沉积体系和沉积环境研究，建立主要含煤岩系的层序地层格架，分析总结不同沉积环境和层序地层格架内煤层的分布特征及规律，划分主要含煤地层的岩相古地理类型和沉积体系。在上述研究的基础上，系统总结不同沉积环境下的成煤模式，探讨赋煤带的形成规律。并从构造控煤作用研究入手，分析含煤岩系后期改造及煤变质作用，划分控煤构造样式，揭示不同构造背景中煤系的赋存规律，为煤炭资源预测提供依据。本书主要取得以下五个方面的研究成果及认识：

1.沉积体系及沉积特征

根据岩类比率、结构、构造、古生物组合、指相矿物、地层剖面的纵向序列、地化特征等，并结合单剖面分析以及沉积断面图的研究，按地理位置，结合沉积特点，归纳出全省晚二叠系主要发育冲积平原、三角洲、潟湖－潮坪、碳酸盐台地 4 大沉积体系及 13 种沉积相类型；晚三叠系主要发育冲积扇、辫状河、曲流河、三角洲以及湖泊 5 大沉积体系及 12 种沉积相类型。

2.晚二叠世及晚三叠世含煤地层层序地层划分

运用层序地层学理论分析含煤地层的精细沉积模式，首次系统全面地建立四川省晚二叠世及晚三叠世含煤地层的层序地层格架，将全省晚二叠世含煤地层划分为 1 个二级层序，2 个三级层序，分别与龙潭组一段＋二段中下部和龙潭组二段中上部＋三段及长兴阶相对应；将晚三叠世含煤地层划分为 4 个三个级层序，分别对应于小塘子组、须家河组一段和须家河组二段、须家河组三段和须家河组四段、须家河组五段和须家河组六段。

3.煤层在层序地层格架中的发育及分布特征

层序地层格架对含煤地层的含煤性、煤层分布和煤层发育具有明显的控制作用：

晚二叠系煤层主要发育在海侵体系域，其次为高位体系域，低位体系域煤层发育相对较差，富煤带主要发育在海侵体系域和高位体系域早期以及低位体系域的晚期。层序Ⅰ时期，沉积环境主要为潟湖、潮坪、碎屑岩泥质潮下带及碳酸盐潮坪沉积环境，煤层主要发育在潟湖、潮坪沼泽环境，该期发育了在川东南古叙、筠连—芙蓉东部、华蓥山、达竹等地区广泛分布，层位最稳定的 C_{25} 可采煤层，另在绵竹—北川—广元一带亦有薄煤层分布。层序Ⅱ时期，成煤带整体向西有所迁移，该时期华蓥山地区已不再发生聚煤作用，古叙、筠连、芙蓉等地在低水位期也没有发育煤层。在海侵体系域期古叙地区发育

了 $C_{15} \sim C_7$ 煤层；西部的筠连、芙蓉地区在海侵体系域中晚期发育 $C_{13} \sim C_7$ 煤层，高水位体系域古叙地区成煤作用终止，在筠连和芙蓉地区沉积了 $C_6 \sim C_1$ 煤层。

晚三叠系煤层主要发育在高位体系域，其次为湖(海)侵体系域，低位体系域基本没有厚煤层发育。晚三叠世层序 I 沉积期，河流沉积体系发育，形成川东冲积平原，这一时期虽然有煤沉积，但煤质较差，资源量较小；层序 II 沉积期，以河流沉积体系为主的川东冲积平原向西扩大至垫江，此时期聚煤作用仍相对较弱，煤炭资源量较小；层序 III 沉积期，川西演化为以河流沉积体系为主的联扇平原；盆地中部的湖积平原范围进一步扩大，湖泊沉积体系发展到成熟期，其特点是湖泊面积大，相带齐全，湖滨三角洲发育，是四川盆地主要工业煤层的聚集时期；层序 IV 沉积期，川东冲积平原进一步向西伸展，并与川南冲积平原连成一片，川北广大地区抬升，遭受剥蚀，致使盆地北部缺失层序 IV 的地层，湖积平原北部的沉积相带保存不全，湖滨三角洲沉积仍在其东北部及南部较为发育，并成为煤层主要的聚集区域，形成达县聚煤中心。

4.控煤构造样式划分

根据四川省后期构造的变形特点和煤系的聚集特征、赋存状况以及所处区域的地质特征等多方面因素综合研究，首次系统地将四川省赋煤构造划分为川南—黔北、华蓥山、米苍山—大巴山、龙门山、川中、大凉山—攀枝花、盐源、巴颜喀拉及西秦岭等 9 个二级赋煤构造带；提出了伸展构造组合、压缩构造组合等 6 大类 15 种类型控煤构造样式，揭示煤系在不同构造背景中的赋存规律，为煤炭资源预测提供依据。

5.资源预测与评价

根据聚煤规律和控煤构造研究成果，利用已知的地质资料，对全省煤炭资源系统地进行了潜力预测评价，全省共圈定 130 个预测区，预测面积 25743 km^2，获预测煤炭资源总量 259.2 亿吨。其中按深度统计：埋深 600 m 以浅 39.0 亿 t，600~1000 m 55.5 亿 t，1000~1500 m 63.5 亿 t，1500~2000 m 81.2 亿 t，按预测可信度统计：预测可靠的 66.8 亿 t，预测可能的 84.1 亿 t，预测推断的 108.3 亿 t。

主要煤类为气煤、1/3 焦煤、肥煤、焦煤、瘦煤、贫煤及无烟煤等，其中又以无烟煤资源量为最大，占预测总量的近 50%。

参 考 文 献

蔡立国，刘和甫.1997.四川前陆褶皱—冲断带构造样式与特征.石油实验地质，19(2)：115～120.

蔡学林，曹家敏.1998.四川盆变形构造格局及其对地震活动的控制作用.四川地震，3：26～33.

曹代勇，占文峰，魏迎春，等.2007.煤田构造与构造控煤.培训教材.

程爱国，曹代勇，等.2010.煤炭资源潜力评价技术要求 [M].北京：地质出版社.

戴杰敏.1992.康滇地轴中、新元古代不整合面铀矿远景分析 [J].铀矿地质，13(4)：330～337.

邓康龄，安凤山，刘述成，等.1996.四川盆地碎屑岩油气地质图集 [M].成都：四川科学出版社.

地质部成都地质矿产研究所.1982.西南地区地层总结(三叠系).(内部资料)

郭正吾，邓康龄，韩永辉，等.1996.四川盆地形成与演化 [M].北京：地质出版社.

韩渭宾，蒋国芳.2000.四川地壳结构研究的现状、问题和建议.四川地震，2004(4)：1～8.

郝子文，饶荣标.1999.西南区区域地层.北京：中国地质大学出版社.

胡明.2006.四川盆地北部地区构造样式及成因分析.中南大学学报，37(增1)：17～21.

胡明，沈昭国.2005.四川盆地东北部构造样式分析及天然气勘探方向.天然气地球科学，16(6)：706～709.

黄智辉，陈耀岑.1984.用视电阻率曲线研究含煤沉积环境 [J].煤田地质与勘探，(2)：1～5.

蒋武.1988.四川盆地二叠系牙形石研究及其油气意义 [J].西南石油大学学报(自然科学版).02.

黎彤.1976.化学元素的地球化学率度.地球亿学，(3).

李佩娟.1964.四川广元须家河组植物化石.中国科学院地质古生物研究所集刊，第三号.

李兴振，江新胜，孙志明，等.2002.西南三江地区碰撞造山过程.北京：地质出版社.

李正积，朱家冉，胡南帆.1982.四川南部筠连地区晚晚二叠世含煤地层划分对比的新意见.地层学杂志，6(3).

刘宝珺.1980.沉积岩石学 [M].北京：地质出版社.

刘朝基，刁志忠，张正贵.1996.川西藏东特提斯地质.四川：西南交通出版社.

刘和甫.1995.前陆盆地类型及褶皱-冲断层样式.地学前缘，2(3)：59～68.

刘建华，朱西养，王四利，等.2005.四川盆地地质构造演化特征与地浸砂岩型铀矿找矿前景 [J].铀矿地质，21(6)：321～330.

刘树根，李智武，刘顺，等.2006.大巴山前陆盆地—冲断带的形成演化.北京：地质出版社.

刘树根，罗志立，赵锡奎，等.2005.试论中国西部陆内俯冲前陆盆地的基本特征.石油与天然气地质，26(1)：37～56.

刘树根，童崇光，罗志立，等.1995.川西晚三叠世前陆盆地的形成与演化.天然气工业，15(2)：11～14.

鲁静.2007.攀枝花宝鼎盆地沉积环境与深部煤炭预测.

吕志洲，赵锡奎.2008.四川盆地西缘龙门山冲断推覆构造带构造演化特征研究.内蒙古石油化工，(5)：208～210.

罗志立.1998.四川盆地基底结构的新认识.成都理工学报，25(2)：192～200.

马文璞.1992.区域构造解析——方法理论和中国板块构造 [M].西安：西安电子科技大学出版社.

马永生.2009.中国南方构造：层序岩相古地理图集(震旦纪-新近纪).北京：科学出版社.

马正.1982.应用自然电位测井曲线解释沉积环境 [J].煤田地质与勘探，3(1)：25－40.

葬东鸿，杨丙中，林增品，等.1994.中国煤盆地构造.北京：地质出版社.

潘桂棠，肖庆辉，陆松年，等.2009.中国大地构造单元划分.中国地质，36(1)：1～28.

钱光谟，曹代勇，徐志斌，等.1994.煤田构造研究方法.北京：煤炭工业出版社.

强子同，文应初，唐杰，等.1990.四川及邻区晚二叠世沉积作用及沉积盆地的发展 [J].沉积学报，8(1)：79－90.

乔秀夫，马丽芳，张惠民.1988.中国前寒武纪古地理格局 [J].地质学报，62(4)：290～298.

全国地层委员会.2001.中国地层指南及中国地层指南说明书.北京：地质出版社.

邵龙义，张鹏飞，窦建伟，等.1999.含煤岩系层序地层分析的新认识——兼论河北晚古生代层序地层格架.中国矿业大学学报，28(1)：P20－24.

沈才明，唐领余，王苏民，等.2005.若尔盖盆地 RM 孔孢粉纪录及其年代序列.科学通报，50(3).

沈传波，梅廉夫，徐振平，等.2007.四川盆地复合盆山体系的结构构造和演化.大地构造与成矿学，31(3)：288－299.

盛海洋，翟秋敏，郭志永.2007.四川省黄河流域第四纪地层研究.人民黄河，29(12).

中国煤田地质总局.1993.黔西川南滇东晚二叠世含煤地层沉积环境与聚煤规律.重庆：重庆大学出版社.

四川煤田地质局，四川煤田地质研究所.1994.四川南部晚二叠世含煤地层沉积环境与聚煤规律研究.贵州：贵州科技出版社.

四川煤田地质研究所.184.四川盆地南部上二叠统划分与含煤性研究报告.(内部资料)

四川煤田地质研究所.1995.四川盆地上三叠统须家河组聚煤沉积体系与聚煤规律.(内部资料)

四川盆地陆相中生代地层古生物编写组.1984.四川盆地陆相中生代地层古生物.成都：四川人民出版社.

四川省地质局川东南地质大队.1988.1：5万高县、兴文、古宋、珙县、底碉、叙永幅大坝北半幅区域地质报告.

四川省地质局航空区域地质调查大队.1980.遂宁、宜宾、自贡、内江、泸州古区域地质调查报告.(内部资料)

四川省地质矿产局.1991.四川省区域地质志.北京：地质出版社.

四川省地质矿产局.1991.四川省区域矿产总结.(内部资料)

四川省地质矿产局川东南地质大队.1989.四川省煤炭资源远景调查地质报告(送审稿).

四川省地质矿产局川西北地质大队.1992.1：5万贡巴、郎木寺、扎尕那、选部县、占哇、降扎、祖爱、白云幅区域地质报告.(内部资料)

四川省煤田地质工程勘察设计研究院.2008a.四川省盐源县干塘沟煤矿三井详查地质报告.(内部资料)

四川省煤田地质工程勘察设计研究院.2008b.四川省资中县资威煤田金带场勘查区煤炭普查设计.(内部资料)

四川省煤田地质工程勘察设计研究院.2009a.四川省内江市铁佛场勘查区煤炭普查报告.(内部资料)

四川省煤田地质工程勘察设计研究院.2009b.四川省攀枝花市宝鼎煤矿接替资源勘查报告.(内部资料)

四川省煤田地质工程勘察设计研究院.2009c.四川省仁寿县松峰乡勘查区煤炭普查报告.(内部资料)

四川省煤田地质局地质测量队.1984.四川省古蔺县川南煤田大村找煤报告.(内部资料)

四川省煤田地质局地质测量队.1993.四川省旺苍县金溪—通江两河口找煤地质报告.(内部资料)

四川省煤田地质局普查队.1969.岳池县背脊岭煤矿地质普查报告.(内部资料)

四川省煤田地质局普查队.1971.四川省江油县五花洞井田地质普查报告.(内部资料)

四川省区域地层表编写组.1978.西南地区区域地层表四川省分册.北京：地质出版社.

宋宏彪，罗志立.1995.四川盆地基底及深部地质结构研究的进展.地学前缘—中国地质大学报，2(3~4)：231~237.

孙广友，罗新正，Turner R E.2001.青藏东北部若尔盖高原全新世泥炭沉积年代学研究.沉积学报，19(2).

孙广友.1992.论若尔盖高原泥炭赋存规律成矿类型及资源储量.自然资源学报，7(4).

孙永传，李惠生.1985.碎屑岩沉积相和沉积环境.北京.地质出版社.

唐若龙，杨登文，刘述前，等.1985.攀西裂谷先张后压的双重构造特征.见：张湘云主编.中国攀西裂谷文集(I)，北京：地质出版社，71—86.

陶洪祥，何恢亚，王全庆等.1993.扬子板块北缘构造演化史.西安：西北大学出版社.

童崇光.1992.四川盆地构造演化与油气聚集.北京：地质出版社.

童崇光.2000.新构造运动与四川盆地构造演化及气藏形成.成都理工学院学报，27(2)：123~130.

汪泽成，赵文智，李宗银，等.2008.基底断裂在四川盆地须家河组天然气成藏中的作用.石油勘探与开发，35(5)：541~547.

汪泽成，赵文智，徐安娜，等.2006.四川盆地北部大巴山山前带构造样式与变形机制.现代地质，20(3)：429~435.

汪泽成，邹才能，陶士振，等.2004.大巴山前陆盆地的形成及演化与油气勘探潜力分析.石油学报，25(6)：23~28.

王康明，龙斌，李雁龙，等.2002.四川木里海相侏罗纪地层的发现及地质意义.地质通报，第21卷第7期.

王全伟，戴宗明，阚泽中，等.2009.川西甘孜—理塘构造带侏罗纪海相地层特征.地质通报，第28卷第7期.

王小川，张玉成，潘润森，等.1996.黔西川南滇东晚二叠世含煤地层沉积环境与聚煤规律［M］.重庆：重庆大学出版社.

王兴华.1995.四川南部晚二叠世聚煤盆地前期构造背景及同沉积构造.四川地质学报，15(1)：16~22.

王一刚，文应初，洪海涛，等.2006.四川盆地及邻区上二叠统－下三叠统海槽的深水沉积特征［J］.石油与天然气地质，10(5)：702—714.

王永标，徐海军. 2001. 四川盆地侏罗纪至早白垩世沉积旋回与构造隆升的关系. 地球科学—中国地质大学学报，26(3)：241~246.

王振荣. 1996. 四川攀西拼贴构造. 成都理工学报，23(1)：78~84.

王正英，等. 1982. 峨眉龙门洞地区峨眉山玄武岩顶部古风化壳. 岩石矿物，3.

吴崇筠，薛叔浩. 1992. 中国含油气盆地沉积学. 北京：石油工业出版社.

徐仁等. 1979. 中国晚三叠世宝鼎植物群. 北京. 科学出版社.

云南区域地质调查队. 1980. 1/20 万永宁幅区域地质报告. (内部资料)

赵珠，张润生. 1987. 四川地区地壳上地幔速度结构的初步研究. 地震学报，9(2)：154~165.

郑红，胡明，陈英明. 2008. 四川盆地北部构造特征及盆山耦合分析. 特种油气藏，15(4)：24~27.

邹光富，贾宝江，冯心涛，等. 2002. 四川广元-朝天地区推覆构造研究. 四川地质学报，22(3)：133~138.

Allen P A，Allen J R. 1990. Basin analysis, principles and application. Blackwell Scientific Pulblications.

Allen C R. 1975. Geological criteria for evaluatingseismicity. Geol. Soc. America Bull. , Vol. 86, pp. 1041-1057.

Bohacs K，Suter J. 1997. Sequece stratigraphic distribution of coaly rocks：fundamental controls and paralic examples [J]. AAPG, Bulletin 81, 1612-1639.

Flint S S，Aitken J F and Hampson G. 1995. Application of sequence stratigraphy to coal-bearing co 最早 astal plain succession：Implications for the UK coal measures [M]. In：Whateley M K G，Spears D A(eds). European Coal Geological Spciety of London，Special Publication，82：1-16.

Hampson G. 1995. Discrimination of regionally extensive coals in the Upper Carboniferous of the Pennine Basin. UK using high resolution sequence stratigraphic concepts [A]. In：Whateley M K G & Spear, D A(eds). European coal geology [C]. Geological Society，London，Special Publication，82：79-97.

Kreisa R D. 1981. Storm-generated sedimentary structures in subtidal marine facies with examples from the Middle and Upper Ordovician of Southwestern Virgina. Journal of Sedimentary Petrology，51(3)：823-848.

Pirson S. 1978. 石油化学工业部石油勘探开发规划研究院情报室翻译，地质资料测井资料地质分析 [M]. 北京：石油化学工业出版社.

Vail P R，Aude mard F，Bowman S A，et al. 1991. The stratigraphic signatures to tectonics, eustasy and sedimentation：an overview. In：Einsele, ed. Cycles and events in stratigraphy. Berlin Heidelberg：Springerverlag，P 615-659.

Vail P R，Mitchum R M，Todd R G，et al. 1977. Seismic stratigraphy and global changes of sea level. In：Payton C E, ed. Seismic stratigraphy-applications to hydrocarbon exploration. AAPG Memoir，(26)：P49-212.

Walker R G and Cant D J. 1979. Facies models 3. Sandy fluvial systems, in R. G. Walker, ed. , Facies Models：Geosci. Can. Reprint Series 1, p. 23-31.

索　引